教育部现代学徒制试点项目

开展现代学徒制试点工作探索深度产教融合机制

——北京农业职业学院教学改革实践

上　篇

杨永杰　胡军珠　汪海燕　吴　迪　张　红　著

中国农业大学出版社
·北京·

内 容 简 介

本书对北京农业职业学院现代学徒制试点工作进行了系统总结和翔实记录。全书分为上、下两篇：上篇主要介绍了学院现代学徒制教学改革实践开展情况、工作成效、特色以及第三方的教学质量评价报告；下篇分别记述了物流管理专业和工商企业管理专业开展现代学徒制试点的建设情况，着重介绍了物流管理专业的"PCA双螺旋阶梯式"人才培养模式和工商企业管理专业的"宽平台，双对接"人才培养模式。尽管在过去的几年中全国有几百所职业院校已参与到了试点工作中来，但这只是我国职业教育队伍中的凤毛麟角，现代学徒制实现全面推广仍有很长的路要走，希望本书可以给读者以借鉴和启迪。

图书在版编目(CIP)数据

开展现代学徒制试点工作 探索深度产教融合机制：北京农业职业学院教学改革实践：上篇、下篇 / 杨永杰等著. —北京：中国农业大学出版社，2020.9

ISBN 978-7-5655-2436-3

Ⅰ.①开… Ⅱ.①杨… Ⅲ.①农业-高等职业教育-教学改革-研究-北京 Ⅳ.①S-42

中国版本图书馆CIP数据核字(2020)第195085号

书　名　开展现代学徒制试点工作 探索深度产教融合机制
　　　　——北京农业职业学院教学改革实践

作　者　杨永杰 胡军珠 汪海燕 吴 迪 张 红 著

策划编辑　张 玉　　责任编辑　陈颖颖
封面设计　郑 川　　出版发行　中国农业大学出版社
社　址　北京市海淀区圆明园西路2号　　邮政编码　100193
电　话　发行部 010-62733489,1190　　读者服务部 010-62732336
　　　　编辑部 010-62732617,2618　　出 版 部 010-62733440
网　址　http://www.caupress.cn　　E-mail cbsszs@cau.edu.cn
经　销　新华书店
印　刷　涿州市星河印刷有限公司
版　次　2020年11月第1版　2020年11月第1次印刷
规　格　787×1 092　16开本　22.25印张　380千字
定　价　72.00元(上、下篇)

序 言

现代学徒制是相对于传统学徒制而言的，发源于20世纪的德国、英国等国家。20世纪80年代以后，以德国、英国和澳大利亚等为代表的西方发达国家在吸收传统学徒制的优点并融合现代学校职业教育优势的基础上，建立了现代学徒制。

在我国职业教育改革发展中，推进现代学徒制也得到广泛认可。2011年6月，在全国职业教育改革创新国家试点推进会上，教育部将新余市的江西职教园区作为国家现代学徒制试点。2014年，教育部颁布了《关于开展现代学徒制试点工作的意见》，同年，在河北唐山召开了现代学徒制试点推进工作会议。2015年8月，教育部公布了首批试点单位名单，标志着我国现代学徒制试点工作进入实质性推进阶段。

北京农业职业学院积极响应教育部现代学徒制试点工作号召，于2017年年初与北京菜篮子集团有限公司签订合作协议，推动工商企业管理专业、物流管理专业作为试点专业进行第二批现代学徒制试点申报。经过不断努力，2017年8月，学院作为教育部第二批现代学徒制试点单位正式立项。在之后的两年建设期中，学院先后与北京物美商业集团股份有限公司、农芯科技（北京）有限责任公司、北京必胜客比萨饼有限公司签订了合作协议，共同开展人才培养模式改革，持续开展现代学徒制项目建设，圆满完成了现代学徒制试点项目各项工作任务，于2019年10月通过了教育部组织的专家验收。

“做中学”“教、学、做合一”是现代学徒制的核心理念。现代学徒制的培养目标，从传统的单纯培养熟练技术工人，发展到培养理论联系实际的新型劳动者，其适用领域有了很大拓展。现代学徒制最直接地体现了企业界对劳动力的素质要求，实施招生与招工一体化、上课与上岗一体化、课程与项目一体化、毕业与就业一体化，企业直接参与人才培养过程，实现了校企一体化的人才培养模式。

学院和企业领导组成现代学徒制试点工作领导小组，制定完善了20余项体现现代学徒制特点的管理和评价制度、办法，共同出资400余万元建设共享实训基地15个，引进第三方评价方案，将学生(学徒)评价、家长评价、教师/师傅评价、学校评价与企业评价相结合，从组织、法律、制度上保障了试点工作的顺利开展。通过现代学徒制人才培养模式改革实践，校企探索形成了“双主体”协同育人机制，实现了招生招工一体化；创新形成了物流管理专业“PCA双螺旋阶梯式”人才培养模式和工商企业管理专业“宽平台、双对接”人才培养模式；建设了一支校企互聘共用的高水平“双导师”队伍。

学院还依托北京市教委胡格教学改革项目，将胡格教学方法融入现代学徒制人才培养模式，教学效果显著提高。我们认真总结物流管理专业、工商企业管理专业现代学徒制人才培养模式的改革经验，并不断示范推广。学院在旅游管理(休闲马术管理)、畜牧兽医(运动马驯养与疾病防治)两个专业试行现代学徒制，校企共同成立国际马术工程师学院，按照企业工作流程，在真实岗位上实现教师、教练共同教，学生练，校企共同考核的人才培养模式，效果明显。

《开展现代学徒制试点工作　探索深度产教融合机制——北京农业

职业学院教学改革实践》一书是对学院现代学徒制试点工作的系统总结和翔实记录,分为上、下两篇。上篇主要介绍了学院现代学徒制教学改革实践开展情况、工作成效、特色以及麦可思现代学徒制教学质量评价报告。下篇记述了物流管理专业和工商企业管理专业开展现代学徒制试点的建设情况,着重介绍了物流管理专业的"PCA双螺旋阶梯式"人才培养模式和工商企业管理专业的"宽平台,双对接"人才培养模式。书中有我们现代学徒制试点工作取得的成绩,也有工作中遇到的困难和问题,更有我们对管理类专业现代学徒制教学改革的思考,希望能给读者以借鉴和启迪。

两年时间倏然而过,我们这个项目一直在困难中前行。项目伊始,作为核心合作企业的北京菜篮子集团有限公司因其内部改组,导致无法继续与学院合作,我们不得不重新寻找合作企业;项目进行之中,试点专业由于生源短缺面临停止招生问题,变更合作企业则使项目面临需被再次确认的问题……面对困难,大家没有抱怨、没有放弃,而是自觉主动想办法,踏实努力解难题。教务处副处长张红教授具体负责整个项目试点工作,积极推进项目实施,认真组织项目总结;胡军珠、汪海燕作为专业主任全面推动各自负责专业的试点工作;吴迪老师参与了项目总结和书稿编辑。所有团队成员都付出了巨大努力,确保了项目顺利完成。赵志群、吴琼、霍丽娟、刘文龙等学者专家对现代学徒制试点工作给予了悉心指导和帮助,为项目顺利通过验收提供了重要支持。

北京物美商业集团股份有限公司、农芯科技(北京)有限责任公司、北京必胜客比萨饼有限公司,包括帮助我们拿到"入场券"的北京菜篮子集团有限公司等参加现代学徒制试点项目的合作企业,选派优秀员工与我们一起组成项目建设团队。两年来大家风雨同舟、密切合作,使得我们在探索校企合作和职业教育教学改革的征途上不断前行,收获颇多。

作为项目负责人，我对项目建设团队的全体成员以及帮助过我们的领导、专家表示由衷的感谢！

项目验收有时限，职教改革无穷期。第二批现代学徒制试点项目验收通过是对我们过去两年工作的肯定，接下来的工作依然很多。2019年，《国家职业教育改革实施方案》出台，教育部实施中国特色高水平高职学校和专业建设计划，新一轮职业教育改革的号角已然吹响，代表着产教深度融合的现代学徒制也将在职业院校全面推广。我们将在前期工作基础上，继续推进现代学徒制人才培养模式改革，为我国的职业教育改革不断努力。

杨永杰

2020年5月

目 录

上 篇

下　篇

目 录

上 篇

第一部分
现代学徒制教学改革实践开展情况

北京农业职业学院是国家示范性高等职业院校、教育部国家级优质校、教育部现代学徒制试点单位、农业农村部全国新型职业农民培育示范基地、中组部边疆民族地区和革命老区村党支部书记培训基地、科技部“星创天地”、中国都市农业职教集团理事单位，同时也是北京市特色高水平建设学校、北京高校“引智帮扶”联盟秘书处、北京都市农业职教集团理事单位，获得高职院校“教学资源和服务贡献 50 强”称号。

根据《教育部办公厅关于全面推进现代学徒制工作的通知（教职成厅函〔2019〕12 号）》文件精神、《关于做好 2019 年现代学徒制试点年度检查和验收工作的通知》（教职成司函〔2019〕60 号）文件要求，作为教育部第二批现代学徒制试点单位，北京农业职业学院将现代学徒制试点工作纳入学院重点工作任务，以工商企业管理专业、物流管理专业为试点专业，与北京物美商业集团股份有限公司（简称物美集团）、农芯科技（北京）有限责任公司（简称农芯科技）、北京必胜客比萨饼有限公司（简称必胜客）校企协作，共同开展试点工作，推进人才培养模式改革，圆满完成了现代学徒制试点项目各项工作任务，于 2019 年 10 月通过了教育部组织的专家验收。

一、加强组织机制建设，保障教改实践顺利开展

2017 年 8 月，学院确定工商企业管理专业、物流管理专业为学院现代学徒制项目的试点专业，共计参与试点学生 46 人，其中物流 1711 班学生 15 人，工商 1711 班 31 人。学院与北京菜篮子集团有限公司（简称北菜集团）签订了合作协议。2018 年 4 月，北菜集团重组，学院对试点工作进行了调整，将合作企业由北京菜篮子集团有限公司变更为北京物美商业集团股份有限公司、农芯科技（北京）有限责任公司。为解决工商企业管理专业第三学年学生（学徒）实岗锻炼岗

位不足问题，2019 年 6 月，学院增加北京必胜客比萨饼有限公司为工商企业管理专业的合作企业。

学院加强机制、制度建设，从组织、法律、制度上保障了试点工作的顺利开展（图 1-1-1），确保教改实践顺利开展，保障了试点专业人才培养质量。第一，校企成立了由校企领导组成的现代学徒制试点工作领导小组，在校企领导的统筹指导下，研讨解决有关试点工作的重大问题，领导统筹学院现代学徒制试点工作。工作领导小组下设工作组，工作组成员由企业人力资源部门、试点系、学院相关职能部门等的负责人组成，由教务处处长担任组长，负责试点工作的研究、组织、实施、推广。试点专业成立了由校企导师、行业专家等组成的专业指导委员会（专委会），为专业建设提供指导、顾问和咨询，共同制定适应社会需求的现代学徒制人才培养方案。同时，学院邀请现代学徒制专家成立了专家组，指导现代学徒制试点工作。第二，学校、企业签订《校企联合培养协议》，学校、企业、学生（学徒）签订《现代学徒制三方协议》，明确了各方职责，保障了三方权益。第三，校企联合招生招工，共同组织实施教学活动，制定完善了 20 项体现现代学徒制特点的管理和评价制度、办法。第四，学院引进了麦可思数据股份有限公司第三方评价方案，将学生（学徒）评价、家长评价、教师/师傅评价、学校评价与企业评价相结合，保障试点工作的可持续性。

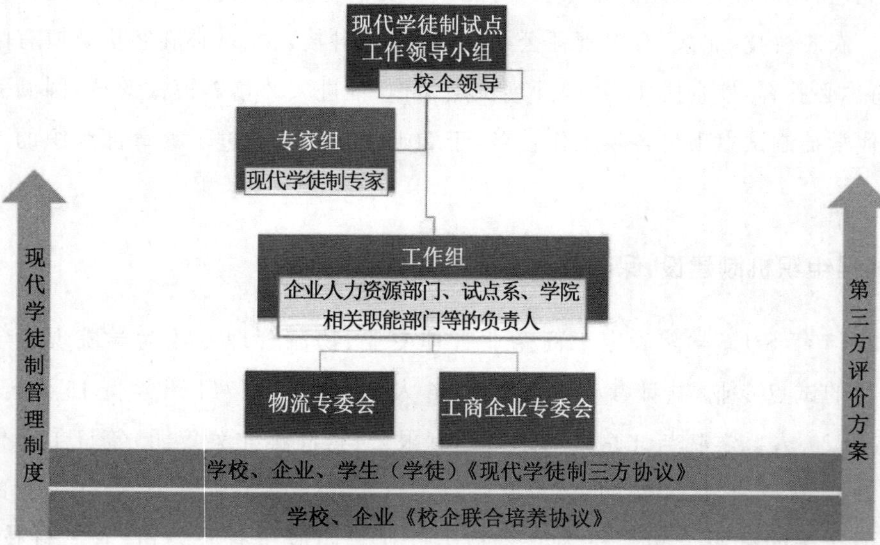

图 1-1-1　试点工作的组织、法律、制度保障

二、立足专业特点，寻找行业合作伙伴

（一）“物流 & 物美”联手，培养高素质流通人才

学院与物美集团签署了《校企联合培养协议》，以物流管理专业为试点，面向采销主管、运输主管、仓储主管、商管、账管、客服、人资主管等岗位，实践现代学徒制人才培养模式，共同培养采销管理、运输管理、仓储管理、门店运营、生鲜管理、人资管理等高素质专业型人才。

物流管理专业成立于 2003 年，是教育部首批“1 + X 证书制度”试点专业、北京市教委“胡格教育模式改革项目”试点专业、学院“十三五”期间职业教育发展行动计划重点建设专业、学院“特色高水平高职院校”重点建设专业。专业积极参与政府部门、京郊农业产业、企业等的发展规划的制定和科技挂职服务，得到广泛好评。例如，专业主持完成的课题《北京都市型现代农业农产品流通服务体系调研》被列入《北京“十二五”都市型现代农业服务体系建设总体规划》。又如，专业积极进行挂职服务，为北京郊区制定《农产品质量安全体系建设规划》、特色产品标准等。

专业紧贴北京市吃穿用类消费品流通行业需求，培养高素质流通与管理人才。近 3 年，北京市年均社会消费品零售额为 10 972.8 亿元，3 年平均货运量为 25 580.8 万吨，货物周转量平均为 667 亿吨公里，吃穿用类商品在货物周转量中占有较大比重。专业基于物流行业现状需求，紧贴北京市吃穿用类消费品流通行业，以流通企业、综合物流企业、农业生产流通部门、农产品加工园区等涉及吃穿用类消费品流通与管理的企业人才需求为依据，为北京地区消费品流通与管理行业提供人才支持。

专业建设 16 年以来，打造出了一支懂农业、懂物流、懂管理的高水平校企专兼职师资队伍，其中，企业兼职教师占 42%，学校专任教师全部具有双师资格。近 5 年，1 名教师荣获“全国农业职业教育教学名师”称号；教师主持省部级课题 5 项（2 项获优秀课题），院级课题 13 项；教师发表论文 45 篇，其中 4 篇获“优秀论文”奖，北京大学中文核心期刊 6 篇，其他核心期刊 16 篇；教师获得 3 项软件著作权、1 项实用新型专利；教师主编教材 14 部，出版专著 1 部。

专业人才培养质量不断提升，深受企业欢迎。一方面，学生在物流相关技能竞赛中屡获佳绩。例如，学生荣获“物流方案设计与实施”赛项国赛二等奖、市赛一等奖，荣获中国物品编码中心组织的“物流方案设计比赛”特等奖、银奖，荣获北京市教委组织的“首都高校物流设计大赛”三等奖和创新奖，荣获第四届、第五届中国“互联网+”大学生创新创业大赛北京赛区三等奖。另一方面，专业培养的毕业生得到物流企业或企业物流部门的高度肯定。例如，2007届毕业生陈立娟现为首农集团下属企业部门负责人，2010届毕业生曹志辉已成长为某企业物流总监，2018届毕业生李心蕊现为物美集团总部工程部主管，有4位同学在毕业前就被物美集团派往S区门店（即物美集团的精品超市）担任职代店长。

专业致力于校企深度合作，与物美集团合作基础良好。与北京首农集团、北京二商集团、北京朝批商贸股份有限公司、物美集团、德邦物流、顺丰速运等大型国有企业、5A级物流企业、规模民营企业建立了长期稳定的深度校企合作关系，与物美集团在学生就业、实训室建设等方面有良好的合作基础。试点项目开始前，专业已为物美集团培养了门店运营主管2名，总部部门主管1名，共享实训场所4个。

物美集团是京津冀地区最大的零售龙头企业，目前在北京的市场占有率为40%，“中国民营企业500强”第132名，“中国民营企业服务100强”第32名，员工人数超过50 000人。集团旗下拥有奥士凯物美、崇菜物美、新华百货等多个商业品牌，年销售额超过473亿元，年纳税额超过10亿元，位列“中国连锁百强”前茅。物美集团在国内拥有大卖场、生活超市、便利商店、百货公司等各类店铺1 000余家，极大地推进了我国商业流通的现代化进程。

（二）宽平台、双对接，打造复合型工商企业管理人才

学院与农芯科技签署了《校企联合培养协议》，以工商企业管理专业为试点专业，面向行政办公、市场推广等管理岗位，合作开展行政办公、市场推广岗位的现代学徒制人才培养。为解决第三学年实岗锻炼岗位不足问题，2019年6月，该专业与北京必胜客比萨饼有限公司合作，面向餐厅储备经理岗位，为北京必胜客连锁餐厅（每个餐厅员工一般在20人左右）培养储备经理及以上管理岗位的人才。

工商企业管理专业创办于1984年，是学院“十三五”期间职业教育发展行动计划重点建设专业、学院“特色高水平高职院校”重点建设专业。专业前身是北京市农业管理干部学院乡镇企业经营管理系，培养出了一大批乡镇企业管理人才，为北京乡镇企业发展做出了重要贡献。2001 年 6 月，北京市农业学校和北京市农业管理干部学院合并组建北京农业职业学院，并随着乡镇企业由高速发展进入调整改革阶段。为适应北京产业结构转型，学院乡镇企业经营管理系和农村经济管理系合并成立经济管理系，乡镇企业经营管理系转型为工商企业管理专业。

专业紧跟市场需求变化，为现代服务业的中小微企业提供人才支撑。现代服务业已成为北京的第一大支柱产业，其中，中小微企业数量占比第一。北京市统计局调查数据显示，截至 2017 年，北京第三产业总产值已达 5 580.8 亿元，占地区生产总值的比重达到 70.9%，是全国第三产业水平最高的城市之一。其中，现代服务业占第三产业的 67.9%。从企业发展规模来看，中小微企业数量占绝对主导，据《北京市统计年鉴 2017》发布的数据，2016 年规模(限额)以上企业法人单位数量是 34 944 个，其中规模以上中小微型企业数量为 30 659 个，占比高达 88%。因此，专业在满足企业传统管理功能人才需求基础之上，紧跟市场需求变化，为现代服务业的中小微企业培养德、智、体、美、劳等全面发展，具有良好职业道德和综合职业能力，具备从事现代企业经营与管理的基本理论知识，掌握企业人力资源管理、客户管理、商务办公管理、运营管理、推广策划等专业技能，适应工商企业管理部门一线管理岗位、连锁企业门店店长或自主创业的高素质企业管理人才。

专业积极开展校企合作，合作基础扎实。一直以来，专业立足北京首都功能定位，服务北京经济发展，积极开展校企合作，先后与北京屈臣氏个人用品连锁商店有限公司、北京外企人力资源服务有限公司、国家农业信息化工程技术研究中心(National Engineering Research Center for Information Technology in Agriculture, NERCITA，以下简称“研究中心”)、百胜中国控股有限公司等企业开展了校企合作。2017 年 2 月，学院与“研究中心”签订《校企人才联合培养基地建设协议书》，开展联合招生。

专业师资队伍水平高，人才培养质量成效明显。专业拥有专兼职教师 11 名，其中，校内专职教师 7 名(均具有乡镇或企业挂职锻炼经历，6 名具有“双师”资格)，企业兼职教师(含企业导师)4 名(2 名具有高级职称，1 名具有中级职称，1 名为企业技术骨干)。专业教师主持科研课题多项,发表论文近百篇,指导“互联网+人力资本技能大赛”“大学生模拟创业大赛”“北京市(高职组)ERP沙盘模拟企业经营技能大赛”“‘畅享杯’全国职业院校创业技能大赛”等北京市职业技能大赛、国家行指委组织的职业技能大赛,均取得了优异成绩。

农芯科技依托“研究中心”成立。“研究中心”于2001年由科技部批准组建,是专门从事农业及农村信息化工程技术研究开发的国家级科研机构。农芯科技主要负责“研究中心”的智慧农业技术及产品的推广和后续相关服务等工作,将“研究中心”的成果向市场推广,实现客户需求与“研究中心”成果转化的对接。

北京必胜客比萨饼有限公司成立于1989年,是百胜中国控股有限公司旗下著名品牌之一,致力于成为我国西式休闲餐饮发展潮流的引领者,在业界享有很高的知名度。从1990年9月北京第一家必胜客欢乐餐厅东直门店营业,至2019年北京市场必胜客连锁餐厅超过180家,现有员工近10 000人。

三、探索实践人才培养模式,培养高素质人才

物流管理专业与北京物美商业集团股份有限公司签订了联合培养协议,共计参与试点学生(学徒)15人。面向采销主管、运输主管、仓储主管、商管、账管、客服、人资主管等管理岗位,校企充分发挥各自优势和潜能,协作开展现代学徒制试点工作,严格执行双主体、双场所、工学交替,共同组织实施教学活动,共同培养高素质专业型人才。联合培养方案课程设置见表1-1-1。

表1-1-1　联合培养方案课程设置

序号	课程	总学时	教学场所		导师安排	
			学校	企业	学校导师	企业导师
1	数学	276	276	0	吴莉	—
2	语文	276	276	0	王萃	—
3	英语	338	338	0	张红	—
4	计算机应用基础	276	276	0	万春旭	—
5	思想政治理论	60	60	0	王海丽	—

续表 1-1-1

序号	课程	总学时	教学场所		导师安排	
			学校	企业	学校导师	企业导师
6	思想道德修养与法律基础	30	30	0	王海丽	—
7	体育	200	200	0	马波	—
8	形势与政策	15	15	0	王海丽	—
9	军训(3 周)	56	56	0		—
10	就业指导	24	8	16	胡军珠	梁宇星
11	物流行业与业务认知	72	60	12	李忠国	邵国松
12	物流企业管理	216	144	72	李忠国	郑岩
13	物流法律与法规	72	72	0	李萍	—
14	公共关系	72	72	0	张天琪	—
15	客户服务	72	54	18	石岩	李微
16	物流财务管理	108	72	36	卢桂芬	邵国松
17	统计基础与实务	72	72	0	温春娟	—
18	物流信息技术	108	72	36	李忠国	李微
19	物流经济地理	72	72	0	张天琪	—
20	仓储与配送决策技术★	108	108	0	李忠国	—
21	物流成本管理★	54	36	18	卢桂芬	邵国松
22	供应链管理	72	54	18	李忠国	郑岩
23	连锁经营与管理★	54	24	30	温春娟	邵国松
24	国际物流与货运代理	54	54	0	李萍	倪贺
25	物流市场营销★	72	48	24	张天琪	李微
26	运输业务与管理	54	54	0	胡军珠	王久辉
27	采购业务与管理	54	54	0	石岩	—

续表 1-1-1

序号	课程	总学时	教学场所		导师安排	
			学校	企业	学校导师	企业导师
28	仓储与配送管理★	108	72	36	胡军珠	王久辉
29	物流设备操作技能	54	18	36	李忠国	郑岩
30	电子商务基础与实务	72	36	36	李忠国	李微
31	农产品认知与管理	108	54	54	张天琪	邵国松
32	物流市场调研与分析	54	18	36	李萍	江秀婷
33	物流客户管理★	108	72	36	石岩	刘瑞莲
34	礼仪与沟通技巧	72	36	36	刘云	李小梅
35	商务英语	54	36	18	李萍	李小梅
36	基础会计	72	72	0	卢桂芬	—
37	金融基础与实务	72	72	0	胡基学	—
38	毕业设计	180	0	180	何艳琳	沙菲

★ 为专业核心课程。

2017 年 9 月，学院与农芯科技签订了《北京农业职业学院现代学徒制试点项目校企联合培养协议书》，面向行政办公、市场推广等管理岗位，共同组织实施教学活动，共同培养高素质专业型人才，共计参与试点学生（学徒）31 人。经过一年多试点，学院根据学生（学徒）岗位培养实际需求，申请增加合作企业“北京必胜客比萨饼有限公司”，并于 2019 年 6 月签订了《校企合作试点现代学徒制框架协议》。工商企业管理专业与合作企业开发了工学交替的课程体系（图 1-1-2），共同组织教学活动。

通过现代学徒制人才培养模式改革实践，校企探索形成了“双主体”协同育人机制，实现了招生招工一体化，创新形成了物流管理专业“PCA 双螺旋阶梯式”人才培养模式（图 1-1-3）和工商企业管理专业“宽平台、双对接”人才培养模式（图 1-1-4），建设了一支校企互聘共用的高水平“双导师”队伍，圆满完成了现代学徒制试点项目各项工作任务。

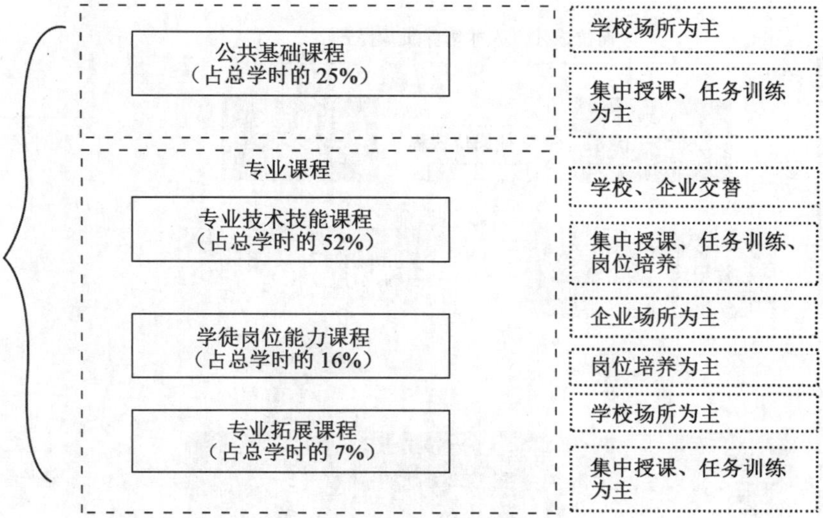

图 1-1-2　工商企业管理专业工学交替的课程体系结构

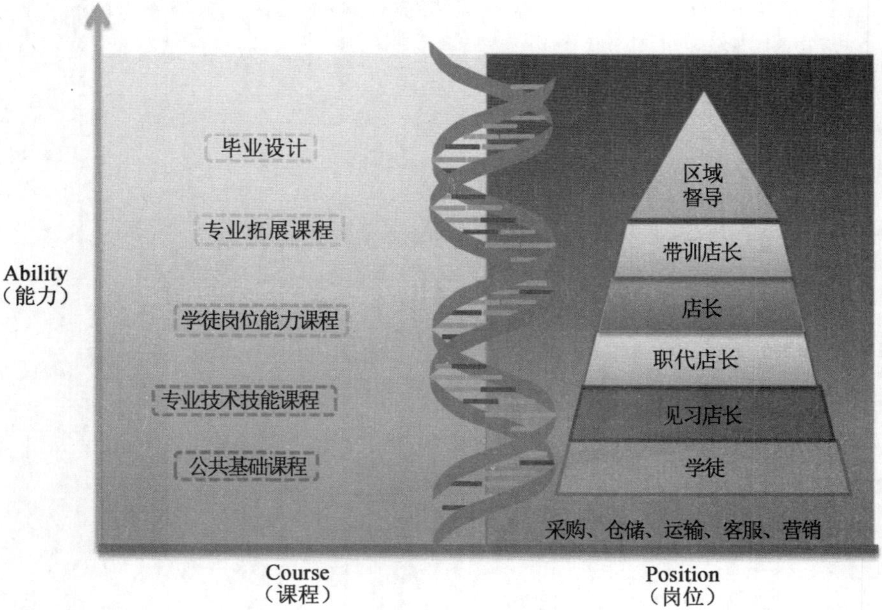

图 1-1-3　物流管理专业“PCA 双螺旋阶梯式”人才培养模式

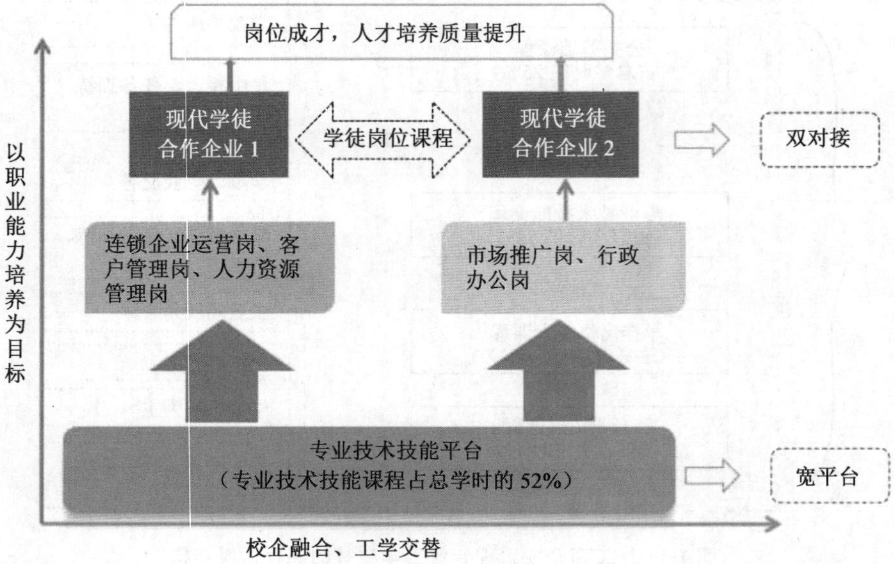

图 1-1-4　工商企业管理专业“宽平台、双对接”人才培养模式

第二部分
校企深度合作，工作成效显著

北京农业职业学院和物美集团、农芯科技、必胜客协作，不断深入推进现代学徒制试点工作，形成了校企上下融通、内外联动的校企“双主体”协同育人机制，实现了招生招工一体化，修订完善了试点专业人才培养制度和标准，建设了一支校企互聘共用的高水平“双导师”队伍，修订完善了 20 项管理评价制度或办法，与物美集团共建农产品流通行业学徒培训中心，取得了预期成效。

一、形成上下融通、内外联动的“双主体”协同育人机制

学院与合作企业签订了《北京农业职业学院现代学徒制试点项目校企联合培养协议书》，明确职责分工、成本分担；不断加强组织、制度建设，成立试点工作领导小组等组织机构，制定了 20 份相关管理制度、办法等文件；累计建设共享实训基地、场所 15 个；引入麦可思数据股份有限公司第三方评价方案，形成了校企联合培养、多方参与评价的双主体育人机制。

(一)加强组织建设，提高管理效率

(1)校企合作成立由学院和企业领导组成的现代学徒制试点工作领导小组(图 1-2-1、图 1-2-2)，领导统筹学院现代学徒制试点工作。

（二）组织保障

1. 成立校企领导共同参与的现代学徒制试点工作领导小组

在校企领导的统筹指导下，定期会商和解决有关试点工作的重大问题，统筹推进学院现代学徒制试点工作。

组　长：王福海、董悦、乔晓军

副组长：杨永杰、梁宇星

成　员：徐世旺、杨东波、张京生、徐洪飞、何艳琳、朱京燕、陈艳萍

图 1-2-1　试点工作领导小组

图 1-2-2　试点工作领导小组在现场指导试点工作

(2)领导小组下设工作组,工作组由学院教务处处长担任组长,成员包括学院教务处、人事处、财务处、督导室、招生就业处(招就处)、学生工作部(学工部)、试点系、企业人力资源部等部门负责人,推进项目实施,保障试点工作顺利进行。同时,学院邀请现代学徒制专家,组成专家组(表 1-2-1),指导现代学徒制试点工作(图 1-2-3)。

表 1-2-1　专家组名单

序号	专家	单　位
1	刘文龙	北京工业职业技术学院
2	吴琼	清远职业技术学院
3	赵志群	北京师范大学职业教育与成人教育研究所
4	霍丽娟	北京教育科学研究院职业教育研究所
5	周国烛	北京电子科技职业学院
6	刘丽娜	北京交通运输职业学院

(3)专业指导委员会(专委会)(表 1-2-2、表 1-2-3)由专业带头人,学院学术水平高、教学管理经验丰富的教师、教学管理人员,具有相当业务水平和工作经验的行业或企业专家组成,为试点专业建设提供指导、顾问和咨询,包括组织专业建设、改革、发展的研究,指导校企导师共同制定适应社会需求的现代学徒制人才培养方案,提出人才培养目标、人才培养模式的建议、意见等。

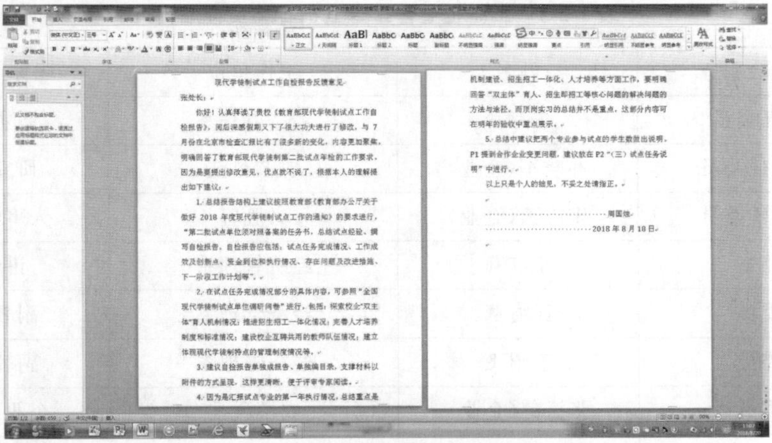

现代学徒制试点工作自检报告反馈意见

张处长：

你好！认真拜读了贵校《教育部现代学徒制试点工作自检报告》，闻后深感假期又下了很大功夫进行了修改，与7月份在北京市检查汇报比有了很多新的变化，内容更加聚焦，明确回答了教育部现代学徒制第二批试点年检的工作要求，因为是要提出修改意见，优点就不说了，根据本人的理解提出如下建议：

1. 总结报告结构上建议按照教育部《教育部办公厅关于做好2018年度现代学徒制试点工作的通知》的要求进行，“第二批试点单位须对照备案的任务书，总结试点经验、撰写自检报告，自检报告应包括：试点任务完成情况、工作成效及创新点、资金到位和执行情况、存在问题及改进措施、下一阶段工作计划等”。

2. 在试点任务完成情况部分的具体内容，可参照“全国现代学徒制试点单位调研问卷”进行，包括：探索校企“双主体”育人机制情况；推进招生招工一体化情况；完善人才培养制度和标准情况；建设校企互聘共用的教师队伍情况；建立体现现代学徒制特点的管理制度情况等。

3. 建议自检报告单独成报告、单独编目录，支撑材料以附件的方式呈现，这样更清晰，便于评审专家阅读。

4. 因为是汇报试点专业的第一年执行情况，总结重点是机制建设、招生招工一体化、人才培养等方面工作，要明确回答“双主体”育人、招生即招工等核心问题的解决问题的方法与途径，而顶岗实习的总结并不是重点，这部分内容可在明年的验收中重点展示。

5. 总结中建议把两个专业参与试点的学生数做出说明，P1提到合作企业变更问题，建议放在P2“（三）试点任务说明”中进行。

以上只是个人的拙见，不妥之处请指正。

周国烛

2018年8月18日

(1)专家关于试点工作自检报告的反馈

(2)现代学徒制专家现场指导试点工作

图 1-2-3　专家组指导现代学徒制试点工作

表 1-2-2　物流管理专业指导委员会成员

专委会职务	姓名	工作单位	职称/职务
主任委员	何艳琳	现代服务管理系	系主任
副主任委员	董阅(企业)	物美集团	人力总监
秘书	温春娟	物流管理专业	讲师
委员	胡军珠	物流管理专业	副教授
委员	张天琪	物流管理专业	教授
委员	牛宏力(企业)	物美集团	高级经理
委员	梁宇星(企业)	物美集团	企业导师

表 1-2-3　工商企业管理专业指导委员会成员

专委会职务	姓名	工作单位	职称/职务
主任委员	朱京燕	经济管理系	系主任
副主任委员	乔晓军(企业)	农芯科技	研究员
副主任委员	宋志蕴(企业)	必胜客	人事经理
秘书	车红莉	经济管理系	讲师
委员	汪海燕	经济管理系	副教授
委员	王绍飞	经济管理系	副教授
委员	张云鹤(企业)	农芯科技	企业导师
委员	周小茗(企业)	必胜客	人事经理

(二)签订法律协议,明确职责分工

物流管理专业和工商企业管理专业分别与物美集团、农芯科技签订了《北京农业职业学院现代学徒制试点项目校企联合培养协议书》《现代学徒制三方协议》,工商企业管理专业与北京必胜客比萨饼有限公司签订了《校企合作试点现代学徒制框架协议》。通过签订法律协议,学校与合作企业明确了职责分工,确保了校企双方、学生(学徒)的权利和义务。首先,校企联合招生,双主体育人(图 1-2-4)。校企共同承担教学任务和试点专业人才培养方案、课程体系、教学标准等建设工作。其次,协议明确规定校企经费开支(图 1-2-5),工学交替,双场所育人。学校负责按国家规定的学费收费标准,按学年收取现代学徒制学生的学费,每年提供现代学徒制试点项目专项经费,支付企业导师课酬;提供现代学徒制班校内运行所需的教学场所、教学设备,包括多媒体教室、实训室、图书阅览室、教学器材设备及校内学习的日常管理等。企业负责向学生(学徒)发放岗位学习(工作)津贴等,提供现代学徒制班岗位学习所需的多媒体教室、工作场所、工作设备、实训耗材、学生(学徒)企业技术技能培训所需的教学资源及学生(学徒)在岗工作(学习)的日常管理。再次,学校、企业、学生签订三方协议,确保学生(学徒)双身份(图 1-2-6)。学生(学徒)应服从校企双方的共同教育和管理:在学校,自觉遵守各项校园管理规定、各项教学安排;在企业,遵守企业有关工作时间、休假制度、考勤制度、行为准则和保密制度等规定,在岗学习期间,享受岗位学习津贴,享有实习责任保险。

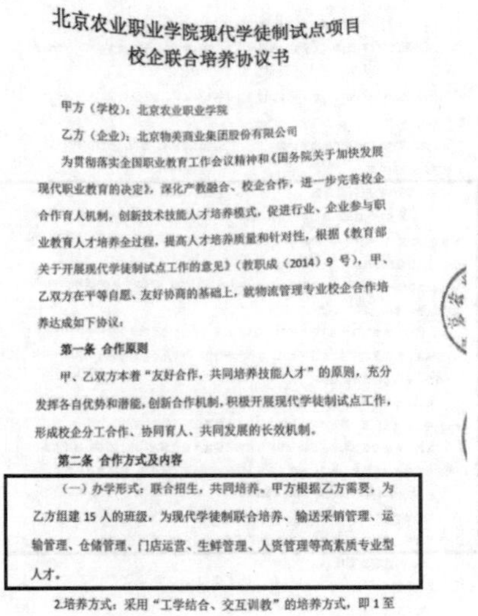

北京农业职业学院现代学徒制试点项目
校企联合培养协议书

甲方（学校）：北京农业职业学院

乙方（企业）：北京物美商业集团股份有限公司

为贯彻落实全国职业教育工作会议精神和《国务院关于加快发展现代职业教育的决定》，深化产教融合、校企合作，进一步完善校企合作育人机制，创新技术技能人才培养模式，促进行业、企业参与职业教育人才培养全过程，提高人才培养质量和针对性，根据《教育部关于开展现代学徒制试点工作的意见》（教职成（2014）9 号），甲、乙双方在平等自愿、友好协商的基础上，就物流管理专业校企合作培养达成如下协议：

第一条 合作原则

甲、乙双方本着“友好合作，共同培养技能人才”的原则，充分发挥各自优势和潜能，创新合作机制，积极开展现代学徒制试点工作，形成校企分工合作、协同育人、共同发展的长效机制。

第二条 合作方式及内容

（一）办学形式：联合招生，共同培养。甲方根据乙方需要，为乙方组建 15 人的班级，为现代学徒制联合培养、输送采销管理、运输管理、仓储管理、门店运营、生鲜管理、人资管理等高素质专业型人才。

2.培养方式：采用“工学结合、交互训教”的培养方式，即 1 至

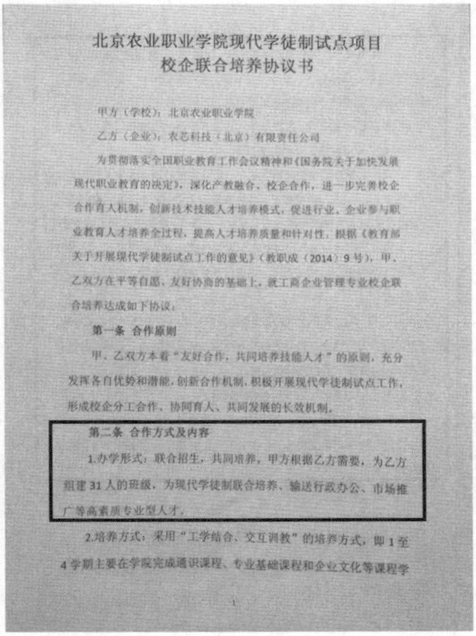

北京农业职业学院现代学徒制试点项目
校企联合培养协议书

甲方（学校）：北京农业职业学院

乙方（企业）：农芯科技（北京）有限责任公司

为贯彻落实全国职业教育工作会议精神和《国务院关于加快发展现代职业教育的决定》，深化产教融合、校企合作，进一步完善校企合作育人机制，创新技术技能人才培养模式，促进行业、企业参与职业教育人才培养全过程，提高人才培养质量和针对性，根据《教育部关于开展现代学徒制试点工作的意见》（教职成（2014）9 号），甲、乙双方在平等自愿、友好协商的基础上，就工商企业管理专业校企联合培养达成如下协议：

第一条 合作原则

甲、乙双方本着“友好合作，共同培养技能人才”的原则，充分发挥各自优势和潜能，创新合作机制，积极开展现代学徒制试点工作，形成校企分工合作、协同育人、共同发展的长效机制。

第二条 合作方式及内容

1.办学形式：联合招生，共同培养，甲方根据乙方需要，为乙方组建 31 人的班级，为现代学徒制联合培养、输送行政办公、市场推广等高素质专业型人才。

2.培养方式：采用“工学结合、交互训教”的培养方式，即 1 至 4 学期主要在学院完成通识课程、专业基础课程和企业文化等课程学

1

图 1-2-4　将校企“联合招生，共同培养”纳入协议

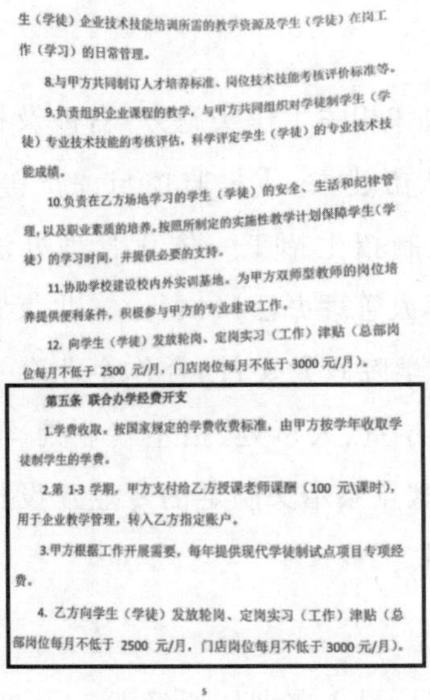

生（学徒）企业技术技能培训所需的教学资源及学生（学徒）在岗工作（学习）的日常管理。

8.与甲方共同制订人才培养标准、岗位技术技能考核评价标准等。

9.负责组织企业课程的教学，与甲方共同组织对学徒制学生（学徒）专业技术技能的考核评估，科学评定学生（学徒）的专业技术技能成绩。

10.负责在乙方场地学习的学生（学徒）的安全、生活和纪律管理，以及职业素质的培养。按照所制定的实施性教学计划保障学生（学徒）的学习时间，并提供必要的支持。

11.协助学校建设校内外实训基地。为甲方双师型教师的岗位培养提供便利条件，积极参与甲方的专业建设工作。

12. 向学生（学徒）发放轮岗、定岗实习（工作）津贴（总部岗位每月不低于 2500 元/月，门店岗位每月不低于 3000 元/月）。

第五条 联合办学经费开支

1.学费收取。按国家规定的学费收费标准，由甲方按学年收取学徒制学生的学费。

2.第 1-3 学期，甲方支付给乙方授课老师课酬（100 元\课时），用于企业教学管理，转入乙方指定账户。

3.甲方根据工作开展需要，每年提供现代学徒制试点项目专项经费。

4. 乙方向学生（学徒）发放轮岗、定岗实习（工作）津贴（总部岗位每月不低于 2500 元/月，门店岗位每月不低于 3000 元/月）。

5

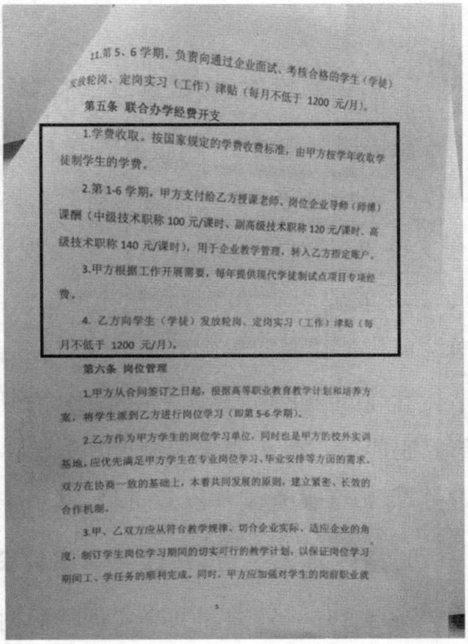

11.第 5、6 学期，负责向通过企业面试、考核合格的学生（学徒）发放轮岗、定岗实习（工作）津贴（每月不低于 1200 元/月）。

第五条 联合办学经费开支

1.学费收取。按国家规定的学费收费标准，由甲方按学年收取学徒制学生的学费。

2.第 1-6 学期，甲方支付给乙方授课老师、岗位企业导师（师傅）课酬（中级技术职称 100 元/课时、副高级技术职称 120 元/课时、高级技术职称 140 元/课时），用于企业教学管理，转入乙方指定账户。

3.甲方根据工作开展需要，每年提供现代学徒制试点项目专项经费。

4. 乙方向学生（学徒）发放轮岗、定岗实习（工作）津贴（每月不低于 1200 元/月）。

第六条 岗位管理

1.甲方从合同签订之日起，根据高等职业教育教学计划和培养方案，将学生派到乙方进行岗位学习（即第 5-6 学期）。

2.乙方作为甲方学生的岗位学习单位，同时也是甲方的校外实训基地，应优先满足甲方学生在专业岗位学习、毕业安排等方面的需求。双方在协商一致的基础上，本着共同发展的原则，建立紧密、长效的合作机制。

3.甲、乙双方应从符合教学规律、切合企业实际、适应企业的角度，制订学生岗位学习期间的切实可行的教学计划，以保证岗位学习期间工、学任务的顺利完成。同时，甲方应加强对学生的岗前职业就

5

图 1-2-5　“联合培养协议”明确规定校企经费开支

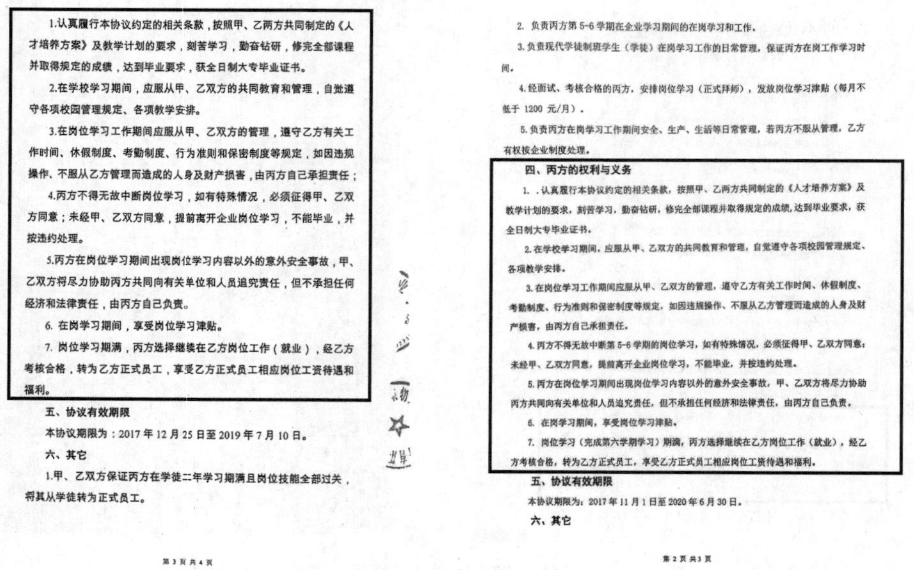

1.认真履行本协议约定的相关条款，按照甲、乙两方共同制定的《人才培养方案》及教学计划的要求，刻苦学习，勤奋钻研，修完全部课程并取得规定的成绩，达到毕业要求，获全日制大专毕业证书。

2.在学校学习期间，应服从甲、乙双方的共同教育和管理，自觉遵守各项校园管理规定、各项教学安排。

3.在岗位学习工作期间应服从甲、乙双方的管理，遵守乙方有关工作时间、休假制度、考勤制度、行为准则和保密制度等规定，如因违规操作、不服从乙方管理而造成的人身及财产损害，由丙方自己承担责任；

4.丙方不得无故中断岗位学习，如有特殊情况，必须征得甲、乙双方同意；未经甲、乙双方同意，提前离开企业岗位学习，不能毕业，并按违约处理。

5.丙方在岗位学习期间出现岗位学习内容以外的意外安全事故，甲、乙双方将尽力协助丙方共同向有关单位和人员追究责任，但不承担任何经济和法律责任，由丙方自己负责。

6. 在岗学习期间，享受岗位学习津贴。

7. 岗位学习期满，丙方选择继续在乙方岗位工作（就业），经乙方考核合格，转为乙方正式员工，享受乙方正式员工相应岗位工资待遇和福利。

五、协议有效期限

本协议期限为：2017 年 12 月 25 日至 2019 年 7 月 10 日。

六、其它

1.甲、乙双方保证丙方在学徒二年学习期满且岗位技能全部过关，将其从学徒转为正式员工。

第 3 页 共 4 页

2. 负责丙方第 5-6 学期在企业学习期间的在岗学习和工作。

3. 负责现代学徒制班学生（学徒）在岗学习工作的日常管理，保证丙方在岗工作学习时间。

4. 经面试、考核合格的丙方，安排岗位学习（正式拜师），发放岗位学习津贴（每月不低于 1200 元/月）。

5. 负责丙方在岗学习工作期间安全、生产、生活等日常管理，若丙方不服从管理，乙方有权按企业制度处理。

四、丙方的权利与义务

1. . 认真履行本协议约定的相关条款，按照甲、乙两方共同制定的《人才培养方案》及教学计划的要求，刻苦学习，勤奋钻研，修完全部课程并取得规定的成绩，达到毕业要求，获全日制大专毕业证书。

2. 在学校学习期间，应服从甲、乙双方的共同教育和管理，自觉遵守各项校园管理规定、各项教学安排。

3. 在岗位学习工作期间应服从甲、乙双方的管理，遵守乙方有关工作时间、休假制度、考勤制度、行为准则和保密制度等规定，如因违规操作、不服从乙方管理而造成的人身及财产损害，由丙方自己承担责任。

4. 丙方不得无故中断第 5-6 学期的岗位学习，如有特殊情况，必须征得甲、乙双方同意；未经甲、乙双方同意，提前离开企业岗位学习，不能毕业，并按违约处理。

5. 丙方在岗位学习期间出现岗位学习内容以外的意外安全事故，甲、乙双方将尽力协助丙方共同向有关单位和人员追究责任，但不承担任何经济和法律责任，由丙方自己负责。

6. 在岗学习期间，享受岗位学习津贴。

7. 岗位学习（完成第六学期学习）期满，丙方选择继续在乙方岗位工作（就业），经乙方考核合格，转为乙方正式员工，享受乙方正式员工相应岗位工资待遇和福利。

五、协议有效期限

本协议期限为：2017 年 11 月 1 日至 2020 年 6 月 30 日。

六、其它

第 2 页 共 3 页

图 1-2-6　“三方协议”确保学生(学徒)双身份

(三)加强制度建设,试点工作有章可循

校企协同制定、完善校企协同育人管理办法和相关工作实施方案,涉及招生招工一体化工作推进、协同育人与管理、双导师队伍建设、质量监控与评价等,共计 20 份文件,包括:《北京农业职业学院现代学徒制招生招工一体化管理办法》(试行)、《北京农业职业学院现代学徒制校企协同育人管理办法》(试行)、《北京农业职业学院现代学徒制双导师管理办法》(试行)3 份学院政发文件,合作企业牵头制定的学徒管理办法 2 份,学院教务处、教育研究督导室、人事处、招生就业处、学生工作部等职能部门牵头制定的制度和办法 11 份,试点系牵头制定的专业建设相关文件 4 份,保障了试点工作有章可循,顺利推进(图 1-2-7)。

(四)搭建育人平台,共建共享实训资源

学院与合作企业共建共享实训资源,企业累计投入实训场所经费 114.9 万元,学院及市财政专项投入经费 291 余万元,用于学徒津贴、实训室、实训基地的设备更新、维护等,累计建设共享实训基地、场所 15 个(表 1-2-4)。

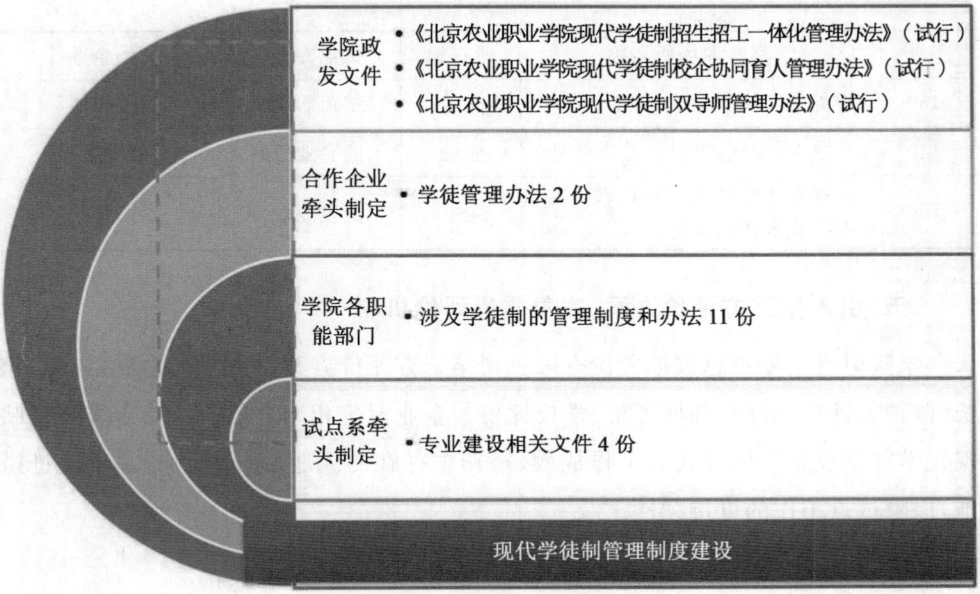

图 1-2-7　现代学徒制试点工作相关管理制度

表 1-2-4　实训场所概况

序号	学习实训场所名称	所在地	试点专业	合作企业
1	物流管理专业实训基地	学院	物流管理	物美集团
2	物美便利店	学院	物流管理	物美集团
3	物美集团总部	企业	物流管理	物美集团
4	物美发展学院(学徒培训中心)	企业	物流管理	物美集团
5	物美DC(配送中心)	企业	物流管理	物美集团
6	物美慧科店	企业	物流管理	物美集团
7	物美联想桥店	企业	物流管理	物美集团
8	物美鲁谷店	企业	物流管理	物美集团
9	物美科大店	企业	物流管理	物美集团
10	物美米拉小镇店	企业	物流管理	物美集团
11	物美西黄村二店	企业	物流管理	物美集团
12	物美太平街店	企业	物流管理	物美集团

续表 1-2-4

序号	学习实训场所名称	所在地	试点专业	合作企业
13	物美杜家坎店	企业	物流管理	物美集团
14	必胜客(双榆树餐厅)培训基地	企业	工商企业管理	必胜客
15	国家农业信息化工程技术研究中心成果转化部	企业	工商企业管理	农芯科技

(五)引入第三方评价方案,完善质量评价机制

学院引进了麦可思数据股份有限公司第三方评价方案,将学生(学徒)评价、家长/监护人评价、教师/师傅评价、学校评价与企业评价相结合(图 1-2-8),客观反映现代学徒制校企协同育人的工作成效、工作中存在的问题,总结经验,制定改进措施,保障试点工作的可持续性。

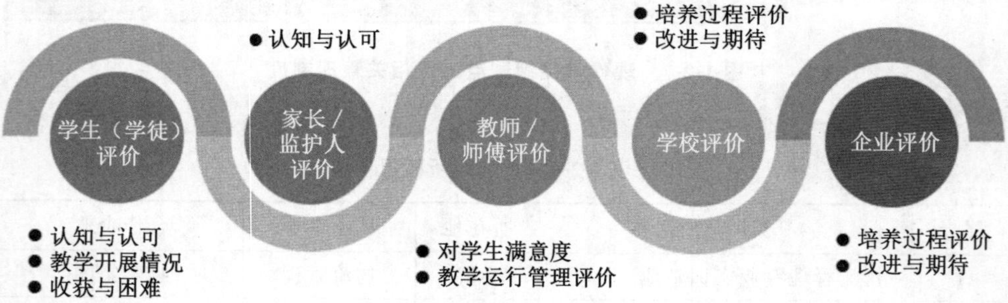

图 1-2-8 学生(学徒)、家长/监护人、教师/师傅、学校与企业评价相结合

从麦可思调研结果看,校企双方均表示未来愿意继续合作开展现代学徒制项目。同时,企业方面表示,现代学徒制培养模式使企业的员工来源更有保障,员工技能素质更匹配,帮助企业节约了入职培训成本,也有助于提高企业知名度与影响力,还能与学校共享资源等,给企业带来了多方面的积极影响,充分体现了企业方对现代学徒制培养模式的认可。

试点班级学生对现代学徒制培养模式的教学满意度为 97.5%,对现代学徒制整体培养效果反馈较好。100%的物流管理专业试点班级的学生认为专业考核方式较为合理,对学校教师/企业导师的教学满意度均为 100%,对授课方式满意度

也均为100%。97%的工商企业管理专业试点班级的学生认为专业考核方式较为合理,对教师/师傅的教学满意度均在90%以上,对学校教师和企业师傅授课方式的满意度均为100%。

二、优化招生招工方案和办法,实现招生招工一体化

(一)完善招生招工制度,实现校企联合招生

本着"先招生后招工、校企联合培养"的原则,加强统筹协调,学院联合物美集团、农芯科技等合作企业,制定了《北京农业职业学院一体化招生招工方案》《北京农业职业学院现代学徒制招生招工一体化管理办法》(试行),校企双方共同完成招录工作。学院负责教学方面的宣传,包括专业优势、师资力量、办学条件、学籍管理等;企业负责企业方面的宣传,包括企业文化、企业发展史、岗位介绍、企业工作环境及福利条件等。新生报到后,校企双方对试点专业学生进行面试筛选、学徒身份确认。

物流管理专业和物美集团协同,面向学院五年一贯制高职阶段学生进行了联合宣传。试点专业组织了物美集团体验活动,物美集团总部校招负责人和物流管理专业共同参加学徒面试工作。工商企业管理专业联合农芯科技,面向农芯科技行政办公、市场推广等管理岗位,进行了宣传。物流管理专业招生15人(不含2名服兵役学生)。工商企业管理专业计划招生30人,实际报到31人,圆满完成了试点班级建设。

(二)签订三方协议,落实招生招工一体化

学院、合作企业、46名试点班学生(学徒)签订了46份《现代学徒制三方协议》(图1-2-9),保障了学生(学徒)的双身份和权益(图1-2-10),落实了招生招工一体化。《现代学徒制三方协议》规定,学生(学徒)在学校学习、在岗位学习工作(表1-2-5)期间,应服从校企双方的共同教育和管理:在学校,自觉遵守各项校园管理规定、各项教学安排;在企业,遵守企业有关工作时间、休假制度、考勤制度、行为准则和保密制度等规定。在岗学习期间,享受岗位学习津贴(图1-2-11),享有实习责任保险;岗位学习期满,可以选择继续在企业工作(就业),经企业考核合格,转为正式员工,享受正式员工相应岗位的工资待遇和福利。

现代学徒制三方协议

甲方：北京农业职业学院

乙方：北京物美商业集团股份有限公司

丙方 学徒姓名：

专业：

班级：

根据《教育部关于开展现代学徒制试点工作的意见》（教职成〔2014〕9号），甲、乙、丙三方本着合作共赢、职责共担的原则，经三方协商一致，达成如下协议：

一、合作内容

按照"学生→学徒→准员工→员工"四位一体的人才培养总体思路，甲、乙、丙三方采用"先招生再招工，校企联合培养"的现代学徒制培养模式，甲、乙双方对丙方实施双主体育人、双场所教学、工学交替、岗位培养，面向采销主管、运输主管、仓储主管、商管、账管、客服、人资主管等管理岗位，培养采销管理、运输管理、仓储管理、门店运营、生鲜管理、人资管理等高素质专业型人才。

二、甲方的权利与义务

1. 负责与本单位相关部门沟通，协调处理本协议的相关事宜，确保本协议的顺利履行。

2.负责招生计划申报、录取资格审查，与乙方合作开展现代学徒制的宣传、组织报名、签订协议，组建现代学徒制班。

第1页共4页

3. 负责现代学徒制班学生（学徒）的学籍管理、公共基础课程以及系统专业知识学习、技能训练的教学组织、毕业资格审核、毕业证书发放等。

4. 负责现代学徒制班学生（学徒）校内学习日常管理工作。

5. 提供现代学徒制班校内运行所需的教学场所、教学设备等。

6. 根据国家有关规定，为丙方投保全国职业院校学生实习责任保险与校方责任保险。

7.协助乙方对丙方在岗学习工作期间的管理、处理违纪违规等问题。

三、乙方的权利与义务

1.负责与本单位相关部门沟通、协调处理与履行本协议产生的相关事项，确保本协议的顺利进行。

2.根据专业教学计划要求，负责提供丙方在企业学习期间的岗位、学习资源、工作场所、工作设备等。

3.负责丙方在企业学习期间的在岗学习和工作，指派责任心强、实践经验丰富的企业师傅指导丙方在岗学习。企业师傅指导可以采取一对一或一对多的形式，一名企业师傅同时指导学生（学徒）不超过5人。

4.负责现代学徒制班学生（学徒）在岗学习工作的日常管理，保证丙方在岗工作学习时间。

5.经面试、考核合格的丙方，安排不少于6个月的岗位学习，发放岗位学习津贴（每月不低于2500元/月）。

6.负责丙方在岗学习工作期间安全、生产、生活等日常管理，若丙方不服从管理，乙方有权按企业制度处理。

四、丙方的权利与义务

第2页共4页

1.认真履行本协议约定的相关条款，按照甲、乙两方共同制定的《人才培养方案》及教学计划的要求，刻苦学习，勤奋钻研，修完全部课程并取得规定的成绩，达到毕业要求，获全日制大专毕业证书。

2.在学校学习期间，应服从甲、乙双方的共同教育和管理，自觉遵守各项校园管理规定、各项教学安排。

3.在岗位学习工作期间应服从甲、乙双方的管理，遵守乙方有关工作时间、休假制度、考勤制度、行为准则和保密制度等规定，如因违规操作、不服从乙方管理而造成的人身及财产损害，由丙方自己承担责任；

4.丙方不得无故中断岗位学习，如有特殊情况，必须征得甲、乙双方同意；未经甲、乙双方同意，提前离开企业岗位学习，不能毕业，并按违约处理。

5.丙方在岗位学习期间出现岗位学习内容以外的意外安全事故，甲、乙双方将尽力协助丙方共同向有关单位和人员追究责任，但不承担任何经济和法律责任，由丙方自己负责。

6. 在岗学习期间，享受岗位学习津贴。

7. 岗位学习期满，丙方选择继续在乙方岗位工作（就业），经乙方考核合格，转为乙方正式员工，享受乙方正式员工相应岗位工资待遇和福利。

五、协议有效期限

本协议期限为：2017年12月25日至2019年7月10日。

六、其它

1.甲、乙双方保证丙方在学徒二年学习期满且岗位技能全部过关，将其从学徒转为正式员工。

第3页共4页

2. 丙方违反本协议有关丙方义务的规定，乙方可提前终止本协议，但应通知甲方并说明原因，由此产生的丙方经济损失、成绩不及格、纪律处分等相应后果，由丙方负责。

3.如果出现签订本协议无法预见的情形，乙方应将情况及时书面告知甲方和丙方。本协议签订后如有修改或补充，三方另行签订补充协议作为本协议的附件，与本协议具有同等法律效力。

4.甲、乙双方共同组织岗位技能考核，记入丙方岗位技能成绩。

5.甲方应给丙方购买全国职业院校学生实习责任保险与校方责任保险，丙方在乙方经营场所因工受伤而发生的相关费用，保险理赔后仍需赔付的费用由甲乙双方共同承担，甲方承担30%，乙方承担70%，丙方自身存在过错的，应当适当减轻甲乙双方的责任承担比例。

七、协议的终止与解除

1.协议期满自行终止。因协议期限届满以外的其他原因而造成协议提前终止时，甲、乙、丙三方均应提前两周通知其他二方。

2.本协议经甲方及乙方法定代表人或委托代理人签字并加盖公章、丙方签字后生效。

3.本协议一式四份，其中学校留存两份，企业和学生各执一份。

甲方:北京农业职业学院(盖章)　　授权代表：何艳印　2017.12.25

乙方：北京物美商业集团股份有限公司(盖章)　　授权代表：　2017.12.25

丙方：　　身份证号码：

第4页共4页

图 1-2-9　学院、合作企业、试点班学生(学徒)签订的《现代学徒制三方协议》

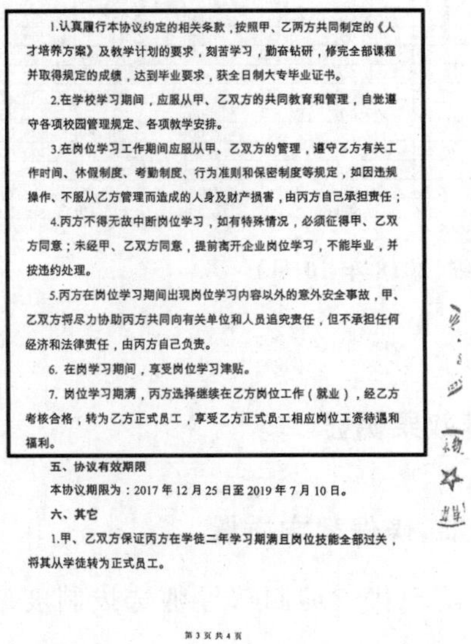

1.认真履行本协议约定的相关条款，按照甲、乙两方共同制定的《人才培养方案》及教学计划的要求，刻苦学习，勤奋钻研，修完全部课程并取得规定的成绩，达到毕业要求，获全日制大专毕业证书。

2.在学校学习期间，应服从甲、乙双方的共同教育和管理，自觉遵守各项校园管理规定、各项教学安排。

3.在岗位学习工作期间应服从甲、乙双方的管理，遵守乙方有关工作时间、休假制度、考勤制度、行为准则和保密制度等规定，如因违规操作、不服从乙方管理而造成的人身及财产损害，由丙方自己承担责任；

4.丙方不得无故中断岗位学习，如有特殊情况，必须征得甲、乙双方同意；未经甲、乙双方同意，提前离开企业岗位学习，不能毕业，并按违约处理。

5.丙方在岗位学习期间出现岗位学习内容以外的意外安全事故，甲、乙双方将尽力协助丙方共同向有关单位和人员追究责任，但不承担任何经济和法律责任，由丙方自己负责。

6. 在岗学习期间，享受岗位学习津贴。

7. 岗位学习期满，丙方选择继续在乙方岗位工作（就业），经乙方考核合格，转为乙方正式员工，享受乙方正式员工相应岗位工资待遇和福利。

五、协议有效期限

本协议期限为：2017 年 12 月 25 日至 2019 年 7 月 10 日。

六、其它

1.甲、乙双方保证丙方在学徒二年学习期满且岗位技能全部过关，将其从学徒转为正式员工。

第 3 页 共 4 页

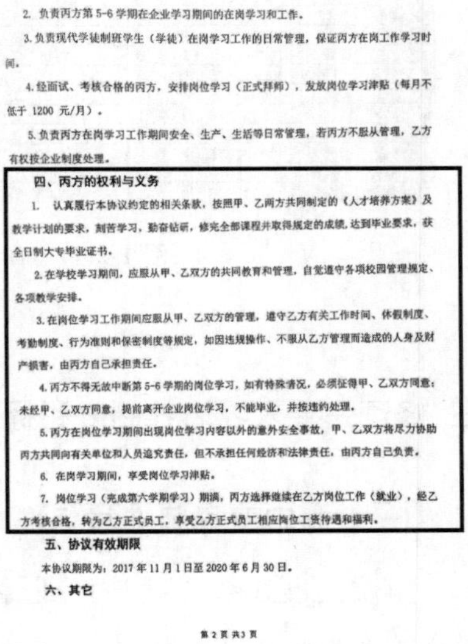

2. 负责丙方第 5-6 学期在企业学习期间的在岗学习和工作。

3. 负责现代学徒制班学生（学徒）在岗学习工作的日常管理，保证丙方在岗工作学习时间。

4. 经面试、考核合格的丙方，安排岗位学习（正式拜师），发放岗位学习津贴（每月不低于 1200 元/月）。

5. 负责丙方在岗学习工作期间安全、生产、生活等日常管理，若丙方不服从管理，乙方有权按企业制度处理。

四、丙方的权利与义务

1. 认真履行本协议约定的相关条款，按照甲、乙两方共同制定的《人才培养方案》及教学计划的要求，刻苦学习，勤奋钻研，修完全部课程并取得规定的成绩，达到毕业要求，获全日制大专毕业证书。

2. 在学校学习期间，应服从甲、乙双方的共同教育和管理，自觉遵守各项校园管理规定、各项教学安排。

3. 在岗位学习工作期间应服从甲、乙双方的管理，遵守乙方有关工作时间、休假制度、考勤制度、行为准则和保密制度等规定，如因违规操作、不服从乙方管理而造成的人身及财产损害，由丙方自己承担责任。

4. 丙方不得无故中断第 5-6 学期的岗位学习，如有特殊情况，必须征得甲、乙双方同意；未经甲、乙双方同意，提前离开企业岗位学习，不能毕业，并按违约处理。

5. 丙方在岗位学习期间出现岗位学习内容以外的意外安全事故，甲、乙双方将尽力协助丙方共同向有关单位和人员追究责任，但不承担任何经济和法律责任，由丙方自己负责。

6. 在岗学习期间，享受岗位学习津贴。

7. 岗位学习（完成第六学期学习）期满，丙方选择继续在乙方岗位工作（就业），经乙方考核合格，转为乙方正式员工，享受乙方正式员工相应岗位工资待遇和福利。

五、协议有效期限

本协议期限为：2017 年 11 月 1 日至 2020 年 6 月 30 日。

六、其它

第 2 页 共 3 页

图 1-2-10　学生（学徒）在岗的权益保障

表 1-2-5　试点专业学生（学徒）在岗的具体岗位

试点专业	在岗学习岗位	备注
物流管理专业	物美集团采购助理、门店运营（商管、账管、客服、生鲜理货）	—
工商企业管理专业	农芯科技和必胜客的文员、行政办公助理、市场推广助理、市场推广专员、外场服务区员工、内场生产区员工、值班组长、储备经理	第 1 学年在学校学习公共基础课程及专业技术技能课程基础知识，第 2 学年在学校和企业教学点学习专业技术技能课程基础知识及基本技能，第 3 学年在企业学习学徒岗位课程

部门名称	岗位	员工编号	姓名	出勤小时数	工资标准	其中基本工资	专项奖金	住房补贴	迟到扣款	事假扣款	应发工资合计	实发工资
S区储备	运营	00361855	李 思慧	153.30	3,000.00	2,120.00	0.00	300.00	18.10	246.55	3,035.35	3,035.35
S区储备	运营	00361856	刘 婷	166.52	3,000.00	2,120.00	0.00	300.00	12.50	0.00	3,287.50	3,287.50
总部储备	采购助理	00361857	雷 兆丰	167.00	3,000.00	2,120.00	0.00	300.00	0.00	0.00	3,300.00	3,300.00
S区储备	运营	00361858	周 弘涵	167.00	3,000.00	2,120.00	304.80	300.00	0.00	0.00	3,604.80	3,604.80
S区储备	运营	00361859	张 宇轩	165.37	3,000.00	2,120.00	0.00	0.00	42.24	0.00	2,957.76	2,957.76
S区储备	运营	00361860	杨 佳豪	167.00	3,000.00	2,120.00	0.00	300.00	0.00	0.00	3,300.00	3,300.00
S区储备	运营	00361861	李 雪	140.73	3,000.00	2,120.00	0.00	300.00	6.90	493.10	2,800.00	2,800.00
S区储备	运营	00361864	李 晓航	167.00	3,000.00	2,120.00	0.00	300.00	0.00	0.00	3,300.00	3,300.00
总部储备	采购助理	00361865	肖 月华	162.00	3,000.00	2,120.00	0.00	300.00	0.00	94.83	3,205.17	3,205.17
S区储备	运营	00361866	朱 佳月	166.32	3,000.00	2,120.00	0.00	300.00	17.67	0.00	3,282.33	3,282.33
S区储备	运营	00361872	陈 宇强	166.83	3,000.00	2,120.00	0.00	300.00	4.31	0.00	3,295.69	3,295.69
S区储备	运营	00361875	牛 浩明	167.00	3,000.00	2,120.00	0.00	300.00	0.00	0.00	3,300.00	3,300.00
S区储备	运营	00361876	王 渤涵	167.00	3,000.00	2,120.00	0.00	300.00	0.00	0.00	3,300.00	3,300.00
总部储备	采购助理	00361879	付 昕冉	157.00	3,000.00	2,120.00	0.00	300.00	0.00	189.66	3,110.34	3,110.34
总部储备	采购助理	00361888	杨 子巍	149.50	3,000.00	2,120.00	0.00	300.00	0.00	331.90	2,968.10	2,968.10

图 1-2-11　学徒津贴发放明细(2018 年 10 月)

三、修订完善人才培养制度和标准,人才培养效果明显

(一) 制定双导师选拔标准,明确师傅标准,确保教学质量

学院人事处牵头制定了《北京农业职业学院现代学徒制双导师选拔制度》,明确了企业导师遴选条件(图 1-2-12),规定企业导师须具有一定的行业影响力,具有职教培训和在岗学习带教能力等,确保人才培养质量。

北京农业职业学院现代学徒制双导师选拔制度

一、双导师遴选与聘任

(一) 遴选条件

1. 企业导师遴选条件

(1) 从事本行业工龄 5 年以上且年龄 25 周岁以上的企业正式员工，原则上具有大专及以上学历或中级及以上职业技术资格等级；

(2) 具有良好的职业道德和协作意识，工作积极，具有奉献精神，能服从学校和企业的管理，遵守企业和学校的各项教学规章制度；

(3) 在行业中有一定的影响力，有较丰富的岗位教学与管理经验，为本企业中高级技术人员。

(4) 具有职教培训和在岗学习带教能力。

2. 学校导师遴选条件

图 1-2-12　企业导师遴选条件

(二)制定质量监控管理办法，保障现代学徒制的实施质量

学院制定了教师教学质量监控、学生(学徒)企业学习质量监控、现代学徒制考核评价及监督管理办法，保障了现代学徒制的实施质量(表 1-2-6)。

表 1-2-6　教学质量监控管理概况

类别	制度	主要内容	制定部门
质量监控管理	《北京农业职业学院现代学徒制教师教学质量监控管理办法》	每学年进行一次教育教学质量评价考核。学生(学徒)评价(权重为 25%)；教务评价(权重为 15%)；专业指导委员会评价(权重为 30%)；系(部)评价(权重为 30%)	督导室
	《北京农业职业学院学生(学徒)企业学习质量监控实施方案》	巡视检查、日常抽查、定期巡查相结合	督导室
	《北京农业职业学院学徒制考核评价及监督管理办法》	规定考核的组织实施，由校企双方选择责任心强、公正、具有较高职业技能水平的人员担任考评员，对学徒岗位技能进行达标考核、过程性考核和终结性考核相结合的考核	教务处

(三)校企研讨修订教学标准文件，实现教学和生产对接

试点专业与合作企业共同进行岗位职业能力分析，在职业能力分析基础上，以知识和技能的学习过程为出发点，遵循技能人才成长规律，构建专业课程体系，将职业能力有机地转化到课程中去，融入职业标准，完善专业教学标准，优化了现代学徒制专业人才培养方案(附件 1-1、附件 1-2)，创新形成了工学交替人才培养模式，人才培养效果明显。校企累计开发试点专业教学标准 2 个(附件 2-2)，试点专业核心课程标准 12 个(附件 2-3、表 1-2-7)，岗位技术标准 15 个，课程 2 门，教材 2 本。

表 1-2-7 试点专业教学标准和课程标准概况

序号	试点专业	教学标准	课程标准	课程	编写的教材
1	物流管理	专业教学标准	物流市场营销	连锁经营与管理	《现代物流决策实务》
2			物流客户管理		
3			物流成本管理		
4			连锁经营与管理		
5			仓储与配送决策技术		
6			仓储与配送管理		
7	工商企业管理	专业教学标准	市场营销	门店管理与经营	《商务谈判实务》
8			人力资源管理		
9			需求调研与市场分析		
10			客户关系管理		
11			商务管理实务		
12			门店管理与经营		

1.校企协作制定了试点专业岗位技术标准(表 1-2-8、表 1-2-9)

表 1-2-8 物流管理专业岗位技术标准

序号	岗位	技术标准
1	店长	1.完成店铺卖场巡视检核,检查区域设备设施正常运行情况; 2.订货、到货、收货、陈列库存检核;部门整体统筹、销售毛利预算达成、损耗管控; 3.月度、季度、年度经营绩效总结,管理工作总结,整体工作规划调整; 4.团队建设、梯队培养
2	运输经理	1.制定和完善运输工作的流程与标准; 2.制定运输部门业绩目标和执行计划、设定货物运输方式/运输路线/人员安排等计划及跟进调整; 3.根据需要调度司机/车辆等运输资源,保证运输工作的正常运行; 4.统筹物流企业的运输管理工作

续表 1-2-8

序号	岗位	技术标准
3	仓储经理	1.统筹物流企业的仓储工作； 2.筛选仓库； 3.制定仓库各方面管理标准与工作流程； 4.合理安排仓库各岗位人员工作并跟进指导； 5.对仓库的安全、货物、整体运营等各方面工作负责
4	配送经理	1.负责制定配送部门的各项作业流程、管理制度； 2.制定并指导下属完善合理的物流、配送路线； 3.与主管部门的日常工作对接和关系维护； 4.不断完善和优化本部门的流程，提高工作效率； 5.做好配送员的培养和培训，提升客户服务满意度
5	供应链主管	1.负责编制和审核采购计划与预算； 2.制定并优化公司供应链系统； 3.建立和健全供应商、承运商开发、维护、跟踪及评估体系； 4.合理控制采购及运输成本，发展、选择和处理供应商关系
6	销售员	1.负责产品或服务的销售，完成公司分配的销售任务； 2.开发新客户，对客户进行有效管理； 3.根据客户需求提供合理的销售方案； 4.维护客户关系
7	单证员	1.负责进出口相关单证(如合同、发票、装箱单、原产地证等)的制作、管理及信用证审核； 2.收集和整理各种单证，完成送货单、订单、提单核对等对单据的各项处理； 3.跟踪每票货物的送货情况，统计核对相关数据； 4.处理与业务员、跟单员以及客户、货代各方面的协调沟通工作； 5.收付汇、外汇核销以及退税的跟踪

表 1-2-9 工商企业管理专业岗位技术标准

序号	岗位	技术标准
1	行政文员	1.熟悉各种票据的粘贴、财务报销等； 2.接听、转接外部电话，或主动进行电话联系； 3.负责与工作内容相关的各类文件的归档管理； 4.负责后勤保障工作，包括发放办公用品、办理餐卡、订票、复印、邮寄等事务； 5.植保机产品演示 PPT 制作； 6.办公室 Office 软件运用，各种表格、文件的制作和填写

续表 1-2-9

序号	岗位	技术标准
2	行政办公助理	1.协调各部门及时完成相关文件的流程审核和盖章； 2.会务接待； 3.参与中心举办的各类展会、培训会； 4.植保机产品演示 PPT 制作； 5.完成领导交付的各项任务
3	市场推广助理	1.全国农业类展会信息收集； 2.展会现场产品展示及销售； 3.植保机产品功能讲解； 4.潜在客户的电话沟通、上门拜访，协助团队完成项目可行性分析； 5.初步掌握制作项目投标书； 6.参与中心举办的各类展会、培训会
4	市场推广专员	1.参展前期准备、展会现场产品展示及销售、展会后期参展产品妥善运回； 2.中心展厅内所有产品功能讲解； 3.潜在客户的电话沟通、上门拜访，根据客户需求提供项目可行性分析； 4.根据客户需求，协调中心各部门资源为客户提供解决方案； 5.熟练掌握制作项目投标书； 6.项目后期跟踪； 7.为客户提供产品使用技术培训； 8.负责筹备中心举办的各类展会、培训会
5	外场服务区员工	1.熟悉必胜客欢乐餐厅菜品，掌握清理传菜岗位标准并执行标准通过检定； 2.熟悉接待岗位标准，清晰引领顾客入座、菜单介绍等相关话术并通过检定； 3.熟练掌握服务岗服务及收银岗位标准，跟进并为顾客提供好的用餐体验，通过岗位检定； 4.除高峰期岗位执行标准外，清晰开店打烊外场服务区工作内容，具备独立开店打烊工作岗位能力； 5.熟悉设备清洁标准，能理解 PM 维养计划并执行清洁任务
6	内场生产区员工	1.熟练生产区岗位所涵盖产品的制作和奉客标准(面团制作 3 款、制饼 34 款、水吧 35 款、烤制炸制 22 款、炒制 15 款、切饼 71 款)，并通过岗位检定，具备独立岗位操作能力； 2.掌握内场开店打烊工作内容，能独立完成开店打烊工作； 3.熟练掌握内场设施设备清洁相关工作标准，并能按照 PM 维养计划安排执行； 4.通过训练标准学习，掌握内场工作站带训要求并执行带训工作，经过训练检定

续表 1-2-9

序号	岗位	技术标准
7	值班组长	1. 学习服务区及生产区管理工作； 2. 了解餐厅运营人员、设备、物料、设施等方面的管理标准； 3. 了解餐厅运营全方位值班管理的工作流程和标准，具备人员辅导、标准执行、KPI 追踪等一系列值班管理能力； 4. 通过练习和检定，掌握值班组长工作流程和标准，能够独立值班
8	储备经理	1. 独立承担门店值班管理工作； 2. 熟练掌握餐厅运营人员、设备、物料、设施等方面的管理标准； 3. 熟练掌握餐厅运营全方位值班管理的工作流程和标准，具备人员辅导、标准执行、KPI 追踪等一系列值班管理能力

2. 校企联合研发，协作开发了试点专业课程体系

物流管理专业基于学生（学徒）中职阶段的知识、技能、素养习得基础、岗位能力分析结果，研讨确定了试点班级高职阶段的课程体系，重新构建形成了公共基础课程和专业课程两个模块。其中，专业课程分为专业技术技能课程、学徒岗位能力课程、专业拓展课程三类。和原人才培养方案中高职阶段的课程体系相比，重构后的课程体系更准确地反映了学生（学徒）职业面向、典型工作任务及职业能力需求，高职阶段的任务训练、在岗学习超过了总课时的 50%，课程体系构成更加合理，为五年一贯制现代学徒制人才培养方案的制定提供了借鉴。详见表 1-2-10 和表 1-2-11。

表 1-2-10 高职阶段新旧人才培养方案对比表

序号	内容	现代学徒制人才培养方案	原人才培养方案
1	职业面向	企业采销部门、配送中心、门店从事采销管理、运输管理、仓储管理、门店运营、生鲜管理等中基层管理工作	各类物流企业从事仓储、配送等物流作业与管理工作
2	典型工作任务及职业能力分析	系统分析，形成典型工作任务及职业能力分析表、分析报告	简单分析，列举岗位群

续表 1-2-10

序号	内容	现代学徒制人才培养方案	原人才培养方案
3	课程体系构成	公共基础课程、专业课程(专业技术技能课程、学徒岗位能力课程和专业拓展课程)、毕业设计	公共基础课、专业基础课、专业课、综合技能训练课、公共选修课、毕业实习
4	专业核心课	仓储与配送管理、仓储与配送决策技术、物流成本管理、物流客户管理、物流市场营销、连锁经营与管理	仓储与配送管理、物流成本管理、物流客户管理、仓储与配送决策技术
5	学时分配	集中授课、任务训练、在岗学习	理论、实践
6	考核方式	笔试、面试、任务考核	笔试为主
7	教师构成	校企双导师	校内导师为主,兼职教师为辅

表 1-2-11　重构后的物流管理专业课程体系表

课程类别	课程	学分	总学时	学习方式学时分配			教学场所学时分配		考核方式	课程性质
				集中授课	任务训练	岗位培养	学校	企业		
公共基础课程	数学	15	276	276	0	0	276	0	①	必修课
	语文	15	276	200	76	0	276	0	①	必修课
	英语	19	338	188	150	0	338	0	①	必修课
	计算机应用基础	15	276	138	138	0	276	0	①	必修课
	思想政治理论	3	60	60	0	0	60	0	①	必修课
	思想道德修养与法律基础	2	30	30	0	0	30	0	①	必修课
	体育	11	200	2	198	0	200	0	①③	必修课
	形势与政策	1	15	10	5	0	15	0	①③	必修课
	军训(3周)	3	56	56	0	0	56	0	①③	必修课
	就业指导	1	24	8	16	0	8	16	①③	必修课
	小计	85	1 551	968	583	0	1 535	16		

续表 1-2-11

课程类别		课程	学分	总学时	学习方式学时分配			教学场所学时分配		考核方式	课程性质
					集中授课	任务训练	岗位培养	学校	企业		
专业课程	专业技术技能课程	物流行业与业务认知	4	72	30	30	12	60	12	①	必修课
		物流企业管理	12	216	72	72	72	144	72	①③	必修课
		物流法律与法规	4	72	50	22	0	72	0	①	必修课
		公共关系	4	72	40	32	0	72	0	①	必修课
		客户服务	4	72	32	22	18	54	18	①③	必修课
		物流财务管理	6	108	48	24	36	72	36	①③	必修课
		统计基础与实务	4	72	40	32	0	72	0	①③	必修课
		物流信息技术	6	108	34	38	36	72	36	①③	必修课
		物流经济地理	4	72	36	36	0	72	0	①③	必修课
		仓储与配送决策技术★	6	108	56	52	0	108	0	①③	必修课
		物流成本管理★	3	54	24	12	18	36	18	①③	必修课
		供应链管理	4	72	36	18	18	54	18	①③	必修课
		连锁经营与管理★	3	54	24	12	18	24	30	①③	必修课
		国际物流与货运代理	3	54	36	18	0	54	0	①③	必修课
		物流市场营销★	4	72	36	12	24	48	24	①③	必修课
		运输业务与管理	3	54	36	18	0	54	0	①③	必修课
		采购业务与管理	3	54	36	18	0	54	0	①③	必修课
		仓储与配送管理★	6	108	40	32	36	72	36	①③	必修课
		小计	83	1 494	706	500	288	1 194	300		

续表 1-2-11

课程类别		课程	学分	总学时	学习方式学时分配			教学场所学时分配		考核方式	课程性质
					集中授课	任务训练	岗位培养	学校	企业		
专业课程	学徒岗位能力课程	物流设备操作技能	3	54	18	0	36	18	36	①③	必修课
		电子商务基础与实务	4	72	36	0	36	36	36	①③	必修课
		农产品认知与管理	6	108	54	0	54	54	54	①③	必修课
		物流市场调研与分析	3	54	18	0	36	18	36	①③	必修课
		物流客户管理★	6	108	36	36	36	72	36	①③	必修课
		礼仪与沟通技巧	4	72	18	18	36	36	36	①③	必修课
		小计	26	468	180	54	234	234	234		
	专业拓展课程	商务英语	3	54	36	18	0	36	18	①③	选修课
		基础会计	4	72	54	18	0	72	0	①③	选修课
		金融基础与实务	4	72	54	18	0	72	0	①③	选修课
		小计	11	198	144	54	0	180	18		
毕业设计		毕业设计	6	180			180		180	②③	
		总计	211	3 891	1 998	1 191	702	3 143	748		

说明：(1)考核方式：①笔试；②面试；③任务考核。(2)学分计算：理论(讲授、培训)16～18 学时为 1 个学分。(3)毕业设计、军训：每周 30 学时，一周 1 个学分。(4)企业：北京物美商业集团股份有限公司。(5)“★”课程为专业核心能力课程。

工商企业管理专业根据“专业技能宽平台，岗位培养双对接”的人才培养模式，基于典型工作任务和岗位能力分析，构建了校企融合课程体系，分为两大课程模块：公共基础课程和专业课程(表 1-2-12)。

表 1-2-12 工商企业管理专业课程体系表

课程类别	课程	学分	总学时	学习方式学时分配			教学场所学时分配		考核方式	课程性质
				集中授课	任务训练	岗位培养	学校	企业		
公共基础课程	思想道德修养与法律基础	3.5	60	60	0	0	60	0	①	必修课
	毛泽东思想和中国特色社会主义理论体系概论	3	54	54	0	0	54	0	①	必修课
	形势与政策 1	1	15	15	0	0	15	0	①	必修课
	形势与政策 2	1	18	18	0	0	18	0	①	必修课
	英语 1	3.5	60	60	0	0	60	0	①	必修课
	英语 2	4	72	72	0	0	72	0	①	必修课
	体育 1	1.5	30	30	0	0	30	0	③	必修课
	体育 2	2	36	36	0	0	36	0	③	必修课
	体育 3	2	36	36	0	0	36	0	③	必修课
	高职语文 1	2.5	45	45	0	0	45	0	①	必修课
	高职语文 2	2	36	36	0	0	36	0	①	必修课
	计算机应用基础	3.5	60	60	0	0	60	0	①	必修课
	职业生涯规划与就业指导 1	1	15	0	15	0	15	0	②	必修课
	职业生涯规划与就业指导 2	2	36	18	18	0	36	0	①②	必修课
	大学生心理	1	15	15	0	0	15	0	①	必修课
	军训	3	90	0	90	0	90	0	③	必修课
	小计	36.5	678	555	123	0	678	0		

续表 1-2-12

课程类别		课程	学分	总学时	学习方式学时分配			教学场所学时分配		考核方式	课程性质
					集中授课	任务训练	岗位培养	学校	企业		
专业课程	专业技术技能课程	管理经济学基础与实务	5	90	36	54	0	90	0	①③	必修课
		礼仪与沟通技巧	5	90	18	18	54	90	0	①②	必修课
		服务行业企业认知	2	36	6	0	30	6	30	①③	必修课
		客户关系管理★	6	108	54	10	44	64	44	①③	必修课
		需求调研与市场分析★	6	108	36	36	36	54	54	①③	必修课
		市场营销★	5	90	36	18	36	90	0	①③	必修课
		办公事务管理	5	90	27	36	27	36	54	①③	必修课
		门店管理与经营★	8	144	72	36	36	72	72	①③	必修课
		人力资源管理★	6	108	36	18	54	72	36	①③	必修课
		商务管理实务★	6	108	54	0	54	72	36	①③	必修课
		连锁门店商品管理	5	90	36	18	36	54	36	①③	必修课
		公共关系实务	5	90	36	10	44	54	36	①③	必修课
		财务管理	5	90	54	0	36	54	36	①③	必修课
		毕业设计	6	180	0	0	180	0	180	③	必修课
		小计	75	1 422	501	254	667	808	614		

续表 1-2-12

<table>
<tr><th colspan="2" rowspan="2">课程类别</th><th colspan="2" rowspan="2">课程</th><th rowspan="2">学分</th><th rowspan="2">总学时</th><th colspan="3">学习方式学时分配</th><th colspan="2">教学场所学时分配</th><th rowspan="2">考核方式</th><th rowspan="2">课程性质</th></tr>
<tr><th>集中授课</th><th>任务训练</th><th>岗位培养</th><th>学校</th><th>企业</th></tr>
<tr><td rowspan="12">专业课程</td><td rowspan="6">学徒岗位能力课程</td><td rowspan="2">企业1</td><td>连锁经营信息系统操作</td><td>4</td><td>72</td><td>0</td><td>36</td><td>36</td><td>0</td><td>72</td><td>②③</td><td>限选课</td></tr>
<tr><td>连锁企业经营综合实践</td><td>6</td><td>108</td><td>0</td><td>18</td><td>90</td><td>0</td><td>108</td><td>②③</td><td>限选课</td></tr>
<tr><td rowspan="2">企业2</td><td>农业设备市场推广实践</td><td>5</td><td>90</td><td>0</td><td>36</td><td>54</td><td>0</td><td>90</td><td>②③</td><td>限选课</td></tr>
<tr><td>农业设备投标方案制订</td><td>5</td><td>90</td><td>0</td><td>36</td><td>54</td><td>0</td><td>90</td><td>②③</td><td>限选课</td></tr>
<tr><td rowspan="2"></td><td>企业管理沙盘</td><td>4</td><td>72</td><td>0</td><td>72</td><td>0</td><td>72</td><td>0</td><td>③</td><td>必修课</td></tr>
<tr><td>小计</td><td>24</td><td>432</td><td>0</td><td>198</td><td>234</td><td>72</td><td>360</td><td></td><td></td></tr>
<tr><td rowspan="6">专业拓展课程</td><td rowspan="2">必修课</td><td>电子商务</td><td>3</td><td>54</td><td>36</td><td>18</td><td>0</td><td>54</td><td>0</td><td>①③</td><td>必修课</td></tr>
<tr><td>创新创业基础与训练</td><td>2</td><td>36</td><td>18</td><td>18</td><td>0</td><td>36</td><td>0</td><td>③</td><td>必修课</td></tr>
<tr><td rowspan="4">选修课</td><td>质量管理</td><td>2</td><td>36</td><td>18</td><td>18</td><td>0</td><td>36</td><td>0</td><td>①③</td><td>选修课</td></tr>
<tr><td>演讲与口才</td><td>2</td><td>36</td><td>18</td><td>18</td><td>0</td><td>36</td><td>0</td><td>②</td><td>选修课</td></tr>
<tr><td>个人和团队管理</td><td>2</td><td>36</td><td>18</td><td>18</td><td>0</td><td>36</td><td>0</td><td>②③</td><td>选修课</td></tr>
<tr><td>小计</td><td>11</td><td>198</td><td>108</td><td>90</td><td>0</td><td>198</td><td>0</td><td></td><td></td></tr>
<tr><td colspan="4">总计</td><td>146.5</td><td>2 730</td><td>1 164</td><td>665</td><td>901</td><td>1 756</td><td>974</td><td></td><td></td></tr>
</table>

说明：(1)考核方式：①笔试；②面试；③任务考核。(2)学分计算：理论(讲授、培训)16～18 学时为 1 个学分。(3)毕业设计、军训：每周 30 学时，一周 1 个学分。(4)专业拓展选修课 3 门任选 1 门。(5)企业 1：北京必胜客比萨饼有限公司，企业 2：农芯科技(北京)有限责任公司。(6)“★”课程为专业核心能力课程。

3. 完善人才培养方案，人才培养效果凸显

学院和合作企业深度融合，试点专业根据合作企业岗位需求，重构课程体系，修订完善了人才培养方案，务实推进“双主体”“双场所”“工学交替”协同育人，促进学生（学徒）岗位成才，人才培养效果凸显。物流管理 1711 班王渤涵等 4 名学生，在物美集团门店岗位学习期间表现突出，毕业前就成为物美集团 S 区门店职代店长。工商企业管理专业学生（学徒 ）在全国职业技能大赛、国家行指委组织的职业技能大赛等赛项中取得了优异成绩。截至 2019 年 7 月，物流管理专业试点班级学生（学徒）全部通过了毕业考核（图 1-2-13），得到了企业师傅的高度肯定。试点专业学生获全国行业性大奖三等奖 1 项，省部级二等奖 3 项、三等奖 2 项（表 1-2-13）。

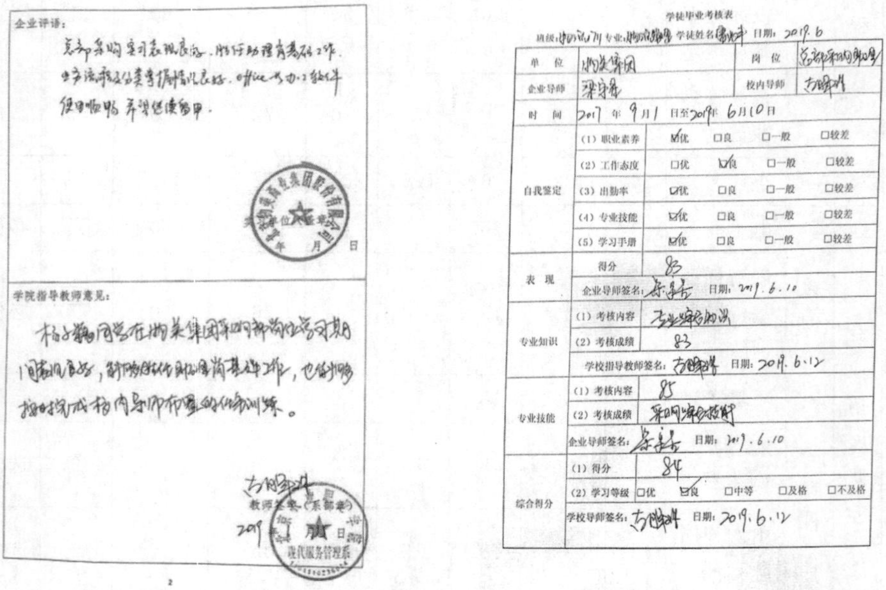
企业评语：

年　月　日

学院指导教师意见：

教师签名（系部章）

2019 年　月　日

2

学徒毕业考核表

班级：　专业：　学徒姓名：　日期：2019.6

单　位			岗　位		
企业导师			校内导师		
时　间	2017 年 9 月 1 日至 2019 年 6 月 10 日				
自我鉴定	（1）职业素养	☑优	□良	□一般	□较差
	（2）工作态度	□优	☑良	□一般	□较差
	（3）出勤率	☑优	□良	□一般	□较差
	（4）专业技能	☑优	□良	□一般	□较差
	（5）学习手册	☑优	□良	□一般	□较差
表　现	得分	83			
	企业导师签名：　日期：2019.6.10				
专业知识	（1）考核内容				
	（2）考核成绩	83			
	学校指导教师签名：　日期：2019.6.12				
专业技能	（1）考核内容	85			
	（2）考核成绩				
	企业导师签名：　日期：2019.6.10				
综合得分	（1）得分	84			
	（2）学习等级	□优　☑良　□中等　□及格　□不及格			
	学校导师签名：　日期：2019.6.12				

图 1-2-13　物流管理专业学生(学徒)毕业考核成绩

4. 务实实践，创新形成了工学交替人才培养模式

物流管理专业按照现代学徒制培养特点，借鉴胡格教学模式，创新形成了“PCA

表 1-2-13 试点专业学生获奖概况

序号	大赛项目名称	名次	获奖学生	发奖机构	获奖时间
1	第十一届“畅享杯”全国职业院校创业技能大赛“企业经营管理沙盘模拟赛项”全国总决赛	三等奖	赵冲	全国电子商务职业教育教学指导委员会/中国职业技术教育学会创业教育专业委员会	2018.12
2	第二届北京市职业院校技术技能比赛(高职组)大学生创业模拟大赛	二等奖	余强、黄小雪、韩荣荣、张冰源	北京市教育委员会	2019.6
3	第二届北京市高职院校技能大赛“ERP 沙盘模拟企业经营”大赛	二等奖	白万祥、黄婉盈、国羸懿、黄翱岚、韩荣荣	北京市教育委员会	2019.5
4	第二届北京市职业院校技术技能比赛(高职组)大学生创业模拟大赛	二等奖	白万祥、代朝阳、靳佳佳、黄婉盈	北京市教育委员会	2019.6
5	第二届北京市高职院校技能大赛“互联网＋人力资本技能”大赛	三等奖	韩荣荣、白万祥、黄婉盈	北京市教育委员会	2019.4
6	第五届“互联网＋”创新创业大赛	三等奖	白万祥、黄婉盈、张冰源、靳佳佳	北京市教育委员会	2019.6

双螺旋阶梯式”人才培养模式(图 1-2-14)。P代表企业岗位,C代表开设课程,A代表能力,包括非专业能力、专业能力和岗位能力。“双螺旋”中“双”指的是校企双主体培养学生(学徒),“螺旋”是指学生(学徒)的非专业能力、专业能力和岗位能力工学交替、螺旋式提升。以店长岗位为例,“阶梯式”培养是指学生(学徒)从学生(学徒)→见习店长→职代店长→店长→带训店长→区域督导的职业发展规划及晋升空间。

工商企业管理专业根据教育部职业教育与成人教育司 2018 年发布的工商企业管理专业教学标准以及国务院发布的《国家职业教育改革实施方案》的指导精神,按照教育部第二批现代学徒制试点工作要求,与农芯科技、必胜客开展现代学徒制合作培养,有效解决了工商企业管理专业涉及知识面广、技能综合性强、岗位领域层次多的问题,探索形成工商企业管理专业“宽平台,双对接”人才培养模式(图 1-2-15)。专业技术技能课程占总学时的 52%,构建了专业技能宽平台;岗位培

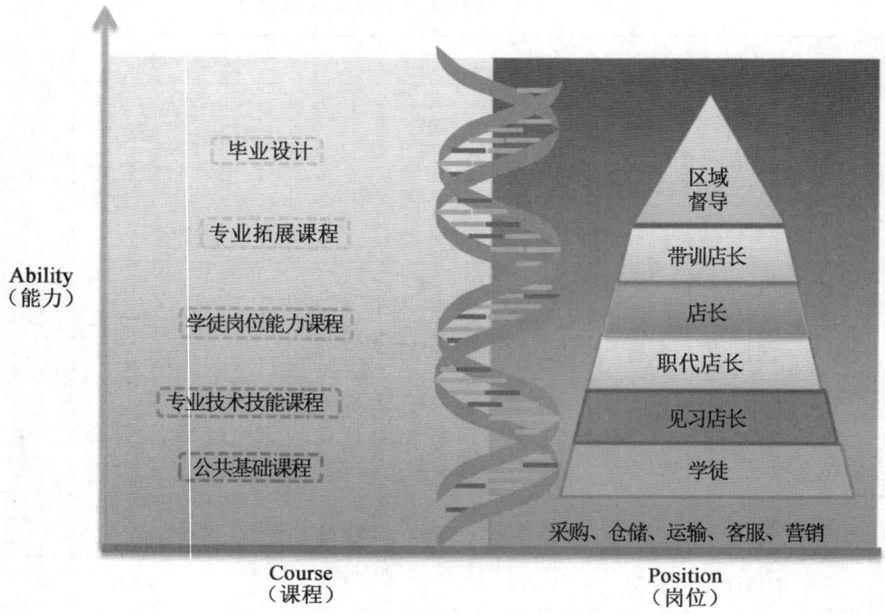

图 1-2-14　“PCA 双螺旋阶梯式”人才培养模式

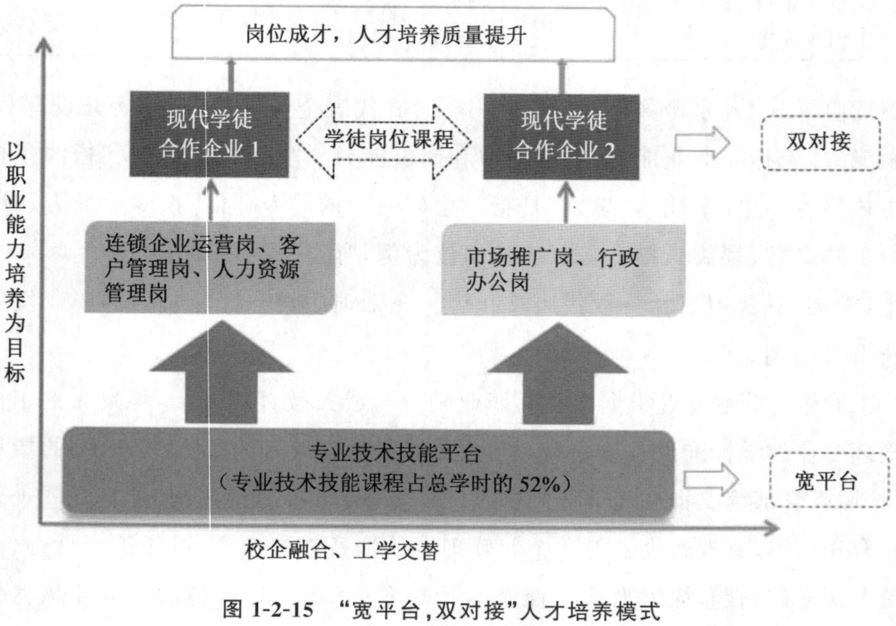

图 1-2-15　“宽平台，双对接”人才培养模式

养与两家合作企业对接，即双对接，解决了岗位需求数量少的问题，促进了人才培养质量提升。

四、建设一支校企互聘共用的高水平“双导师”队伍

（一）完善制度，保障高水平“双导师”队伍建设

学院政发《北京农业职业学院现代学徒制双导师管理办法》（试行）（以下简称《双导师管理办法》）等办法，确定了现代学徒制试点工作导师标准，明确责任和待遇，包括明确了双向挂职锻炼、联合技术研究、专业建设的激励制度和考核奖惩制度等。第一，办法鼓励校企导师双向挂职锻炼，提升队伍水平。学校安排校内导师到企业开展挂职和实践锻炼，将教师企业挂职锻炼纳入教师社会实践内容和教师绩效考核。企业将导师承担的教学任务纳入企业工作内容，导师享受相应的带徒津贴。第二，办法鼓励校企导师横向联合研发，对校企导师联合研发课题予以政策倾斜，提升“双导师”教科研水平。第三，办法支持教师参加现代学徒制相关培训，不断提升教师对现代学徒制的认识。相关规定如图 1-2-16 至图 1-2-18 所示。

效机制为着力点，建立互聘共用、双向挂职锻炼、横向联合技术研发和专业建设的双导师机制，打造一支高素质现代学徒制双导师队伍。

第二条　本办法由学院与企业共同制定，适用于现代学徒制试点专业的校、企双方导师。

第二章　双导师职责

教学任务由校企双导师共同实施，学院导师主要负责基础理论知识和基本技能培养，企业导师主要负责岗位技能和企业文化培养。

第三条　企业导师职责。

（一）协同学院导师按照人才培养方案要求，完成课程体系构建、课程开发、岗位技能标准、教材建设等工作，共同制定课程标准，共同实施教学。

图 1-2-16　《双导师管理办法》中关于双导师职责的规定

第七条 聘任程序。

（一）校企双方根据人才培养方案，统筹制定双导师聘任计划，根据聘任条件确定双导师人选，试点专业提出申请，学院教务处、人事处对导师资格进行相应的审核批准。

（二）对经审核通过的双导师，聘期一年。期满后对其导师资格进行重新审定。

第四章 双导师培养措施

第八条 不定期组织试点专业教师参加现代学徒制专题培训，提升双导师职业素养。

第九条 企业技术骨干作为现代学徒制企业导师，对学院骨干教师的岗位技能进行培养。

第五章 双导师的考核与待遇

第十条 双导师考核遵循过程性考核与终结性考核相结合的原则。

第十一条 考核内容包括学生（学徒）评价、系部评价、教务评价、专业指导委员会评价。考核结果作为续聘条件之一。

第十二条 企业导师承担的教学任务纳入企业工作内容，并享受相应的带徒津贴；学院导师在企业的实践和服务纳入教师绩效考核，学院导师在学生（学徒）岗位学习期间到企业协同企业导师教学，计算相应教学工作量。

第十三条 对考核不合格的导师，取消现代学徒制导师资格。

图 1-2-17 《双导师管理办法》中关于导师培养、待遇的规定

第六章　双导师晋升

第十四条　学院导师在学徒培养期间的工作表现纳入教师绩效考核，并作为晋升专业技术职务的重要依据，在职称评定、职位晋升及评优评先时，予以优先考虑。

第十五条　企业导师承担的教学任务和带徒经历纳入企业员工业绩考核，并作为晋升技术职务等级评定的重要依据，对优秀的企业导师，优先晋升职业技能等级。

第七章　校企导师联合技术研发

第十六条　校企导师协同开展科研、技术研发、产品攻坚工作，学院导师协助企业解决生产中的实际问题。

第十七条　校企导师协同进行专业调研和专业建设，深入推进现代学徒制人才培养模式改革。

第八章　相关激励措施

第十八条　给予企业导师相应学徒指导津贴。

第十九条　鼓励校企联合开发相关课程及教材，鼓励试点专业与企业开展横向课题研究，优先立项。

第二十条　本办法自发布之日起施行，由教务处负责解释。

图 1-2-18　《双导师管理办法》中关于导师晋升、联合技术研发、相关激励措施的规定

(二)严抓落实，促进“双导师”队伍成长

校企严格执行《北京农业职业学院现代学徒制双导师管理办法》(试行)《北京农业职业学院现代学徒制双导师选拔制度》《北京农业职业学院现代学徒制试点工作企业师傅团队建设方案》等制度和办法，不断提升“双导师”队伍水平。截至 2019 年 7

月，试点专业专任教师企业挂职锻炼比例达到了 64.2%，企业导师学校挂职比例达到了 100%。校企导师参加了全国现代学徒制工作专家指导委员会、北京现代学徒制工作专家指导委员会组织的培训 50 人次，对现代学徒制的认识不断加强。学院依托北京市教委教学改革项目，组织试点专业教师参加教学方法培训，将胡格教学方法融入现代学徒制人才培养模式。试点专业物流管理专业师资团队累计超过 100 人次参加了 14 期教学模式项目培训，教学效果增强。图 1-2-19 至图 1-2-22 为校企导师培训、挂职等的相关图片。表 1-2-14 为导师参加培训情况汇总。

图 1-2-19　参加现代学徒制培训

图 1-2-20　教师企业挂职锻炼

图 1-2-21　教师参加胡格教学模式培训

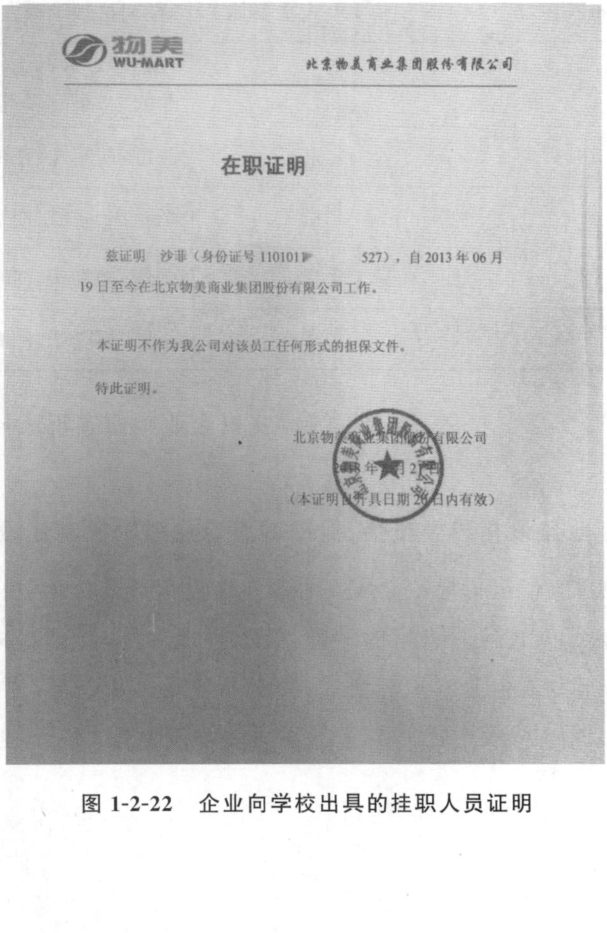
物美 WU-MART　北京物美商业集团股份有限公司

在职证明

兹证明　沙菲（身份证号 110101[redacted]527），自 2013 年 06 月 19 日至今在北京物美商业集团股份有限公司工作。

本证明不作为我公司对该员工任何形式的担保文件。

特此证明。

北京物美商业集团股份有限公司

年　月 2　日

（本证明自开具日期 2　日内有效）

图 1-2-22　企业向学校出具的挂职人员证明

表 1-2-14　导师参加培训情况

序号	时间	地点	人员
1	2018.1.13--1.14	湖南长沙	张红、胡军珠、汪海燕
2	2018.5.25--5.28	湖南长沙	汪海燕、王绍飞、胡军珠、卢桂芬
3	2018.10.26—10.29	云南昆明	何艳琳、张天琪
4	2018.11.25—11.27	吉林长春	车红莉、朱京燕
5	2018.12.21—12.24	西安	吴迪、陈雪莹
6	2019.4.26--4.28	海口	张红、胡军珠
7	2019.5.31—6.3	广西南宁	周怡、关晓飞、卢桂芬、李忠国
8	2017.3—2019.7	100 人次参加了 14 期胡格教学模式项目培训	
9	2019.4.24	学院	试点专业教师、企业导师(邵国松、牛宏力、梁宇星等)
10	2018.7.10	北京	张红、胡军珠、汪海燕、沙菲(企业)
11	2019.7.3	北京	杨永杰、张红、胡军珠、汪海燕
12	2019.7.21	北京	张红、胡军珠、汪海燕
13	2019.7.20	北京	张红、胡军珠、汪海燕

3 位学校导师实现了职称晋升与晋档，2 位企业师傅实现了职务和薪酬递增(图 1-2-23)。

(三)成立专业建设指导委员会,促进试点专业激励机制建设

学院试点项目工作组指导专业成立了专业建设指导委员会,由专业带头人,学院学术水平高、教学管理经验丰富的教师、教学管理人员,及具有相当业务水平和丰富工作经验的行业或企业专家等组成,为专业建设提供指导、顾问、咨询。详见表 1-2-15 和表 1-2-16 所示内容。

图 1-2-23　校企导师职称、职务晋升

表 1-2-15　物流管理专业指导委员会成员

职务	姓名	单位	职称
主任委员	何艳琳	现代服务管理系	系主任
副主任委员	董阅（企业）	物美集团	人力总监
秘书	温春娟	物流管理企业	讲师
委员	胡军珠	物流管理企业	副教授
委员	张天琪	物流管理企业	教授
委员	牛宏力（企业）	物美集团	高级经理
委员	梁宇星（企业）	物美集团	企业导师

表 1-2-16　工商企业管理专业指导委员会成员

职务	姓名	单位	职称
主任委员	朱京燕	经济管理系	系主任
副主任委员	乔晓军（企业）	农芯科技	研究员
副主任委员	宋志蕴（企业）	必胜客	人事经理
秘书	车红莉	经济管理系	讲师
委员	汪海燕	经济管理系	副教授
委员	王绍飞	经济管理系	副教授
委员	张云鹤（企业）	农芯科技	企业导师
委员	周小茗（企业）	必胜客	人事经理

试点专业教师在教改课题申报、教学能力大赛、指导学生技能大赛等方面取得了丰硕成果，获得各级各类奖项13项（表1-2-17），发表相关论文26篇（表1-2-18），研究课题11项（表1-2-19），合作编写教材2本（图1-2-24）。

1.现代学徒制试点期间专业各级各类奖项统计

表1-2-17　现代学徒制试点期间专业各级各类奖项统计

序号	试点专业	获奖名称	获奖人	发奖机构	获奖时间	备注
1	物流管理专业	《基于消费视角下的生鲜农产品电商物流问题与对策研究》荣获2017年中国物流学会、中国物流与采购联合会优秀课题三等奖	张天琪	中国物流学会	2017.11	—
2		《互联网＋生鲜农产品电子商务的大数据策略研究》荣获2017年中国物流学会、中国物流与采购联合会第十六次中国物流学术年会优秀论文奖	张天琪	中国物流学会	2017.11	—
3		指导学生大赛“点绿成金生态循环经济”荣获第四届“互联网＋”创新创业大赛院级一等奖、市级三等奖	张天琪、胡军珠	北京市教育委员会	2018.9	—
4		指导学生大赛“鱼你疏遇生态休闲农庄”荣获第四届“互联网＋”创新创业大赛院级二等奖	胡军珠、张天琪	北京农业职业学院	2018.9	—
5		指导学生大赛“绿谷都·乐享公社”荣获第五届“互联网＋”创新创业大赛院级二等奖	卢桂芬、李忠国、胡军珠	北京农业职业学院	2018.9	企业导师参与指导

续表 1-2-17

序号	试点专业	获奖名称	获奖人	发奖机构	获奖时间	备注
6	工商企业管理专业	首届北京市职业院校技术技能比赛（高职组）大学生创业模拟大赛一等奖	车红莉、汪海燕	北京市教育委员会	2018.5	学徒
7		第二届北京市职业院校技术技能比赛（高职组）大学生创业模拟大赛二等奖	车红莉、汪海燕	北京市教育委员会	2018.6	学徒
8		第五届“互联网＋”创新创业大赛院级三等奖	汪海燕、车红莉	北京农业职业学院	2019.6	学徒/企业导师参与指导
9		第五届互联网创业大赛三等奖	汪海燕、车红莉	北京农业职业学院	2018.6	学徒
10		第二届北京市高职院校技能大赛“互联网＋人力资本技能”大赛三等奖	关晓飞	北京市教育委员会	2019.4	学徒
11		第二届北京市高职院校技能大赛“ERP 沙盘模拟企业经营”大赛二等奖	关晓飞	北京市教育委员会	2019.5	学徒
12		第一届北京市高职院校技能大赛“ERP 沙盘模拟企业经营”大赛三等奖	关晓飞	北京市教育委员会	2018.5	学徒
13		第十一届“畅享杯”全国职业院校创业技能大赛“企业经营管理沙盘模拟赛项”全国总决赛三等奖	关晓飞、朱京燕	全国电子商务职业教育教学指导委员会 中国职业技术教育学会创业教育专业委员会	2018.12	学徒

2.试点专业试点期间论文信息统计

表 1-2-18 试点专业试点期间论文信息统计

序号	论文名称	发表刊物	作者	发表时间	备注
1	“双高计划”背景下的现代学徒制发展路径探索	黑龙江畜牧兽医(北大核心)	张天琪、杨永杰、何艳琳等	2020.6	现代学徒制
2	高职物流管理专业现代学徒制探析	商情	卢桂芬	2019.4	现代学徒制
3	高职院校物流专业现代学徒制人才培养模式探究	全国流通经济	李剑宇、吴迪	2019.7	现代学徒制
4	高职物流管理专业现代学徒制教学改革的探析	商情	卢桂芬	2019.7	现代学徒制
5	基于蓝墨云班课的胡格教学方法应用探索与实践	北京农业职业学院学报	胡军珠	2019.4	—
6	基于 Word 的 EAN-13 条码原理实训设计	北京农业职业学院学报	李忠国	2018.10	—
7	大数据助力农产品精准生产	北方园艺(北大核心)	张天琪	2018.4	—
8	互联网+生鲜农产品电子商务的大数据策略研究	特区经济	张天琪	2018.1	—
9	“互联网+”农产品供应链实证分析——以平谷“鑫桃源”电商供应链为例	中国市场	张天琪	2019.3	—
10	基于新零售发展的农产品冷链标准建设研究	现代商贸工业	胡军珠	2019.4	—
11	基于互联网的乡下生鲜水果物流冷链的发展策略	价值工程	李萍	2018.10	—
12	我国蔬菜供应链追溯体系的发展研究	中国商论	李萍	2018.8	—
13	北京都市型现代农业生态服务价值实现路径	江西农业	李萍	2018.4	—

续表 1-2-18

序号	论文名称	发表刊物	作者	发表时间	备注
14	打造“互联网＋”果蔬电商供应链优势分析	现代营销	李萍	2018.2	—
15	农产品仓储反向操作的危害与对策	北京农业职业学院学报	李忠国	2017.12	—
16	高职工商企业管理专业现代学徒制人才培养探讨	北京农业职业学院学报	汪海燕等	2019.5	现代学徒制
17	现代学徒制中各方角色和关系分析	北京农业职业学院学报	王绍飞等	2018.9	现代学徒制
18	北京家庭农场发展模式探析	中国农学通报	车红莉	2018.12	—
19	家庭农场视角下长阳镇都市型现代农业发展路径——以夏场村葡萄产业为例	北京农业职业学院学报	车红莉	2018.3	—
20	替代性食品体系视角下的北京家庭农场经营策略	北京农业职业学院学报	车红莉	2018.7	—
21	乡村振兴战略下北京农民合作社经营策略展望	农业展望	车红莉	2018.11	—
22	乡村振兴战略背景下产业兴旺之路探究	北京农业职业学院学报	车红莉	2019.1	—
23	我国农民合作社人才引进及培训机制探析	农民科技培训	车红莉	2019.2	—
24	农民合作社经营管理问题策略探析	中国市场	车红莉	2019.3	—
25	德国农民合作社管理经营模式及启示	农业展望	车红莉	2019.3	—
26	北京家庭农场产业发展新模式研究	农学学报	汪海燕	2018.5	—

3. 试点专业现代学徒制试点期间获批课题统计

表 1-2-19　试点专业现代学徒制试点期间获批课题统计

序号	项目名称	主持人	项目类型	备注
1	基于消费视角下的生鲜农产品电商物流问题与对策研究	张天琪	中国物流学会项目	—
2	基于大数据背景下生鲜农产品电子商务物流模式探讨——以 B2C 型为例	张天琪	北京市教委社科一般项目	—
3	疏解非首都功能背景下蔬菜配送模式问题及对策研究——以北京西城区为例	温春娟	中国物流学会项目	—
4	“疏解整治促提升”背景下的北京新零售发展研究	温春娟	中国物流学会项目	—
5	特色农产品流通模式优化分析——基于怀柔板栗实证研究	卢桂芬	院级项目	—
6	低收入乡村科技帮扶专项基于精确帮扶的特色农产品营销与策划	胡军珠	院级项目	—
7	北京市生鲜食品冷链配送研究	石岩	院级项目	—
8	农产品冷链标准的企业应用研究	胡军珠	院级项目	企业导师参与
9	当前北京新零售业态发展中存在的问题与对策研究	温春娟	院级项目	—
10	北京家庭农场发展研究	汪海燕	北京市教委社科计划面上项目	—
11	乡村振兴战略背景下北京农民合作社经营策略研究	车红莉	学院科研项目	—

4. 校企合作编写的教材

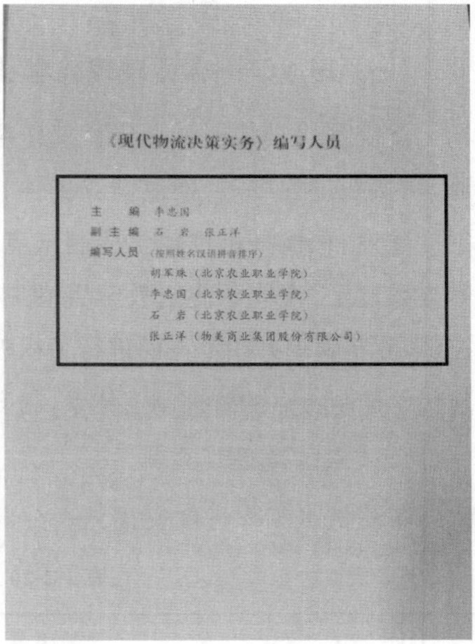
《现代物流决策实务》编写人员

主　　编　李忠国
副 主 编　石　岩　张正洋
编写人员（按照姓名汉语拼音排序）
胡军珠（北京农业职业学院）
李忠国（北京农业职业学院）
石　岩（北京农业职业学院）
张正洋（物美商业集团股份有限公司）

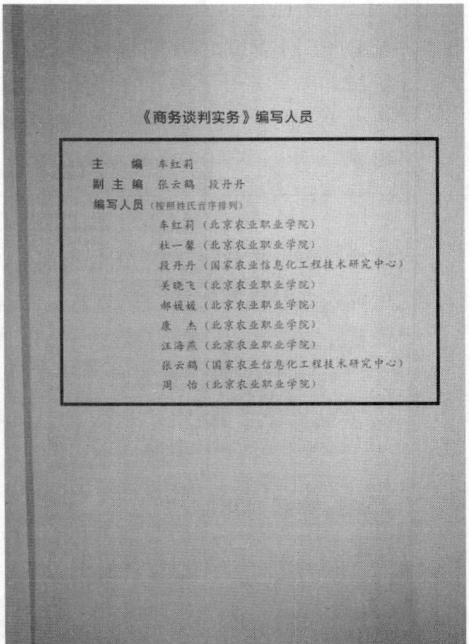
《商务谈判实务》编写人员

主　　编　车红莉
副 主 编　张云鹤　段丹丹
编写人员（按照姓氏音序排列）
车红莉（北京农业职业学院）
杜一馨（北京农业职业学院）
段丹丹（国家农业信息化工程技术研究中心）
关晓飞（北京农业职业学院）
郝媛媛（北京农业职业学院）
康　杰（北京农业职业学院）
汪海燕（北京农业职业学院）
张云鹤（国家农业信息化工程技术研究中心）
周　怡（北京农业职业学院）

图 1-2-24　校企合作编写教材

五、建立现代学徒制管理制度和评价体系，全过程科学管理

（一）形成了一套体现现代学徒制特点的管理制度体系

学院现代学徒制试点项目工作组在领导小组指导下，加强部门协作和校企沟通，在实践过程中，严格遵循双主体、双身份、工学交替和岗位成才原则，不断完善制度建设，积极推进现代学徒制试点项目的各项工作，在招生招工一体化、人才培养方案制定、现代学徒制教学管理制度、双导师选拔制度、现代学徒制教学质量监控、学分制管理办法等方面进行了积极探索，修订完善了17项管理制度，形成了体现现代学徒制特点的管理制度体系，制度制定和实施情况均和任务书、实施方案一致。

1.试点工作进度安排

学院试点工作进度安排见表1-2-20。

表1-2-20　试点工作进度安排

序号	建设内容	2018年9月 （预期目标、验收要点）	2019年9月 （预期目标、验收要点）
1	校企协同育人机制 负责人：崔坤、邓银章	预期目标：与合作企业签订试点专业《现代学徒联合培养协议》 验收要点：研讨照片、会议记录、培养协议文件	预期目标：校企共同制定《校企协同育人管理办法》 验收要点：研讨照片、会议记录、管理办法文件
2	招生招工一体化 负责人：张棋、邓银章	预期目标：制定《北京农业职业学院招生招工一体化管理办法》（试行） 验收要点：研讨照片、会议记录、管理办法文件	预期目标：按照双向选择原则，学徒、学院和企业签订三方协议 验收要点：研讨照片、会议记录、三方协议文件
3	人才培养制度和标准 负责人：杨永杰、朱京燕、陈艳萍	预期目标：校企共同确定人才培养目标；校企共同设计人才培养方案；校企共同开发专业课程体系 验收要点：研讨照片、会议记录、人才培养方案、校企融通教材2本	预期目标：企业制定专门的学徒管理办法；校企共同制定试点专业的课程标准、岗位标准、企业导师（师傅）标准、质量监控标准及相应实施方案 验收要点：研讨照片、会议记录、学徒管理办法文件、试点专业的课程标准、岗位标准、企业导师（师傅）标准、质量监控标准及相应实施方案

续表 1-2-20

序号	建设内容	2018 年 9 月 （预期目标、验收要点）	2019 年 9 月 （预期目标、验收要点）
4	校企互聘共用的师资队伍 负责人：徐世旺、邓银章	预期目标：校企双方共同制定《北京农业职业学院双导师管理办法》 验收要点：研讨照片、会议记录、双导师管理办法、现代学徒制论文 2 篇	预期目标：校企双方共同制定双向挂职锻炼、横向联合技术研发、专业建设的激励制度和考核奖惩制度 验收要点：研讨照片、会议记录、双向挂职锻炼、横向联合技术研发、专业建设的激励制度和考核奖惩制度文件、现代学徒制论文 2 篇
5	体现现代学徒制特点的管理制度 负责人：张晖、陈艳萍	预期目标：校企联合实施教学；制定并完善《北京农业职业学院现代学徒制教学管理办法》 验收要点：教学现场照片、教学计划、教学设计文件、现代学徒制教学管理办法	预期目标：校企双方共同制定《北京农业职业学院现代学徒制教学质量监控管理办法》 验收要点：研讨照片、会议记录、现代学徒制考核评价与督查管理办法文件
6	农产品流通行业学徒培训中心建设 负责人：张晖、陈艳萍	预期目标：校企双方讨论、确定学徒培训中心运营模式、组织架构、经费来源、人员组成 验收要点：研讨照片、会议记录、培训中心组织架构、人员组成相关资料	预期目标：成立农产品流通行业学徒培训中心；定期对校企双方人员进行培训 验收要点：培训中心现场资料、培训照片、培训记录
7	其他 负责人：杨永杰	预期目标：组织专家对试点工作进行监督检查 验收要点：监督检查现场照片、会议记录、检查报告	预期目标：建立年度报告和周期总结相结合的评价方式，宣传处及时进行跟踪宣传 验收要点：年度报告、总结报告、宣传新闻

2. 制度制定情况

学院制度制定情况见表 1-2-21。

表 1-2-21　制度制定情况

类别	制度	主要内容	牵头制定部门
教学管理	《北京农业职业学院现代学徒制校企协同育人管理办法》(试行)	规定了校企共同制定现代学徒制人才培养计划及人才培养方案、共同制定招生管理办法、共同制定校企多方协同育人奖惩机制等。学徒培养期间实行双重考勤,即企业导师日常考勤,学院导师不定时抽查	院政发文
	《北京农业职业学院现代学徒制教学管理办法》	对教学管理、学徒管理、考勤管理做了明确规定	教务处
	《北京农业职业学院学徒在岗学习考核制度》	学徒完成阶段性学习后,由校企双方组织考核。第一步,学徒自我鉴定;第二步,学院导师按照人才培养方案对学徒进行理论考试;第三步,企业导师对学徒进行技能考核;第四步,校企导师联合对学徒进行综合考核,给定成绩	教务处
	《北京农业职业学院学徒召回制度》	对于有召回情形的学徒、准员工,学院向所在合作企业通报,经合作企业审核,报请学院分管领导批准,在指定时间内返校	教务处
	《北京物美商业集团股份有限公司师傅带学徒管理办法》	规范学徒人才培养和发展晋升通道,规定了学徒岗位学习、学徒培养流程等	物美集团
	《农芯科技(北京)有限责任公司师傅带学徒管理办法》		农芯科技
	《物流管理专业现代学徒制教学管理细则》	明确试点专业在班级管理、学徒管理、教学组织实施、教学质量监控与评价等方面的具体职责分工	物流管理专业
	《工商企业管理专业现代学徒制教学管理细则》		工商企业管理专业

续表 1-2-21

类别	制度	主要内容	牵头制定部门
学分管理	《北京农业职业学院现代学徒制学分管理办法》	在企业学习期间，采用碎片化学习时间累积，每2小时数×0.5折合成在校期间的1学时进行计算	教务处
师资建设	《北京农业职业学院现代学徒制双导师选拔制度》	细化了双导师遴选与聘任标准、考核与待遇以及双导师晋升激励政策	人事处
	《北京农业职业学院现代学徒制双导师管理办法》(试行)	教学任务由校企双导师共同实施，规定了双导师的遴选与聘任条件、培养措施、双导师的考核与待遇、导师联合技术研发、双导师晋升及相关激励措施	院政发文
	《北京农业职业学院现代学徒制试点工作企业师傅团队建设方案》	一是提高企业技术骨干的兼职课酬；二是加强和合作企业沟通，对于在现代学徒制试点项目中表现突出的企业师傅给予政策倾斜	人事处
招生招工	《北京农业职业学院现代学徒制招生招工一体化管理办法》(试行)	规范了现代学徒制招生与招工一体化工作，保证了招生招工质量	院政发文
	《北京农业职业学院准员工转为员工(毕业)制度》	校企双方对准员工做全面鉴定，学徒考核全部合格，符合毕业条件者，准予毕业，学院颁发毕业证书，转为员工	招生就业处
	《北京农业职业学院一体化招生招工方案》	明确校企联合招生工作中的职责分工、学徒毕业后安排等	招生就业处
专业建设	《工商企业管理专业指导委员会工作制度》	为专业建设提供指导、顾问、咨询	工商企业管理专业
	《物流管理专业指导委员会工作制度》		物流管理专业

3.定期进行阶段工作总结，保障试点工作质量和进度

根据试点工作安排，学院定期组织阶段性工作总结(图 1-2-25)，校企共同研讨解决试点工作推进中出现的一些问题，包括如何进一步优化人才培养方案、如何加

强对学生(学徒)在企业学习期间的管理等,同时讨论确定下一步工作计划,保障了试点工作进度和工作质量。

教育部第二批学徒制试点工作总结

2017年5月，根据学院教务处、系部的安排，物流管理专业胡军珠老师结合《教育部关于开展现代学徒制试点工作的意见》(教职成（2014）9号）和《教育部第二批现代学徒制试点工作方案》，编写完成了具有针对性的实施方案与任务书。2017年8月，根据教育部返回的修改意见，现代服务管理系何艳琳、物业专业王晓宇、会展专业王琪、物流专业胡军珠参与了学徒制实施方案与任务书的修改，胡军珠完成了支撑材料的汇总、统稿工作，并撰写了修改说明。

2017年8月，学院获批成为教育部第二批学徒制试点单位。按照实施方案的进度要求，2017年10月开始，现代服务管理系物流管理专业作为试点专业，重点与北京朝批商贸股份有限公司、物美集团、顺丰速运三家企业进行现代学徒制合作洽谈。

2017年12月25日，现代服务管理系与物美集团签署现代学徒制岗位学习合作协议，达成合作意向。确定在2018年1月29日-2018年4月20日期间，首先针对2018届4名学生，按照现代学徒制标准和程序进行重点培养。物美集团人力资源部招聘经理卢斌、现代服务管理系物流管理专业主任胡军珠作为联系人，负责学徒制培养期间的联系与沟通工作。

在学院教务处的统筹下，2018年上半年，双方将重点针对2019届毕业生，尝试跨专业组成现代学徒制订单班，按进度要求完成试点工作。此外，结合国务院办公厅《关于深化产教融合的若干意见》，针对当前推进人力资源供给侧结构性改革的迫切要求，参照新型职业农民提升工程的模式，在调研的基础上，探索物美集团“招工即招生”的可行性等工作。

工商企业管理专业现代学徒制岗位学习阶段总结

根据教育部现代学徒制试点项目任务书，工商企业管理专业作为学院试点专业之一在工商1511班岗位学习阶段与我系合作企业国家农业信息化工程技术研究中心的下属企业农芯科技（北京）有限责任公司进行现代学徒制培养。实习期从2017年11月20日至2018年1月19日，共计9周。

现代学徒制在管理类专业试点是一种新的尝试，没有现成的经验可供借鉴。在深入学习项目任务书内容的基础上，为了保证现代学徒制培养效果，专业将岗位学习内容与企业实际项目相结合，按照现代学徒制双导师标准聘请3位企业指导老师与校内导师共同对学生进行实习指导，取得了不错的效果。目前，工商1511班全体同学在校内导师和企业导师的组织和带领下顺利实现了从学生到职场人的转变，已经开展对企业和产品认知、产品ppt制作、产品操作体验、产品安装考核、标书文件的制作和审核、产品竞标、展会产品推销等工作，在此期间，一些学生在企业导师的带领下出差至上海、天津、浙江、辽宁、河北等地完成企业实际工作项目，全班同学工作期间的表现受到了企业的高度评价。现专业对前期所做工作简单梳理，希望为后续工作打下坚实的基础。

一、拟定现代学徒制相关文件

根据现代学徒制项目指导文件精神，在教务处的直接领导下，经管系和专业教研室共同拟定了北京农业职业学院现代学徒制岗位学习三方协议、现代学徒制岗位学习方案、工商1511班现代学徒制岗位学习经费申请、企业指导老师经费申请等文件，使得现代学徒制工作有条不紊推进。

二、加强实习过程的组织、指导和监督

实习开始前加强组织。经济管理系领导和专业教研室高度重视，召开了班级现代学徒制岗位学习动员工作会，部署了校内教师的指导要求，对学生的实习要求和安全要求。与企业沟通确定了学生的工作岗位、企业导师和学徒培养方案，实习学生与企业签订了现代学徒制岗位学习三方协议。

实习过程中加强指导和监督。根据现代学徒制双导师制要求，每位企业指导老师指导3-5名学生，工商1511班11名学生被分为三组，每组学生配备一名企业指导老师，同时专业指派1-2名校内指导老师共同指导。小组分工情况如下：

序号	姓名	学生联系方式	校内指导老师	企业指导老师
1	苏婕	15210339906	关晓飞	张云鹤
2	李玉	15210802205		
3	陈泰泽	13021953803		
4	杨京楠	15210800053	周怡	舒丹丹
5	[illegible]	[illegible]		

教育部
现代学徒制试点工作
自检报告

北京农业职业学院

2018年8月20日

现代学徒制试点物流管理总结

2017年8月，我院正式获批成为教育部第二批现代学徒制试点单位。为做好现代学徒制试点工作，物流管理专业作为试点专业之一，依托学院十三五发展规划，严格对照实施方案与任务书持续推进现代学徒制各项工作，取得了一定成效。

一、建设的基本情况

（一）校企协同育人机制

2017年9月，学院与“物美集团”签订现代学徒制联合培养协议，协议中明确了双方的合作原则、合作方式及内容、合作期限、权利义务等。.

（二）招生招工一体化的建设

校企双方共同完成招录工作。学院负责教学方面的宣传，例如专业优势、师资力量、办学条件、学籍管理等，企业负责企业方面的宣传，例如企业文化、企业发展史、岗位介绍、企业工作环境及福利条件。新生报到后，校企双方对试点专业学生进行面试筛选、学徒身份确认。

（三）人才培养制度和标准的建设

与合作企业共同设计人才培养方案，研讨人才培养目标和专业课程体系。在充分总结物流管理专业近15年教学实践经验，广泛征求往届毕业生建议、深入调研农产品物流、冷链物流、连锁商超、农产品加工等企业相关岗位人才需求的基础上，初步制定了物流管理专业现代学徒制人才培养方案，重点构建了校企融合的课程体系，在专业基础课中增加流通经济学、农产品流通概论等课程；专业方向课包括农产品物流、农产品国际贸易两大模块；综合训练课主要安排在企业学徒中心进行；在专业选修课中增加合作企业《企业文化》课程。

共同制订企业导师（师傅）标准、北京农业职业学院现代学徒制考核制度、学徒考核表及相应实施方案。

(四)校企互聘共用的师资队伍的建设

与企业共同制定《北京农业职业学院双导师管理办法》，合作企业选拔优秀高技能人才担任企业导师，聘请成为学校的兼职教师，明确企业导师的责任和待

图 1-2-25

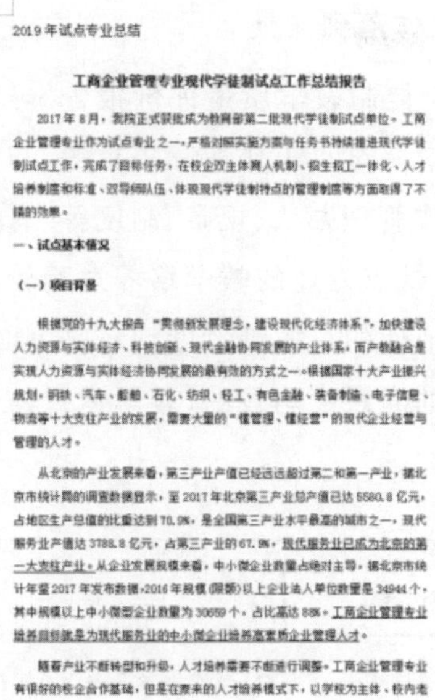

2019年试点专业总结

工商企业管理专业现代学徒制试点工作总结报告

2017年8月，我院正式获批成为教育部第二批现代学徒制试点单位。工商企业管理专业作为试点专业之一，严格对照实施方案与任务书持续推进现代学徒制试点工作，完成了目标任务，在校企双主体育人机制、招生招工一体化、人才培养制度和标准、双导师队伍、体现现代学徒制特点的管理制度等方面取得了不错的效果。

一、试点基本情况

（一）项目背景

根据党的十九大报告"贯彻新发展理念，建设现代化经济体系"，加快建设人力资源与实体经济、科技创新、现代金融协同发展的产业体系，而产教融合是实现人力资源与实体经济协同发展的最有效的方式之一。根据国家十大产业振兴规划，钢铁、汽车、船舶、石化、纺织、轻工、有色金融、装备制造、电子信息、物流等十大支柱产业的发展，需要大量的"懂管理、懂经营"的现代企业经营与管理的人才。

从北京的产业发展来看，第三产业产值已经远远超过第二和第一产业，据北京市统计局的调查数据显示，至2017年北京第三产业总产值已达5580.8亿元，占地区生产总值的比重达到70.9%，是全国第三产业水平最高的城市之一，现代服务业产值达3788.8亿元，占第三产业的67.9%，现代服务业已成为北京的第一大支柱产业。从企业发展规模来看，中小微企业数量占绝对主导，据北京市统计年鉴2017年发布数据，2016年规模(限额)以上企业法人单位数量是34944个，其中规模以上中小微型企业数量为30659个，占比高达88%。工商企业管理专业培养目标就是为现代服务业的中小微企业培养高素质企业管理人才。

随着产业不断转型和升级，人才培养需要不断进行调整。工商企业管理专业有很好的校企合作基础，但是在原来的人才培养模式下，以学校为主体、校内老

教育部第二批现代学徒制试点工作总结报告

二零一九年八月

续图 1-2-25 试点专业的阶段工作总结

(二)加强教、学质量监控，保障了现代学徒制的实施质量

学院制定了教师教学质量监控、学生(学徒)企业学习质量监控、现代学徒制考核评价及监督管理办法，保障了现代学徒制的实施质量(表 1-2-22)。

表 1-2-22 质量监控管理制度概况

类别	制度	主要内容	制定部门
质量监控管理	《北京农业职业学院现代学徒制教师教学质量监控管理办法》	每学年进行一次教育教学质量评价考核。学生(学徒)评价(权重为 25%)；教务评价(权重为 15%)；专业指导委员会评价(权重为 30%)；系(部)评价(权重为 30%)	督导室
	《北京农业职业学院学生(学徒)企业学习质量监控实施方案》	巡视检查、日常抽查、定期巡查相结合	督导室
	《北京农业职业学院学徒制考核评价及监督管理办法》	规定考核的组织实施由校企双方选择责任心强、公正、具有较高职业技能水平的人员担任考评员，对学徒岗位技能进行达标考核、过程性考核和终结性考核相结合的考核	教务处

(三)有效的管理、监督、评价制度保障了工作落到实处

根据“麦可思”提供的学院试点专业《现代学徒制教学质量评价报告》可以看出，学院基于教育部现代学徒制工作文件精神、学院试点工作实际需求等，与合作企业共同研讨制定的一系列现代学徒制试点工作管理办法、规章、制度等，有效地保障了试点工作的顺利进行，保障了教学质量。试点专业的教学培养过程较为完善。学生对学校教师、企业教师、企业学徒指导师傅的总体满意度均较高，师资队伍建设较好。教师与师傅对教学运行管理方面的满意度均较高，教学运行与管理机制较为完善(图 1-2-26)。

物流管理和工商企业管理专业的教学培养过程较为完善。

两个专业的学生对现代学徒制培养模式的教学满意度均较高，对现代学徒制整体培养效果反馈均较好。九成以上的学生认为专业考核方式较为合理。在现代学徒制人才培养模式下，本专业已基本构建出“学业标准”与“学徒标准”双标准的考核评价体系，有助于学生获得职业岗位所需的知识、能力及职业生涯发展的要求，促进学生成长成才。

两个专业的学校教师和企业师傅对专业学生/学徒的整体满意度评价均较高。

两个专业的企业负责人均认为，本专业现代学徒制的人才培养目标符合专业相关行业发展的需求，反映出企业对该人才培养目标的认可，体现了现代学徒制培养目标以及行业定位的准确性，利于学生未来的职业发展。同时，企业负责人也表示本专业的课程设置与相关行业需求对接，课程教学培养满足了相关行业岗位需求，较好地体现了课程教学培养符合以满足学生未来的职业活动能力为导向这一目标，有助于学生奠定职业基础，未来能够更好地向工作岗位过渡。

三　双导师队伍建设

物流管理和工商企业管理专业的学生对学校教师、企业教师、企业学徒指导师傅的总体满意度均较高，师资队伍建设较好。

物流管理专业和工商企业管理专业的学生对学校教师/企业教师/企业学徒指导师傅的教学满意度均在九成以上，对授课方式满意度也均较高，充分体现了两个专业的现代学徒制双导师制度落实情况较好。从师生交流方面来看，两个专业学生与学校教师/企业学徒指导师傅/企业教

图 1-2-26

制度落实情况较好。从师生交流方面来看，两个专业学生与学校教师/企业学徒指导师傅/企业教师高频交流的比例均较高。整体而言，本专业学生与任教教师、师傅的沟通情况较好，师生保持良好的互动关系对提升学生学习效果有积极的促进作用。

总体而言，本专业现代学徒制双导师制度落实情况较好，学校教师和企业师傅共同承担教育教学任务，校企分别设立专职教师以及企业教师岗位和学徒指导岗位，有利于现代学徒制教学过程中“工”与“学”的交替，发挥教学团队的整体优势，实现教学团队目标的集聚效应。

四　　教学运行与管理机制

物流管理和工商企业管理专业教师与师傅对教学运行管理方面的满意度均较高，教学运行与管理机制较为完善。

物流管理专业的学校负责人认为，企业在现代学徒制试点专业教学管理与运行中的招生工作与培养方案修订、课程设置与教材修订、师资队伍建设以及实践教学基础建设方面均参与较多，在教学管理制度建设方面也有所参与。整体而言，企业在人才培养环节的参与程度较高，较好地体现了现代学徒制学校与企业“双主体”共同育人的培养理念，学校与合作企业只有共同研制人才培养方案、开发课程和教材、设计实施教学，才能更好地深化工学结合的人才培养模式。

五　　改进与期待

改进：

物流管理专业的学校负责人认为需要改进的方面集中体现在“提供更多学校教师到企实训

续图 1-2-26　《现代学徒制教学质量评价报告》节选

六、示范带动效果明显

根据《教育部办公厅关于全面推进现代学徒制工作的通知》（教职成厅函〔2019〕12 号）文件精神，学院认真总结物流管理专业、工商企业管理专业现代学徒制人才培养模式改革经验，在国际马术学院旅游管理（休闲马术管理）、畜牧兽医（运动马驯养与疾病防治）两个专业推行现代学徒制人才培养模式。企业马术俱乐部入校，目前已引进运动马 28 余匹，建成运动场地共 2 830 m^2，校企联合制订培养计划，按照企业工作流程，在真实岗位上实现教师、教练共同教、学生练，校、企共同考核（图 1-2-27 至图 1-2-30）。

图 1-2-27　马术俱乐部入校

图 1-2-28　校企共建马术教、练场

图 1-2-29　马房

图 1-2-30　人马合一，教、练结合的教学模式

第三部分
工作特色及创新

通过不断深入开展现代学徒制试点工作，北京农业职业学院与合作企业坚持工学交替、知行合一，按照物美集团、农芯科技及必胜客的生产和学徒工作生活实际，积极探索管理类专业特色的人才培养模式，形成了自身特色。

一、创新形成管理类专业现代学徒制人才培养新模式

“工学交替”是现代学徒制人才培养模式的必要特征之一，在工科类等技能操作性强的专业中得到了很好的实施，但管理类专业实施起来难度相对较大。在实践现代学徒制人才培养模式的过程中，工商企业管理专业探索形成“宽平台，双对接”人才培养模式，即专业技能宽平台，岗位培养双对接，实现了人才培养质量的提升。物流管理专业按照现代学徒制培养的特点，借鉴胡格教学模式，创新形成了“PCA双螺旋阶梯式”人才培养模式。P代表企业岗位，C代表开设课程，A代表能力，包括非专业能力、专业能力和岗位能力。双螺旋中“双”指的是校企双主体培养学生（学徒），“螺旋”是指学生（学徒）的非专业能力、专业能力和岗位能力呈工学交替螺旋式提升。以店长岗位为例，阶梯式培养是学生（学徒）从学生（学徒）→见习店长→职代店长→店长→带训店长→区域督导的职业发展规划及晋升空间。

二、优化沟通机制，搭建平台、统筹资源，共建流通行业学徒培训中心

为进一步促进校企对接，学院与物美集团共建“北京农业职业学院·物美集团农产品流通行业学徒培训中心”（简称学徒培训中心），设联络组、课程研发组、商务培训组、技术培训组、客服培训组和综合发展组，直接对接学校试点专业设立的专委会，执行定期例会制度，及时、即时沟通解决问题，统筹校企资源，促进教学标准建设，提高学生（学徒）培养质量。学徒培训中心成为产教融合、校企合作的黏合剂和推进剂，促进了试点工作的可持续推进。

（一）统筹企业资源，校企深度融合

学徒培训中心联络组由企业方校园招聘负责人和校方试点专业负责人组成

(图 1-3-1,表 1-3-1),负责学徒培训中心日常工作的具体沟通与联络工作。课程研发组由校企双方的发展学院培训讲师、企业导师、试点专业教师组成,负责校企融合课程体系开发,人才培养方案、课程标准、岗位技能标准等制定。商务培训组、技术培训组、客服培训组主要针对涉及的学徒岗位,对学徒、准员工进行专业、技能教学。

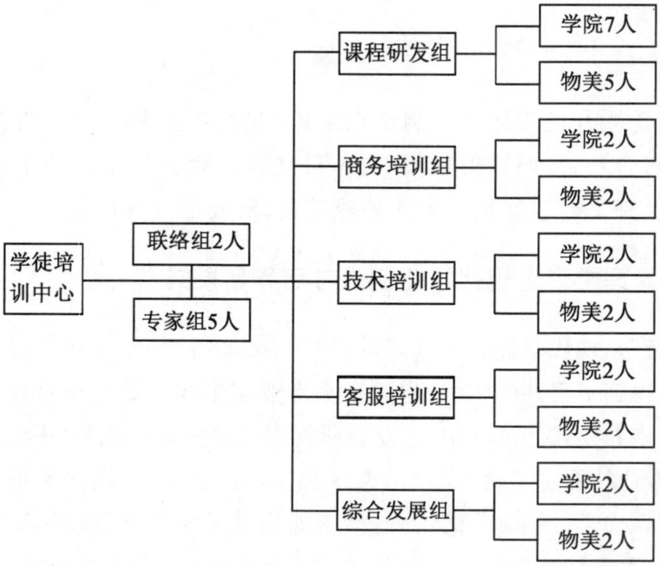

图 1-3-1　学徒培训中心组织架构

表 1-3-1　学徒培训中心主要组成人员

<table>
<tr><th colspan="2">物美集团</th><th colspan="2">北京农业职业学院</th></tr>
<tr><td>沙菲</td><td>集团总部招聘负责人</td><td>杨永杰</td><td>教务处处长</td></tr>
<tr><td>梁宇星</td><td>校园招聘负责人</td><td>高世吉</td><td>人事处处长</td></tr>
<tr><td>邵国松</td><td>集团发展学院负责人</td><td>徐洪飞</td><td>招生就业处处长</td></tr>
<tr><td colspan="2">现代学徒制专家</td><td>赵永军</td><td>学生工作部部长</td></tr>
<tr><td colspan="2" rowspan="4">发展学院培训讲师
企业导师:刘瑞莲、赵仁刚、朱海峰、李微、王海燕、宋丽敏等 15 人
学校导师:李忠国、卢桂芬、张天琪、石岩、温春娟、李萍等 7 人
行业专家:吕杨(中国物流学会)
林震宇(中国仓储协会)</td><td>何艳琳</td><td>现代服务管理系主任</td></tr>
<tr><td>朱京燕</td><td>经济管理系主任</td></tr>
<tr><td>胡军珠</td><td>试点专业主任</td></tr>
<tr><td>汪海燕</td><td>试点专业主任</td></tr>
</table>

（二）学徒培训中心的综合发展组负责学徒在企业的考核

学徒培训中心综合发展组由企业方集团招聘组人员，校方教务处等相关职能处室、系部、试点专业负责人，发展学院培训讲师，试点专业企业导师及相关教师组成，跟踪评价学生（学徒）岗位学习各阶段表现，负责学生（学徒）在企业的考核，充分保障了试点工作的可持续推进。

（三）学徒培训中心执行定期例会制度，全面推进了试点各项工作

企业负责学校招聘工作的经理、试点专业负责人担任学徒培训中心的双方联系人，定期组织沟通例会，全面推进了现代学徒制试点工作。截至 2019 年 7 月，学徒培训中心共计培训学徒 190 人次，组织试点专业教师挂职锻炼 3 人，培训教师 18 人次，开展沟通例会 9 次（图 1-3-2、图 1-3-3），累计共享实训基地、场所 13 个，进一步完善了师傅带学徒管理办法，促进了双导师队伍建设。

图 1-3-2　学徒培训中心校企人员在例会上讨论如何推进工学交替模式可持续进行

图 1-3-3　学徒培训中心校企人员讨论人才培养方案的修订完善

三、借鉴德国胡格教学模式，凸显学徒职业行动能力培养

学院是北京市物流专业胡格教育模式改革项目的七所参与校之一。2018 年 3 月 27—29 日，学院承办了北京市教委胡格教学改革项目第八期师资培训，德国专家 Thomas Hug 教授亲自授课。2018 年 5 月 9 日，学院获得德国巴登-符腾堡州教育部“胡格创新学习学院”认定。在物流专业现代学徒制试点中，教师们积极将所学胡格模式的国际教育理念和观念引入学徒制岗位学习集中授课课堂，凸显学徒

职业行动能力培养。

(一)胡格教学模式

"胡格教学模式"是指德国巴登-符腾堡州著名职业教育专家托马斯·胡格(Thomas Hug)教授独创的"能力模型+课程大纲+方法大纲"三位一体的课程和教学模式。该模式将职业行动能力划分为专业能力、方法能力和社会能力三种能力类型。专业能力是指在符合专业规范要求条件下,能够独立自主地完成职业岗位中的典型工作任务;社会能力主要是学生基本的礼仪和行为规范以及团队协作能力、解决冲突能力等;方法能力主要是指记忆力、注意力、思维能力、想象力、观察力、毅力等学习策略的运用及行动任务中的工作技巧的使用。三种能力在阶段式教学中的分量有所差别,如图 1-3-4 和图 1-3-5 所示,通过这种图示方法可以将抽象能力变成具体的能力描述。

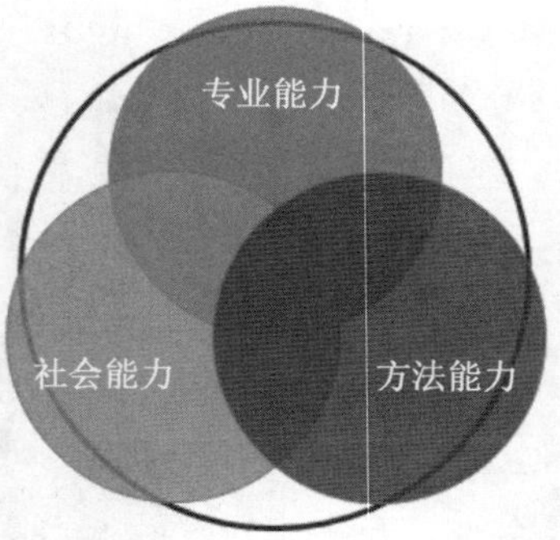

图 1-3-4 职业行动能力

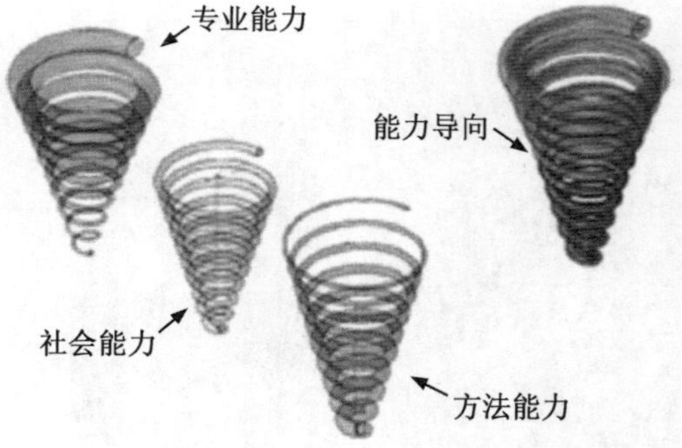

图 1-3-5 三种能力的螺旋导向模型

胡格模式将"培养出具备在团队中独立、负责任、有效完成行业工作任务的能力,能够自主学习的职业人"作为教学目标,具有十大核心内涵:①培养独立的自主学习能力;②更注重能力培养,弱化专业方向;③独立思考+小组讨论;④教学团队建设;⑤在团队条件下,独立负责任地有效完成工作任务;⑥学生人格的独立和完善与综合能力的培养;⑦灵活多样的教学方法运用;⑧教学内容做减法;⑨教师自身角色转变;⑩学生是教学中心。

胡格模式的基本教学原则是行动导向,突出教学活动必须要在具体的职业行为行动驱动下实施,专业知识和实践技能的培养是在学生了解行业、企业岗位前提下完成一个完整职业行动过程中的学习活动。在这个完整的工作行动过程中，学生自主学习必要的理论知识以及技能，解决不断出现的问题，在解决问题的过程中不断提高其独立职业工作能力和水平。用 Thomas Hug 的话说就是："能力是教不出来的，而是训练出来的。"

（二）胡格教学模式与现代学徒制的有机融合

与以往的企业冠名班、订单班不同，现代学徒制旨在通过产教融合、校企合作，进一步完善校企合作育人机制，创新培养高素质、高技能综合型人才的人才培养模式，更加注重学生对技能的传承，由校企共同主导人才培养，设立规范化的企业课程标准、考核方案等。现代学徒制具备学生与员工"双重"身份、学校与企业"双主体"育人、教师与师傅"双导师"制、学历证与职业资格证"双证"融通、"三对接"（专业方向与产业需求对接、课程标准与职业标准对接、教学过程与岗位流程对接）、学校与企业"双环境"育人、产业与教学"双业态"融合等典型特征。现代学徒制知识体系结构已从传统学徒制的单维度经验型技术知识，转变为拥有经验型技术知识、实体型技术知识、理论型技术知识、方法型技术知识的四维度知识体系。学徒人才获取知识的渠道也从单一传统师带徒模式，转变到真实企业生产工作环境下的训练（获取经验型技术知识、实体型技术知识）、系统学校教育（理论型技术知识）、现代师带徒（方法型技术知识）。因此，将德国胡格模式的育人理念和育人观念融于学徒制课堂教学，通过学生自主学习必要的理论知识以及技能，不断提升职业行动能力，解决岗位学习中不断出现的问题，在解决问题的过程中不断提高学生的学徒岗位胜任水平，效果显著（图 1-3-6、图 1-3-7）。

图 1-3-6　试点班学生分组制作海报

图 1-3-7　试点班学生进行任务成果展示汇报

(三)教学效果

物流专业教师将胡格教学方法融入现代学徒制试点班级教学,课堂效果明显提升。学生在座谈会上普遍反映自己在课堂上更加专心了,比以前更爱上物流课了;98%的教师反映,学生的课堂参与度明显提高。

(1)教学破解"教阻碍学",以"学生为中心"的组织模式提高了学生的积极性,进一步激发了学习的内动力。在集中授课教学过程中,为达到提升职业行动能力的目的,教师根据学生情况创设、组织不同岗位的过程性任务情境,在互动式教学中充分调动学生学习主动性和积极性。学生是课堂的主体,根据项目完成教师分派的各项任务,从始至终,按照时间顺序,循序渐进、有条不紊地进行课堂学习。在这种模式下,99%的学生都能积极主动参与,参与度高,进一步激发了学习内动力。

(2)集中授课与远程授课相融合,培养学徒终生学习能力。Thomas Hug 认为"教育要为青年人应对未来生活挑战提供有用的工具",项目式教学和自主学习是面向未来教育的大趋势,掌握正确的学习方法是学生进步的前提。作为在职学生,仅有丰富的经历并不足以保证一生的成长,只有不断通过自主学习将经历转化为学识,才是其成长的源泉。我们使用关键词卡片复习法、关键词海报法、关键词陈述、标靶反馈法等方法,98%以上的学生掌握了此类型的学习方法,将这些方法应用到远程自主学习中,大大提高了学习效率。

(3)教学以物美企业实际任务驱动带动职业能力培养,以非专业能力培养引领"敬业爱岗"正确的职业价值观,培养学生学生对企业的热爱。胡格职业教育教学模式使学生"培养出能够自主学习,具备在团队中独立、负责、有效完成行业工作任务的能力"。因此,在课程中,课程教学的目标不再是以获得课程的专业知识为核心,而是使学生获得从事岗位的职业所需要的职业能力。专业能力教学不再是传统意义的课程理论知识体系的完整、系统体现,而是根据岗位工作任务过程,使课程专业知识不再脱离于行业、企业之外,更贴近岗位需求、贴近实际,同时,将思政元素融于课程中,培养学徒敬业精神及合作的态度,"用心"去做好公司分配的每一份工作,以非专业能力培养引领"敬业爱岗"的正确的职业价值观,培养学徒对企业、对岗位工作的热爱。

第四部分
第三方评价——麦可思现代学徒制教学质量评价报告

一、北京农业职业学院现代学徒制工作总述

（一）认知与认可情况

物流管理和工商企业管理专业的学生对现代学徒制培养要求的认知清晰度均在八成以上，家长均在九成以上；学生有七成以上愿意推荐现代学徒制，家长为五成以上。工商企业管理专业的学生家长对现代学徒制的认知与认可情况相对于物流管理专业的学生家长来说较好。

现代学徒制在培养中明确要求体现六个方面（学校和企业“双主体”共同培养育人、专业设置与产业需求对接、课程内容与职业标准对接、教学过程与生产过程对接、毕业证书与职业资格证书对接、职业教育与终身学习对接）。从调研数据可见，物流管理专业试点班学生对现代学徒制的整体认知清晰度较好。其中，学生对“学校和企业‘双主体’共同培养育人”“教学过程与生产过程对接”“毕业证书与职业资格证书对接”“职业教育与终身学习对接”“专业设置与产业需求对接”的认知情况均较好，分别为100%、100%、100%、100%、92%；对“课程内容与职业标准对接”的认知清晰度为85%。物流管理专业学生家长对现代学徒制各方面的认知情况均较好，其中，对“学校和企业‘双主体’共同培养育人”方面认知情况为100%。工商企业管理专业学生和家长对现代学徒制上述培养要求的认知清晰度均在九成以上。

同时，物流管理专业和工商企业管理专业的学生有七成以上表示愿意推荐现代学徒制的培养模式给其他同学、朋友，体现了本专业学生对现代学徒制的认可，也有利于提升本专业声誉以及顺利开展未来招生工作。家长方面，物流管理专业

的这一比例仅为五成以上，有近半数家长持“不确定”态度，而工商企业管理专业的这一比例为七成以上。可以看出，工商企业管理专业的学生家长对现代学徒制的认知与认可情况相对于物流管理专业的学生家长来说较好。

两个专业的学校负责人与企业负责人双方均表示未来愿意继续合作开展现代学徒制项目。同时，企业方面表示，校企联合的现代学徒制培养模式使企业员工技能素质更匹配，也有助于提高企业的知名度与影响力，还能与学校共享资源，给企业带来了多方面的积极影响。以上充分体现了校企双方对现代学徒制培养模式的认可。

（二）教学培养情况

物流管理和工商企业管理专业的教学培养过程较为完善。

两个专业的学生对现代学徒制培养模式的教学满意度均较高，对现代学徒制整体培养效果反馈均较好。九成以上的学生认为专业考核方式较为合理。在现代学徒制人才培养模式下，本专业已基本构建出“学业标准”与“学徒标准”双标准的考核评价体系，有助于学生获得职业岗位所需的知识、能力及符合职业生涯发展的要求，促进学生成长成才。

两个专业的学校教师和企业师傅对专业学生/学徒的整体满意度评价均较高。

两个专业的企业负责人均认为，本专业现代学徒制的人才培养目标符合专业相关行业发展的需求，反映出企业对该人才培养目标的认可，体现了现代学徒制培养目标以及行业定位的准确性，利于学生未来的职业发展。同时，企业负责人也表示本专业的课程设置与相关行业需求对接，课程教学培养满足了相关行业岗位需求，较好地体现了课程教学培养符合“以满足学生未来的职业活动能力为导向”这一目标，有助于学生奠定职业基础，未来能够更好地向工作岗位过渡。

（三）双导师队伍建设

物流管理和工商企业管理专业的学生对学校教师、企业教师、企业学徒指导师傅的总体满意度均较高，师资队伍建设较好。

物流管理和工商企业管理专业的学生对学校教师、企业教师、企业学徒指导师傅的教学满意度均在九成以上，对授课方式满意度也均较高，充分体现了两个专业的现代学徒制双导师制度落实情况较好。从师生交流方面来看，两个专业的学生与学校教师、企业学徒指导师傅、企业教师高频交流的比例均较高。整体而言，两专业学生与任教教师、师傅的沟通情况较好，师生保持良好的互动关系对提升学生学习效果有积极的促进作用。

总体而言，两专业现代学徒制双导师制度落实情况较好，学校教师和企业师傅共同承担教育教学任务，校企分别设立专职教师以及企业教师岗位和学徒指导岗位，有利于现代学徒制教学过程中“工”与“学”的交替，发挥教学团队的整体优势，实现教学团队目标的集聚效应。

(四)教学运行与管理机制

物流管理和工商企业管理专业教师与师傅对教学运行管理方面的满意度均较高，教学运行与管理机制较为完善。

物流管理专业的学校负责人认为，企业在现代学徒制试点专业教学管理与运行中的招生工作与培养方案修订、课程设置与教材修订、师资队伍建设以及实践教学基础建设方面均参与较多，在教学管理制度建设方面也有所参与。整体而言，企业在人才培养环节的参与程度较高，较好地体现了现代学徒制学校与企业“双主体”共同育人的培养理念，学校与合作企业只有共同研制人才培养方案、开发课程和教材、设计实施教学，才能更好地深化工学结合的人才培养模式。

二、物流管理专业麦可思现代学徒制教学质量评价报告

(一)学生评价情况

1.样本介绍

北京农业职业学院物流管理专业参与现代学徒制培养项目学生总数 20 人(其中，试点班 15 人，非试点班 5 人)，麦可思共回收问卷 18 份(其中，试点班 14 份，非试点班 4 份)，本专业学生的答题样本比例为 90.0%(样本比例 = 回收问卷数/学生总数)。

2.学生对现代学徒制的认知与认可

(1)对现代学徒制的了解途径

本专业试点班学生对学徒制的了解主要来源于“学校线上/线下宣传”(83%)(图 1-4-1)。

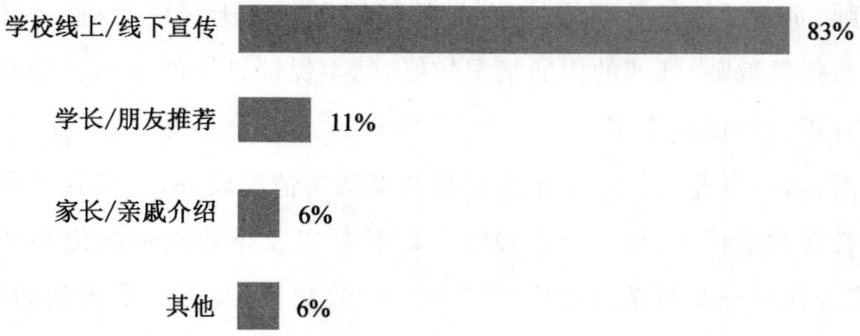

图 1-4-1　学生了解途径(多选)

(2)对现代学徒制的认知情况

对现代学徒制的认知情况:是由参与现代学徒制培养模式的学生对现代学徒制以下6项培养要求(表1-4-1)的认知情况做评价,选项有"非常符合""符合""不符合""非常不符合""无法评估"共五项。其中,选择"符合"或"非常符合"的人属于对现代学徒制培养要求认知清晰,选择"不符合"或"非常不符合"的人属于对现代学徒制培养要求认知不清晰。认知情况计算公式的分子是对现代学徒制认知情况清晰的人数,分母是对现代学徒制认知清晰和不清晰的总人数。

表 1-4-1　现代学徒制6项培养要求具体含义

现代学徒制培养要求	含　义
学校和企业"双主体"共同培养育人	在体制机制改革创新的条件下,校企双方实现资源协同办学和深度参与专业人才培养全程,反映的是办学体制创新与专业人才培养模式创新
专业设置与产业需求对接	根据产业发展和岗位需求动态调整专业设置
课程内容与职业标准对接	根据产业转型升级对职业标准提出的新要求,将职业标准融入课程标准、课程内容的设计和实施中
教学过程与生产过程对接	强化工学结合,加强实训环节,培养符合产业标准的人才
毕业证书与职业资格证书对接	大力推行"双证书"制度,提升人才培养的针对性
职业教育与终身学习对接	根据产业发展和技能型人才成长需要,拓宽学习渠道,为人才可持续发展提供支撑

本专业试点班学生对现代学徒制的整体认知清晰度较好。其中,学生对"学校和企业'双主体'共同培养育人""教学过程与生产过程对接""毕业证书与职业资格证书对接""职业教育与终身学习对接""专业设置与产业需求对接"的认知情况均

较好,分别为100%、100%、100%、100%、92%;对"课程内容与职业标准对接"的认知清晰度为85%(图1-4-2)。

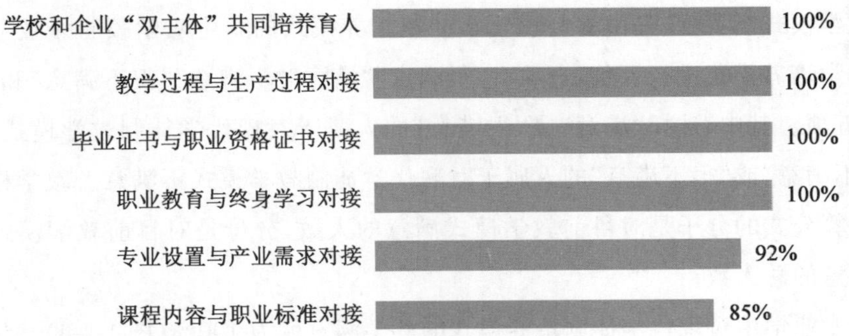

图1-4-2 学生对现代学徒制的认知清晰度

(3)对现代学徒制的认可情况

对现代学徒制的认可情况:参与现代学徒制培养模式的学生是否愿意推荐现代学徒制培养模式给其他同学或朋友去就读。计算公式的分子分别是回答"愿意""不愿意""不确定"的人数,分母是回答"愿意""不愿意""不确定"的总人数。

本专业有72%的学生愿意推荐现代学徒制培养模式给其他同学或朋友,22%的学生"不确定",6%持"不愿意"态度(图1-4-3)。七成以上的学生愿意推荐现代学徒制,体现了本专业学生对现代学徒制的认可,也有利于后续专业招生、提高专业声誉等方面工作的顺利开展。建议针对"不确定"和"不愿意"推荐的学生,专业可进一步对其进行了解与访谈,深入了解学生不确定或不愿意推荐的原因,重点改善,从而提高学生对本专业现代学徒制培养模式的认可程度。

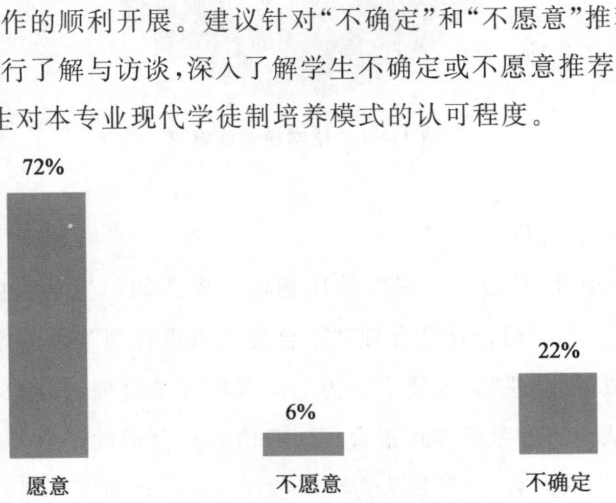

图1-4-3 学生对现代学徒制的认可情况

3.教学开展情况

(1) 教学培养模式

教学模式满意度:是由参与现代学徒制培养模式的学生对学校与企业共同育人的教学培养模式进行评价,选项有“很满意”“满意”“不满意”“很不满意”和“无法评估”五项。其中,选择“满意”或“很满意”的人属于对现代学徒制教学模式满意,选择“不满意”或“很不满意”的人属于对现代学徒制教学模式不满意。教学模式满意度计算公式的分子是对目前教学模式满意的人数,分母是对目前教学模式满意和不满意的总人数。

本专业学生对现代学徒制培养模式的教学满意度为100%(图1-4-4)。学生对于现代学徒制整体培养效果反馈较好。

图1-4-4 教学模式满意度

(2)考核方式合理性

考核方式合理性:是由参与现代学徒制培养模式的学生对当前考核方式的合理性进行评价,选项有“很合理”“合理”“不合理”“很不合理”“无法评估”共五项。其中,选择“合理”或“很合理”的人属于认为当前考核方式合理,选择“不合理”或“很不合理”的人属于认为当前考核方式不合理。考核方式合理性计算公式的分子是认为当前考核方式合理的人数,分母是认为当前考核方式合理和不合理的总人数。

本专业现代学徒制的考核方式主要是“学校和合作企业共同考核”(53%)(图

1-4-5)。在现代学徒制人才培养模式下,本专业已基本构建出“学业标准”与“学徒标准”双标准的考核评价体系,有助于学生获得职业岗位所需的知识、能力及符合职业生涯发展的要求,促进学生成长成才。同时,为了能更好地开展现代学徒制培养项目,学校可以在每学期初向学生明确说明该学期的课程和学习的时间安排以及考核比重,让学生能根据自身情况合理安排和规划自己的学习时间,促进学生在现代学徒制培养过程中更高效地学习。

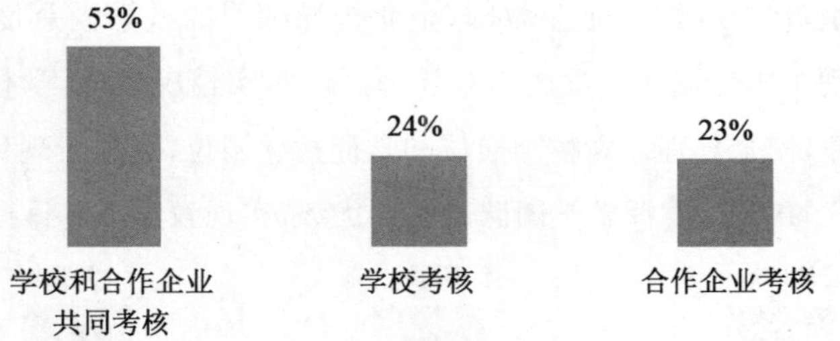

图 1-4-5 现代学徒制的考核方式

本专业学生中,100%认为考核方式合理,其中有61%认为现代学徒制度考核方式“很合理”,有39%认为现代学徒制度考核方式“合理”(图 1-4-6)。可以看出,本专业学生对当前考核方式的认可程度较高。

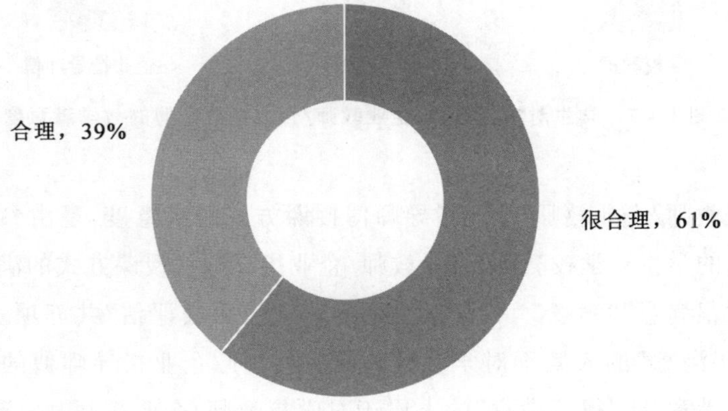

图 1-4-6 现代学徒制的考核方式合理性评价

(3)双导师队伍建设

对学校教师/企业教师/企业指导师傅的教学满意度:是由参与现代学徒制培

养模式的学生对学校教师/企业教师/企业指导师傅的教学满意度进行评价，选项有“很满意”“满意”“不满意”“很不满意”“无法评估”共五项。其中，选择“满意”或“很满意”的人属于对学校教师/企业教师/企业指导师傅的教学满意，选择“不满意”或“很不满意”的人属于对学校教师/企业教师/企业指导师傅的教学不满意。教学满意度计算公式的分子是对学校教师/企业教师/企业指导师傅的教学满意的人数，分母是对学校教师/企业教师/企业指导师傅的教学满意和不满意的总人数。

本专业学生对学校教师/企业教师/企业指导师傅的教学满意度均为100%（图1-4-7），充分体现了本专业现代学徒制双导师制度落实情况较好，学校与企业共同承担教育教学任务，校企分别设立教师岗位和学徒指导岗位，有利于现代学徒制教学过程中“工”与“学”的交替，发挥教学团队的整体优势，实现教学团队目标的集聚效应。

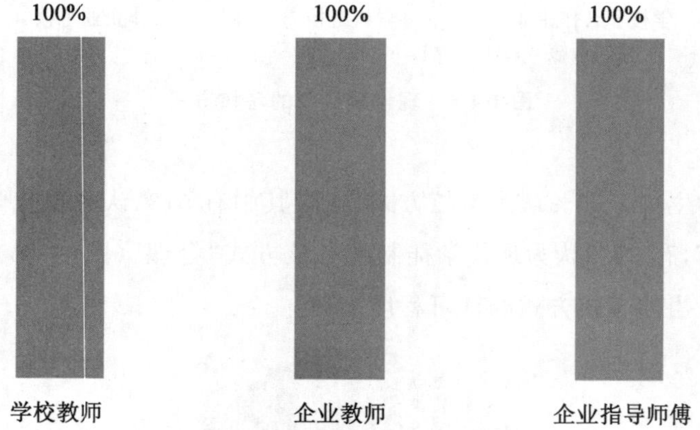

图 1-4-7　学生对学校教师/企业教师/企业指导师傅的教学满意度

对学校教师/企业教师/企业指导师傅授课方式的满意度：是由参与现代学徒制培养模式的学生对学校教师/企业教师/企业指导师傅授课方式的满意度进行评价，选项有“很满意”“满意”“不满意”“很不满意”“无法评估”共五项。其中，选择“满意”或“很满意”的人属于对学校教师/企业教师/企业指导师傅的授课方式满意，选择“不满意”或“很不满意”的人属于对学校教师/企业教师/企业指导师傅的授课方式不满意。授课方式满意度计算公式的分子是对学校教师/企业教师/企业指导师傅的授课方式满意的人数，分母是对学校教师/企业教师/企业指导师傅的授课方式满意和不满意的总人数。

本专业学生对学校教师/企业教师/企业指导师傅的授课方式满意度整体均为

100%(图 1-4-8)。

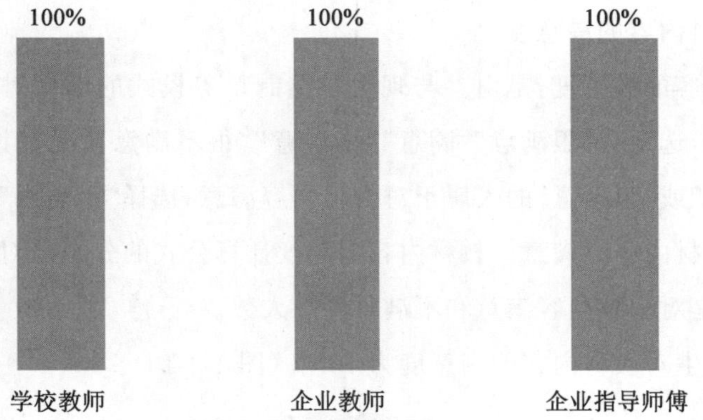

图 1-4-8　学生对学校教师/企业教师/企业指导师傅授课方式的满意度

与学校教师/企业教师/企业指导师傅的沟通频率:是由参与现代学徒制培养模式的学生根据自身情况对与学校教师/企业教师/企业指导师傅的沟通频率进行回答,选项有“每周至少一次”“每月至少一次”“每学期至少一次”“每年至少一次”四项,其中选择“每周至少一次”或“每月至少一次”的沟通为高频交流。

本专业学生与学校教师高频交流的比例为 94%,与企业教师高频交流的比例为 77%,与企业指导师傅高频交流的比例为 81%(图 1-4-9)。整体而言,本专业学生与任教教师、师傅的沟通情况较好,师生保持良好的互动关系对提升学生学习效果有积极的促进作用。

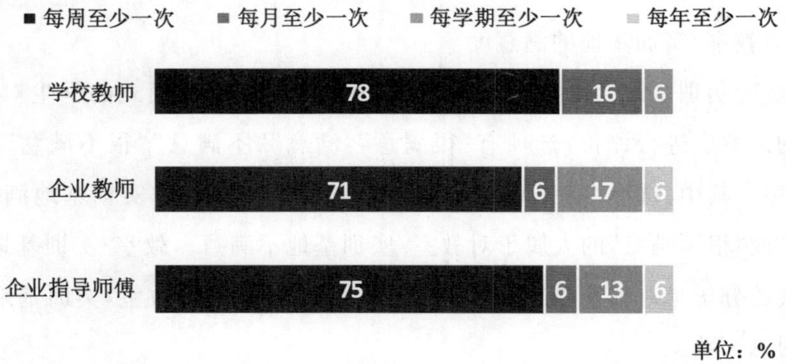

图 1-4-9　学生与学校教师/企业教师/企业指导师傅的沟通频率

4.教学资源建设

(1)对教材内容的满意度

对教材内容的满意度:是由参与现代学徒制培养模式的学生对教材内容的满意度进行评价,选项有“很满意”“满意”“不满意”“很不满意”“无法评估”五项。其中,选择“满意”或“很满意”的人属于对教材内容满意,选择“不满意”或“很不满意”的人属于对教材内容不满意。教材内容满意度计算公式的分子是对教材内容满意的人数,分母是对教材内容满意和不满意的总人数。

本专业学生对教材内容的满意度为100%(图1-4-10)。

图1-4-10　学生对教材内容的满意度

(2)对教室/实训基地的满意度

对教室/实训基地的满意度:是由参与现代学徒制培养模式的学生对教室/实训基地的满意度进行评价,选项有“很满意”“满意”“不满意”“很不满意”“无法评估”共五项。其中,选择“满意”或“很满意”的人属于对教室/实训基地满意,选择“不满意”或“很不满意”的人属于对教室/实训基地不满意。教室/实训基地满意度计算公式的分子是对教室/实训基地满意的人数,分母是对教室/实训基地满意和不满意的总人数。

本专业学生对教室的满意度为94%(图1-4-11),对实训基地的满意度为100%(图1-4-12)。

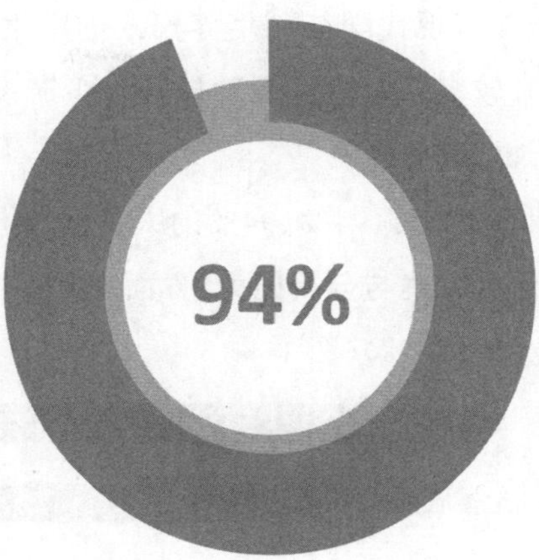

图 1-4-11 学生对教室的满意度

图 1-4-12 学生对实训基地的满意度

5. 学习成效

(1) 能力培养效果

能力:"决策能力""门店运营能力""信息收集与分析能力""计算机应用及基本操作能力""配送方案设计能力""仓库布局规划能力""金融风险规避能力"是本专业毕业要求需达成的能力,参考以上要求对能力培养效果进行考察。

能力培养效果：是指参与现代学徒制培养模式的学生对学习期间的能力培养效果进行评价，分为“提升较多”“有所提升”“提升较少”“没有变化”4个层次，报告中展示“提升较多”“有所提升”之和。

本专业学生中，分别有100%、94%、94%的人认为学校课程帮助自己在“决策能力”“门店运营能力”“信息收集与分析能力”方面得到提升较多，提升相对较少的方面是“金融风险规避能力”(76%)(图1-4-13)。

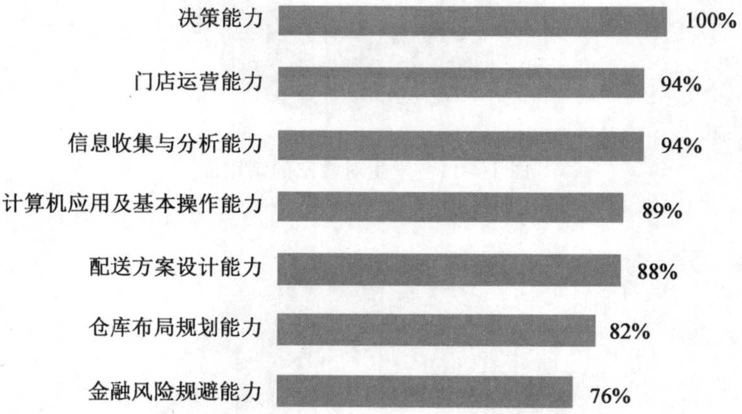

图1-4-13　学生的能力培养效果

(2)知识培养效果

知识：“基本知识和理论(如经济学、管理学、物流学、统计学等)”“农产品物流专业知识(如商务谈判、采购、入库保管、配送等)”“农产品物流涉及的法律法规内容”“农产品物流涉及的金融税收知识”“食品安全和ISO质量认证知识”是本专业毕业要求需达成的知识，参考以上要求对知识培养效果进行考察。

知识培养效果：是指参与现代学徒制培养模式的学生对学习期间的知识培养效果进行评价，分为“提升较多”“有所提升”“提升较少”“没有变化”4个层次，报告中展示“提升较多”“有所提升”之和。

本专业学生中，均有94%的人认为学校课程帮助自己在“农产品物流专业知识(如商务谈判、采购、入库保管、配送等)”“农产品物流涉及的法律法规内容”“农产品物流涉及的金融税收知识”“食品安全和ISO质量认证知识”方面得到提升较多(图1-4-14)。

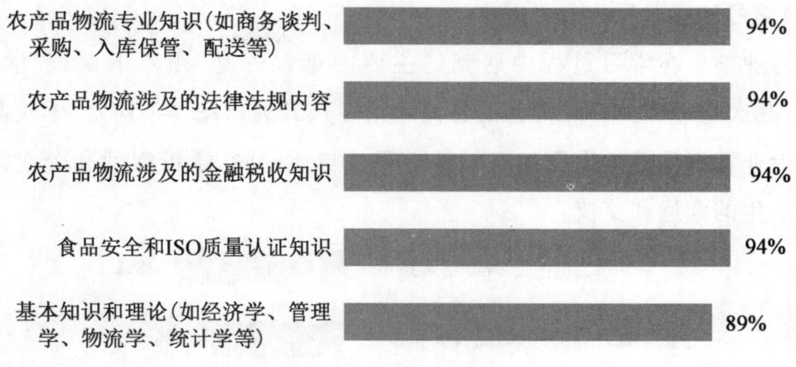

图 1-4-14 学生的知识培养效果

(3)素养培养效果

素养:"法律意识""社会公德""勤奋上进""职业道德""团队合作""敬业精神""创新精神"是本专业毕业要求需达成的素养,参考以上要求对素养培养效果进行考察。

素养培养效果:是指参与现代学徒制培养模式的学生对学习期间的素养培养效果进行评价,分为"提升较多""有所提升""提升较少""没有变化"4 个层次,报告中展示"提升较多""有所提升"之和。

本专业学生认为大学帮助自己在各个素养方面均得到较多的提升(图 1-4-15)。

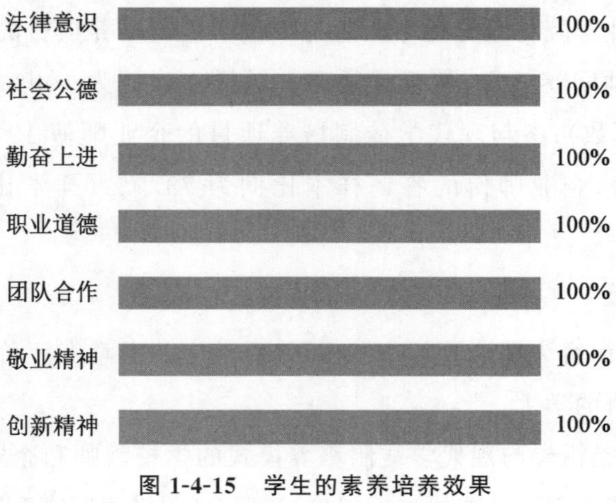

图 1-4-15 学生的素养培养效果

(4)学习过程遇到的主要困难

本专业学生在学习过程中遇到的主要困难首先是“跟不上课程/学习进度”(28%),其次是“缺乏教师/师傅的督促和指导”(22%)(图 1-4-16)。学校与企业可以根据专业特点培养学生更加有效地学习。与此同时,学校教师和企业师傅也应加强与学生的沟通和交流。

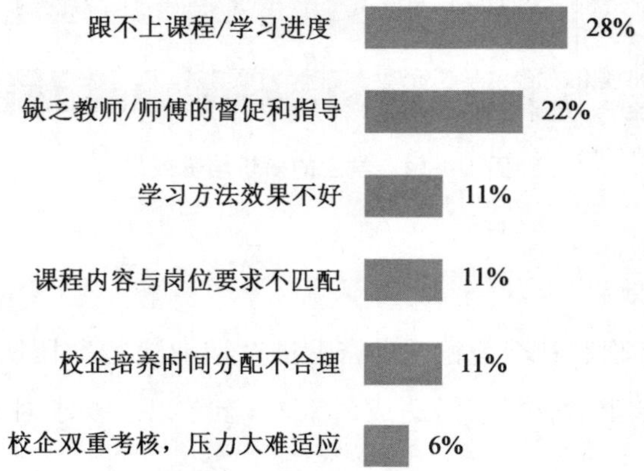

图 1-4-16　学生在学习过程中遇到的主要困难(多选)

(二)教师与师傅评价

1.样本介绍

北京农业职业学院物流管理专业参与现代学徒制培养项目的学校教师 7 人,麦可思共回收教师问卷 7 份,学校教师的答题样本比例为 100%(样本比例 = 回收问卷数/教师总数);参与现代学徒制培养项目的企业师傅 19 人,麦可思共回收师傅问卷 15 份,企业师傅的答题样本比例为 78.9%(样本比例 = 回收问卷数/师傅总数)。

2.学生满意度

说明:本小节内容为学校教师、企业师傅对学生的满意度评价,其中学生包括试点班与非试点班的学生。

学生满意度:是由参与现代学徒制培养模式的学校教师和企业师傅对参与现代学徒制培养模式的学生各方面进行评价,选项有“很满意”“满意”“不满意”“很不满意”“无法评估”共五项。其中,选择“满意”或“很满意”的人属于对学生满意,选择“不满意”或“很不满意”的人属于对学生不满意。学生满意度计算公式的分子是对学生满意的人数,分母是对学生满意和不满意的总人数。

学校教师和企业师傅对学生“学习能力”“实践技能”“尊重教师”“道德品质”方面均较满意,满意度均为100%。在“基础知识储备”“沟通交流能力”“遵守纪律”“学习兴趣/热情”方面,学校教师与企业师傅评价有所差异,学校教师对以上四个方面的满意度均为100%,企业师傅均为93%(图1-4-17)。

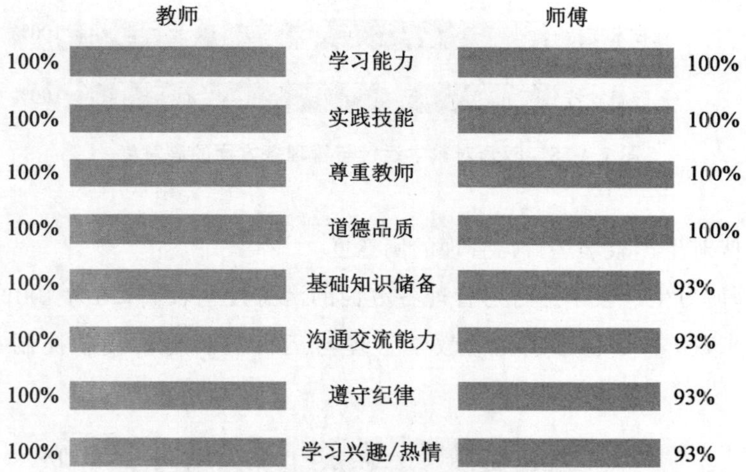

图1-4-17 学校教师/企业师傅对学生各方面的满意度

3.教学运行与管理满意度

对教学运行与管理的满意度:是由参与现代学徒制培养模式的学校教师和企业师傅对教学运行与管理情况进行评价,选项有“很满意”“满意”“不满意”“很不满意”“无法评估”共五项。其中,选择“满意”或“很满意”的人属于对教学运行与管理情况满意,选择“不满意”或“很不满意”的人属于对教学运行与管理情况不满意。教学运行与管理满意度计算公式的分子是对教学运行与管理情况满意的人数,分母是对教学运行与管理情况满意和不满意的总人数。

(1)教师对教学运行与管理的满意度

学校教师对教学运行与管理各方面的满意度均较高,均为100%(图1-4-18)。

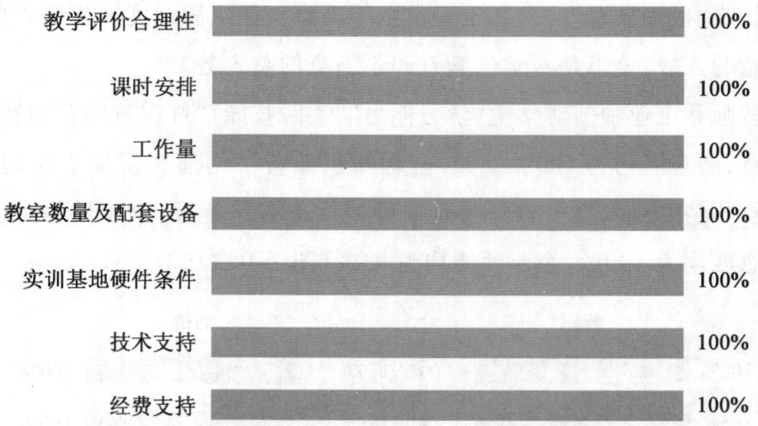

图 1-4-18 教师对教学运行与管理各方面的满意度

(2)师傅对生产教学运行与管理的满意度

企业师傅对生产教学运行与管理各方面的满意度均较高,均为100%(图1-4-19)。总体来说,本专业已建立的教学管理与运行机制与现代学徒制有较好的适应。

图 1-4-19 师傅对生产教学运行与管理的满意度

(三)学校评价

1.样本介绍

北京农业职业学院物流管理专业现代学徒制培养项目的学校负责人为1人,以下内容均来自该负责人的答题结果。

2. 培养过程评价

(1)人才培养计划制定的参与情况

学校负责人认为，企业在现代学徒制试点专业教学管理与运行中的招生招工工作、制定或修订培养方案、课程体系建设、开发课程与修订教材、双导师师资队伍建设以及实践教学基地建设方面均参与较多，在教学管理制度建设方面也有所参与（图 1-4-20）。整体而言，企业在人才培养环节的参与程度较高，较好地体现了现代学徒制学校与企业“双主体”共同育人的培养理念。学校与合作企业只有共同研制人才培养方案、开发课程和教材、设计实施教学，才能更好地深化工学结合的人才培养模式。

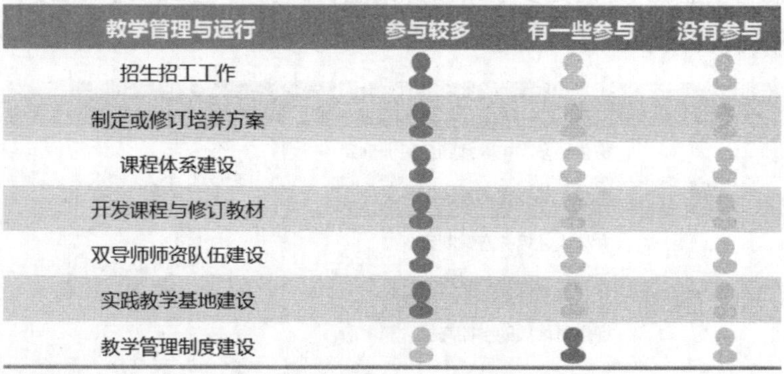

图 1-4-20　企业参与情况

(2)企业对学生学习情况的反馈

学校负责人认为，学生在企业培养期间，企业会将学生在企业的学习与岗位培养情况反馈给学校相关部门（图 1-4-21），企业的反馈有助于学校及时跟进学生的学习情况，并将学校课程教学与之相结合，相辅相成。

图 1-4-21　企业反馈情况

3. 改进与期待

(1)未来合作意愿

根据学校负责人对企业的合作意愿反馈，学校愿意持续与北京物美商业集团股份有限公司开展现代学徒制校企合作（图 1-4-22），反映了学校对该企业参与的认可，也体现了学校参与现代学徒制有较高的主动性和积极性。

图 1-4-22　企业合作意愿

（2）对教学培养的改进建议

学校希望企业在“提供更多学校教师到企实训机会”“在校内建立实训基地”方面给予工作支持（图 1-4-23）。

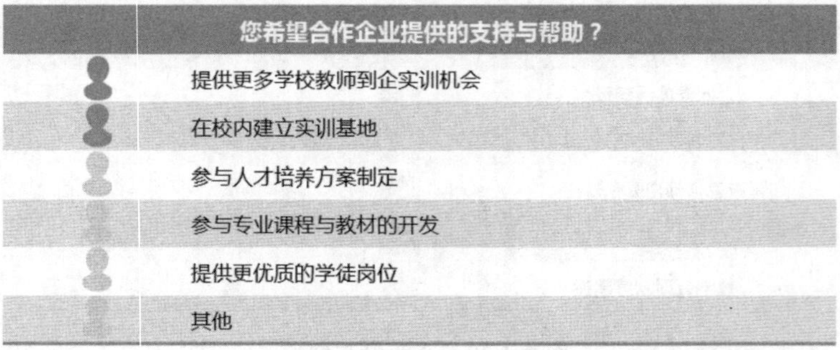

图 1-4-23　希望企业提供的工作支持（多选）

（四）企业评价

1. 样本介绍

北京物美商业集团股份有限公司现代学徒制培养项目的企业负责人为 1 人，以下内容均来自该负责人的答题结果。

2. 培养过程评价

（1）专业人才培养与行业发展需求的契合度

现代学徒制培养项目旨在培养工学结合、德技并修的各行业技能人才，人才培养与行业发展需求的契合是重要节点。企业负责人认为，现代学徒制试点专业人才培养目标符合专业相关行业发展的需求（图 1-4-24），反映了企业对该人才培养目标的认可，也体现了现代学徒制培养目标以及行业定位的准确性，有利于学生未来的职业发展。

图 1-4-24　企业对学徒制人才培养目标的评价

(2)教学与课程标准的合理性

企业负责人认为，现代学徒制试点专业的课程设置对接了相关行业需求(图 1-4-25)，体现了相关专业课程设置的合理性，课程的内容符合该行业的需求，同时，关注到了学生职业生涯的全面发展和可持续发展。只有保证课程标准符合实际，校企共同加强过程管理和质量监督，建立教师、师傅与学生的绩效考核体系，才能做到“工”与“学”的有效衔接，保证学生学习过程以及在企业工作过程的质量得到有效的控制。

图 1-4-25　课程设置与行业需求

同时，企业负责人认为，现代学徒制试点专业的课程教学培养满足了相关行业岗位需求(图 1-4-26)，较好地体现了课程教学培养符合“以满足学生未来的职业活动能力为导向”这一目标，有助于学生奠定职业基础，未来能够更好地向工作岗位过渡。

图 1-4-26　课程教学培养与行业岗位需求

(3)现代学徒制培养模式为企业带来的影响

企业负责人认为,现代学徒制培养模式使企业员工技能素质更匹配,也有助于提高企业的知名度与影响力,同时还能与学校共享资源(图 1-4-27),反映了现代学徒制培养模式给企业在许多方面带来了积极的影响,加强了校企间的交流。随着市场经济的发展,企业除了寻求最大化经济效益外,还拥有自身的经营、管理理念和企业文化。一个强大的企业不仅要能生产出优秀的产品,还需要具备优秀的员工和丰富的文化内涵。因此,联合学校,在校企合作的基础上,积极开展现代学徒制,是融入企业文化、扩大企业品牌效益的有效途径之一。

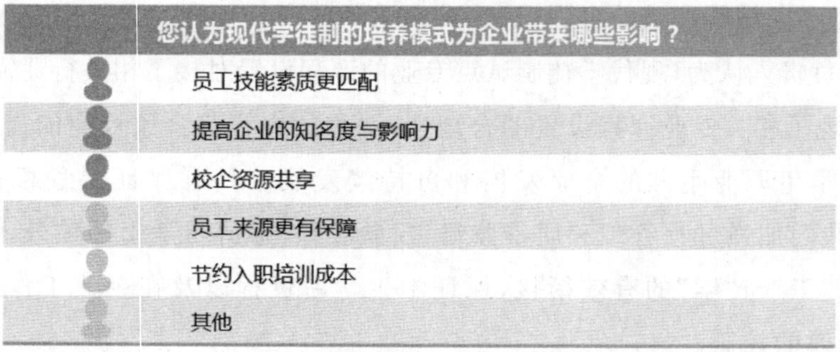

图 1-4-27 现代学徒制培养模式为企业带来的影响(多选)

3. 改进与期待

从企业反馈结果看,北京物美商业集团股份有限公司愿意持续与北京农业职业学院开展现代学徒制校企合作(图 1-4-28),反映出企业对该学校工作和现代学徒制培养模式的认可。

图 1-4-28 企业与学校的未来合作意愿

企业负责人认为,现代学徒制培养过程在“校企双方深度融合机制”方面仍需要进一步完善和提升(图 1-4-29)。

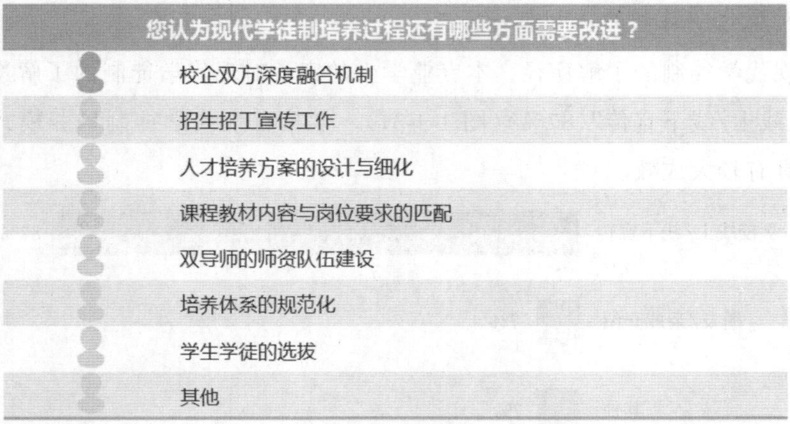

图 1-4-29　企业对现代学徒制培养过程的改进建议(多选)

企业负责人希望学校在“校企教学资源开发利用和共享”“资金支持”等方面提供更多的支持和帮助(图 1-4-30),校企双方应该更进一步加强沟通交流,促进现代学徒制培养模式的完善和提升。学校是现代学徒制培养模式的重要主体之一,在校企合作过程中,应与企业多沟通协商,考虑全面,了解企业的需要,为企业提供更多且有效的支持。

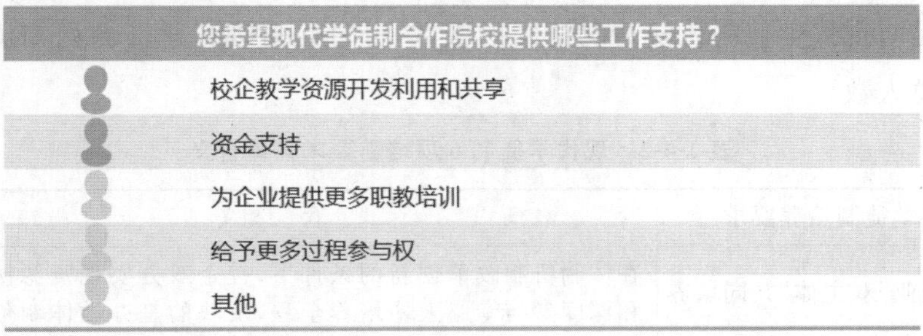

图 1-4-30　企业希望学校提供的工作支持(多选)

(五)家长评价

1.样本介绍

针对北京农业职业学院物流管理专业参与现代学徒制培养项目的学生(包括试点班与非试点班学生)的家长进行调研,麦可思共回收家长问卷 15 份。

2.对现代学徒制的认知与认可

对现代学徒制的了解途径。本专业学生的家长对现代学徒制的了解途径主要是“学校线上/线下宣传”(87%)(图 1-4-31)。学校在现代学徒制培养模式的招生工作上具有较大成效。

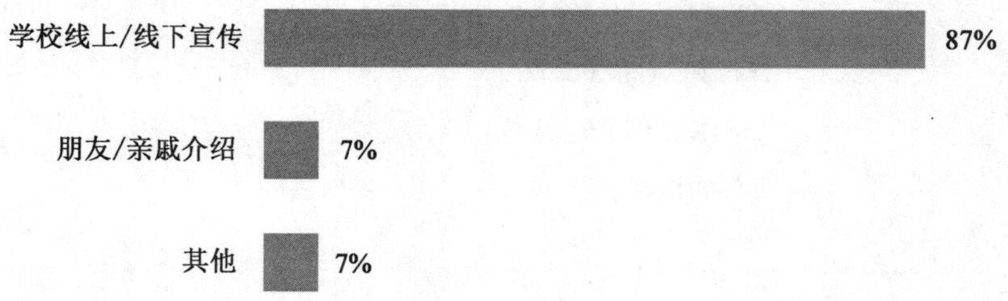

图 1-4-31 家长对现代学徒制的了解途径(多选)

对现代学徒制的认知情况。对现代学徒制的认知情况是由参与现代学徒制培养模式的学生的家长对现代学徒制以下 6 项培养要求(表 1-4-2)的认知情况做评价,选项有“非常符合”“符合”“不符合”“非常不符合”“无法评估”共五项。其中,选择“符合”或“非常符合”的人属于对现代学徒制培养要求认知清晰,选择“不符合”或“非常不符合”的人属于对现代学徒制培养要求认知不清晰。认知情况计算公式的分子是对现代学徒制认知情况清晰的人数,分母是对现代学徒制认知清晰和不清晰的总人数。

表 1-4-2 现代学徒制 6 项培养要求具体含义

现代学徒制培养要求	含 义
学校和企业“双主体”共同培养育人	在体制机制改革创新的条件下,校企双方实现资源协同办学和深度参与专业人才培养全程,反映的是办学体制创新与专业人才培养模式创新
专业设置与产业需求对接	根据产业发展和岗位需求动态调整专业设置
课程内容与职业标准对接	根据产业转型升级对职业标准提出的新要求,将职业标准融入课程标准、课程内容的设计和实施中
教学过程与生产过程对接	强化工学结合,加强实训环节,培养符合产业标准的人才
毕业证书与职业资格证书对接	大力推行“双证书”制度,提升人才培养的针对性
职业教育与终身学习对接	根据产业发展和技能型人才成长需要,拓宽学习渠道,为人才可持续发展提供支撑

本专业学生的家长对现代学徒制各方面的认知情况均较好，其中"学校和企业'双主体'共同培养育人"方面认知清晰度为100%（图1-4-32）。

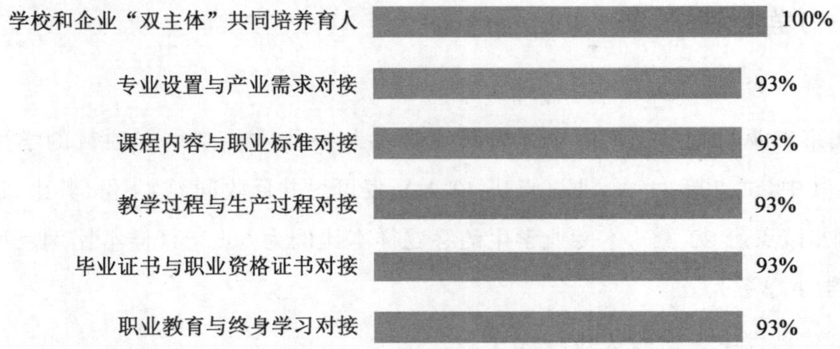

图1-4-32　家长对现代学徒制的认知清晰度

对现代学徒制的认可情况：参与现代学徒制培养模式的学生的家长是否愿意推荐现代学徒制培养模式给其他亲戚或朋友。计算公式的分子分别是回答"愿意""不愿意""不确定"的人数，分母是回答"愿意""不愿意""不确定"的总人数。

本专业有53%的学生家长愿意推荐现代学徒制培养模式给其他亲戚或朋友，47%持"不确定"态度（图1-4-33）。五成以上的学生家长愿意推荐现代学徒制，体现了本专业学生家长对现代学徒制的认可，也有利于后续专业招生、提高专业声誉等方面工作的开展。针对"不确定"的家长，专业需进一步了解和访谈，更好地改进和完善现代学徒制培养模式。

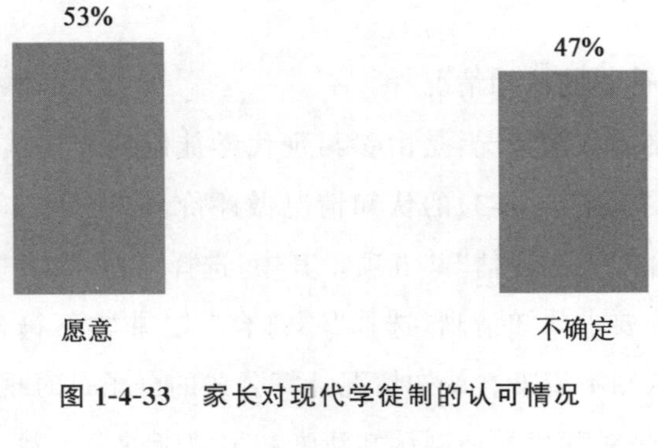

图1-4-33　家长对现代学徒制的认可情况

三、工商企业管理专业麦可思现代学徒制教学质量评价报告

(一)学生评价情况

1. 样本介绍

北京农业职业学院工商企业管理专业参与现代学徒制培养项目的学生总数73人(其中,试点班31人,非试点班42人),麦可思共回收问卷44份(其中,试点班22份,非试点班22份),本专业学生的答题样本比例为60.3%(样本比例=回收问卷数/学生总数)。

2. 对现代学徒制的认知与认可

(1)对现代学徒制的了解途径

本专业学生对学徒制的了解主要来源于"学校线上/线下宣传"(93%)(图1-4-34)。

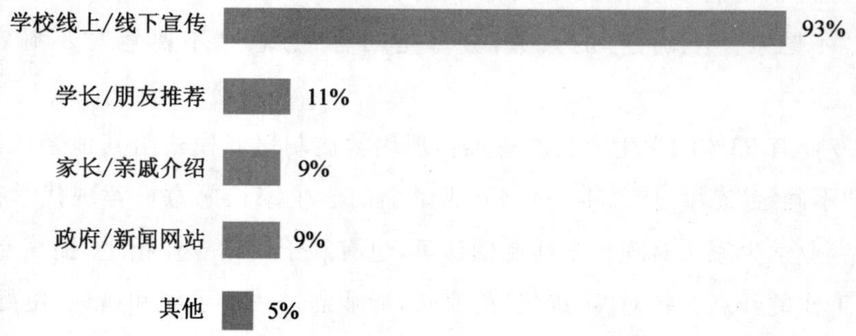

图 1-4-34　学生了解途径(多选)

(2)对现代学徒制的认知情况

对现代学徒制的认知情况:是由参与现代学徒制培养模式的学生对现代学徒制以下6项培养要求(表1-4-3)的认知情况做评价,选项有"非常符合""符合""不符合""非常不符合""无法评估"共五项。其中,选择"符合"或"非常符合"的人属于对现代学徒制培养要求认知清晰,选择"不符合"或"非常不符合"的人属于对现代学徒制培养要求认知不清晰。认知情况计算公式的分子是对现代学徒制认知情况清晰的人数,分母是对现代学徒制认知清晰和不清晰的总人数。

表 1-4-3　现代学徒制 6 项培养要求具体含义

现代学徒制培养要求	含　义
学校和企业"双主体"共同培养育人	在体制机制改革创新的条件下，校企双方实现资源协同办学和深度参与专业人才培养全程，反映的是办学体制创新与专业人才培养模式创新
专业设置与产业需求对接	根据产业发展和岗位需求动态调整专业设置
课程内容与职业标准对接	根据产业转型升级对职业标准提出的新要求，将职业标准融入课程标准、课程内容的设计和实施中
教学过程与生产过程对接	强化工学结合，加强实训环节，培养符合产业标准的人才
毕业证书与职业资格证书对接	大力推行"双证书"制度，提升人才培养的针对性
职业教育与终身学习对接	根据产业发展和技能型人才成长需要，拓宽学习渠道，为人才可持续发展提供支撑

本专业学生对现代学徒制各项内容的整体认知清晰度较好，各项认知清晰度均在九成以上。其中，学生对"课程内容与职业标准对接""学校和企业'双主体'共同培养育人""毕业证书与职业资格证书对接""专业设置与产业需求对接""职业教育与终身学习对接"和"教学过程与生产过程对接"六项的认知情况较好，分别为97%、97%、95%、93%、93%、93%（图 1-4-35）。

图 1-4-35　学生对现代学徒制的认知清晰度

(3)对现代学徒制的认可情况

对现代学徒制的认可情况：参与现代学徒制培养模式的学生是否愿意推荐现代学徒制培养模式给其他同学或朋友。计算公式的分子分别是回答"愿意""不愿意”“不确定”的人数，分母是回答“愿意”“不愿意”“不确定”的总人数。

本专业试点班和非试点班学生中分别有77%、59%的学生愿意推荐现代学徒制培养模式给其他同学或朋友，分别有18%、32%的学生“不确定”，分别有5%、9%的学生持“不愿意”态度（图1-4-36）。试点班的学生对现代学徒制的认可情况较好。七成以上的试点班的学生愿意推荐现代学徒制，体现了本专业学生对现代学徒制的认可，也有利于后续专业招生、提高专业声誉等方面工作的开展。

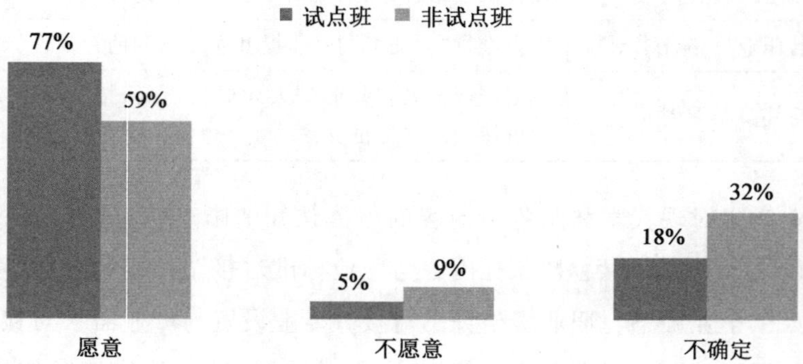

图1-4-36　学生对现代学徒制的认可情况

3.教学开展情况

(1)教学培养模式

教学模式满意度：是由参与现代学徒制培养模式的学生对学校与企业共同育人的教学培养模式进行评价，选项有“很满意”“满意”“不满意”“很不满意”和“无法评估”共五项。其中，选择“满意”或“很满意”的人属于对现代学徒制教学模式满意，选择“不满意”或“很不满意”的人属于对现代学徒制教学模式不满意。教学模式满意度计算公式的分子是对目前教学模式满意的人数，分母是对目前教学模式满意和不满意的总人数。

本专业学生对现代学徒制培养模式的教学满意度为95%（图1-4-37）。学生对于现代学徒制整体培养效果反馈较好。

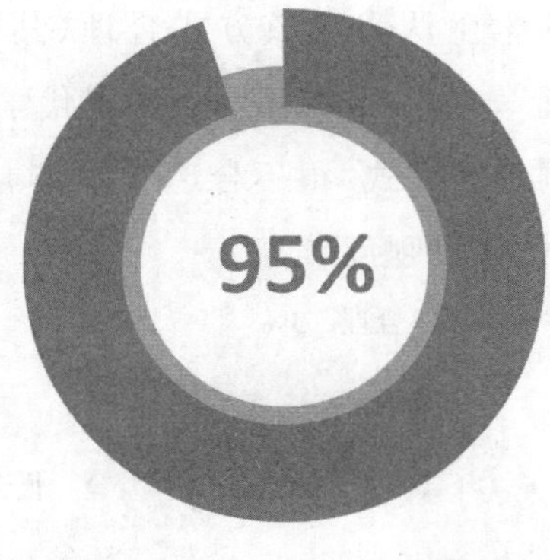

图 1-4-37　教学模式满意度

（2）考核方式合理性

考核方式合理性：是由参与现代学徒制培养模式的学生对当前考核方式的合理性进行评价，选项有“很合理”“合理”“不合理”“很不合理”“无法评估”共五项。其中，选择“合理”或“很合理”的人属于认为当前考核方式合理，选择“不合理”或“很不合理”的人属于认为当前考核方式不合理。考核方式合理性计算公式的分子是认为当前考核方式合理的人数，分母是认为当前考核方式合理和不合理的总人数。

本专业现代学徒制的考核方式主要是“学校和合作企业共同考核”（67%）（图 1-4-38）。在“学校和合作企业共同考核”中，主要的分配比重是“学校与企业之比为 5∶5”（91%）。在现代学徒制人才培养模式下，本专业已基本构建出“学业标准”与“学徒标准”双标准的考核评价体系，有助于学生获得职业岗位所需的知识、能力及符合职业生涯发展的要求，促进学生成长成才。同时，为了能更好地开展现代学徒制培养项目，学校可以在每学期初向学生明确说明该学期的课程和学习的时间安排以及考核比重，让学生能根据自身情况合理安排和规划自己的学习时间，促进学生在现代学徒制培养过程中更高效地学习。

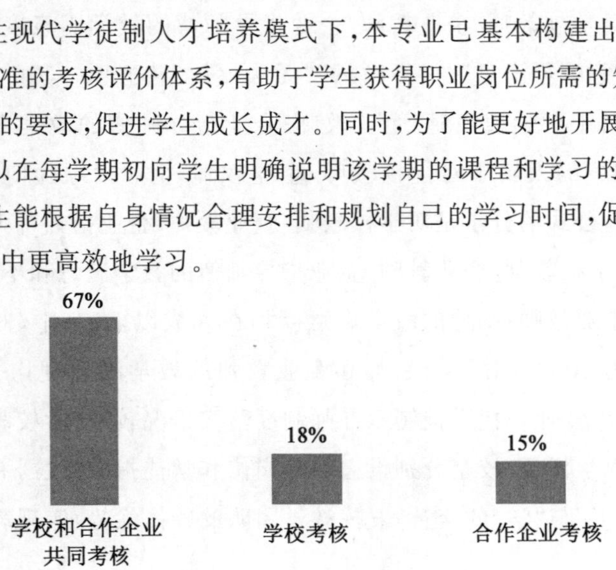

图 1-4-38　现代学徒制的考核方式

本专业学生中，97%的学生认为考核方式合理（其中有 34%的学生认为现代学徒制考核方式“很合理”，有 63%的学生认为现代学徒制考核方式“合理”），3%的学生认为现代学徒制考核方式“很不合理”（图 1-4-39）。由此可以看出，本专业学生对当前的考核方式认可程度较高。

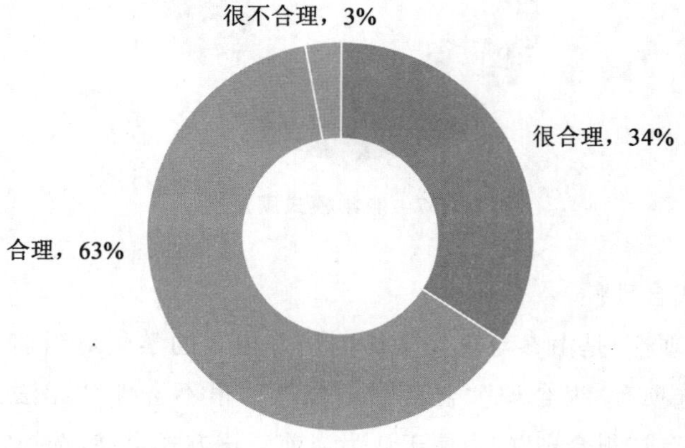

图 1-4-39　现代学徒制的考核方式合理性评价

(3)双导师队伍建设

对学校教师/企业教师/企业指导师傅的教学满意度：是由参与现代学徒制培养模式的学生对学校教师/企业教师/企业指导师傅的教学满意度进行评价，选项有“很满意”“满意”“不满意”“很不满意”“无法评估”共五项。其中，选择“满意”或“很满意”的人属于对学校教师/企业教师/企业指导师傅的教学满意，选择“不满意”或“很不满意”的人属于对学校教师/企业教师/企业指导师傅的教学不满意。教学满意度计算公式的分子是对学校教师/企业教师/企业指导师傅的教学满意的人数，分母是对学校教师/企业教师/企业指导师傅的教学满意和不满意的总人数。

本专业学生对教师/师傅的教学满意度均在九成以上，其中，对企业指导师傅的教学满意度为 100%，对学校教师和企业教师的教学满意度均为 98%（图 1-4-40）。这体现了本专业现代学徒制双导师制度落实情况较好，学校教师和企业师傅共同承担教育教学任务，校企分别设立教师岗位和学徒指导岗位，有利于现代学徒制教学过程中“工”与“学”的交替，发挥教学团队的整体优势，实现教学团队目标的集聚效应。

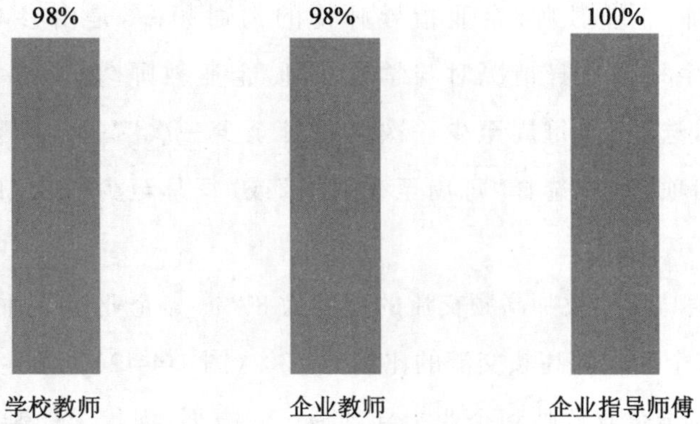

图 1-4-40　学生对学校教师/企业教师/企业指导师傅的教学满意度

对学校教师/企业教师/企业指导师傅授课方式的满意度：是由参与现代学徒制培养模式的学生对学校教师/企业教师/企业指导师傅授课方式的满意度进行评价，选项有“很满意”“满意”“不满意”“很不满意”“无法评估”共五项。其中，选择“满意”或“很满意”的人属于对学校教师/企业教师/企业指导师傅的授课方式满意，选择“不满意”或“很不满意”的人属于对学校教师/企业教师/企业指导师傅的授课方式不满意。授课方式满意度计算公式的分子是对学校教师/企业教师/企业指导师傅的授课方式满意的人数，分母是对学校教师/企业教师/企业指导师傅的授课方式满意和不满意的总人数。

本专业学生对教师/师傅的授课方式满意度整体均较高。其中，学生对学校教师和企业指导师傅的授课方式的满意度均为 100%，对企业教师授课方式的满意度为 98%（图 1-4-41）。

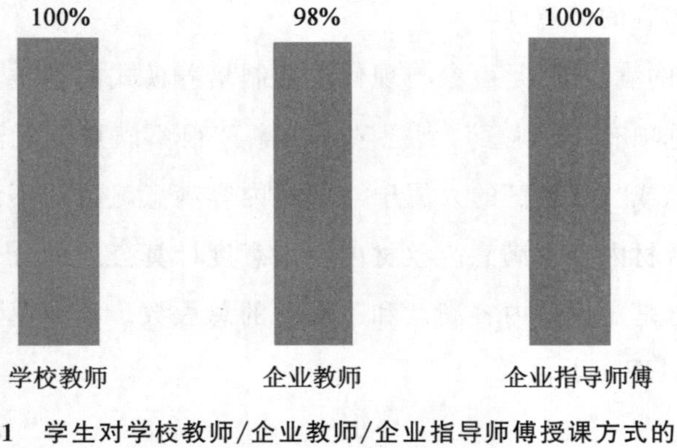

图 1-4-41　学生对学校教师/企业教师/企业指导师傅授课方式的满意度

与学校教师/企业教师/企业指导师傅的沟通频率：是由参与现代学徒制培养模式的学生根据自身情况对与学校教师/企业教师/企业指导师傅的沟通频率进行回答，选项有“每周至少一次”“每月至少一次”“每学期至少一次”“每年至少一次”四项，其中选择“每周至少一次”或“每月至少一次”的沟通为高频交流。

本专业学生与学校教师高频交流的比例为87%，与企业指导师傅高频交流的比例为85%，与企业教师高频交流的比例为77%（图1-4-42）。学生与学校教师高频交流的比例高于企业教师和企业指导师傅。一方面，现代学徒制培养模式第一学年学生以在校培养为主，因此学生与学校教师的沟通相对较多；另一方面，企业指导师傅、企业教师与学生沟通的方式主要为指导实际应用操作，这也是现代学徒制培养模式中必不可少的环节，同样应予以重视。

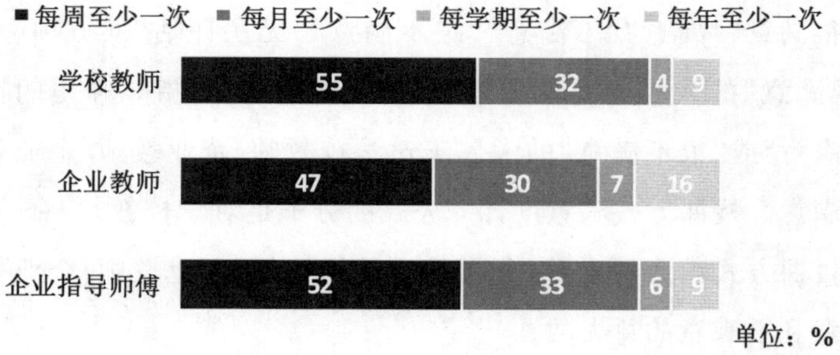

图1-4-42　学生与学校教师/企业教师/企业指导师傅的沟通频率

4.教学资源建设

(1)对教材内容的满意度

对教材内容的满意度：是由参与现代学徒制培养模式的学生对教材内容的满意度进行评价，选项有“很满意”“满意”“不满意”“很不满意”“无法评估”共五项。其中，选择“满意”或“很满意”的人属于对教材内容满意，选择“不满意”或“很不满意”的人属于对教材内容不满意。教材内容满意度计算公式的分子是对教材内容满意的人数，分母是对教材内容满意和不满意的总人数。本专业学生对教材内容的满意度为98%（图1-4-43）。

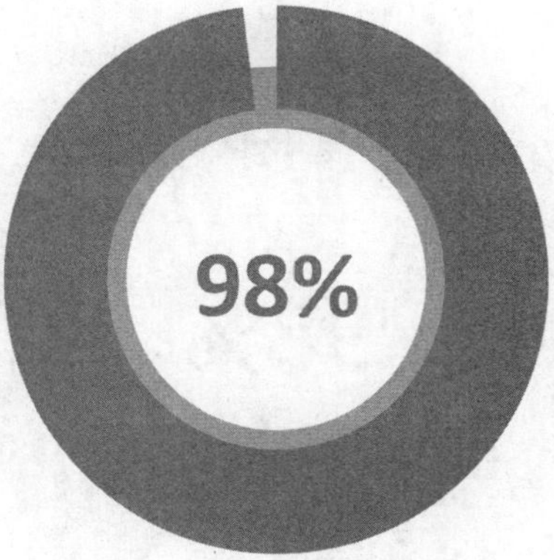

图 1-4-43 学生对教材内容的满意度

(2)对教室/实训基地的满意度

对教室/实训基地的满意度:是由参与现代学徒制培养模式的学生对教室/实训基地的满意度进行评价,选项有“很满意”“满意”“不满意”“很不满意”“无法评估”共五项。其中,选择“满意”或“很满意”的人属于对教室/实训基地满意,选择“不满意”或“很不满意”的人属于对教室/实训基地不满意。教室/实训基地满意度计算公式的分子是对教室/实训基地满意的人数,分母是对教室/实训基地满意和不满意的总人数。本专业学生对教室的满意度为98%(图 1-4-44),对实训基地的满意度为98%(图 1-4-45)。

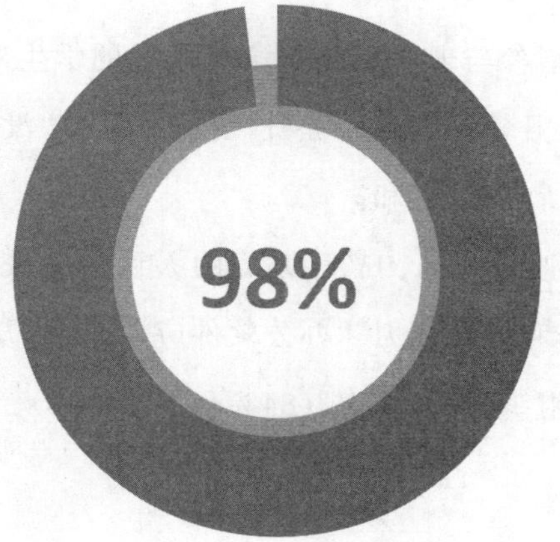

图 1-4-44 学生对教室的满意度

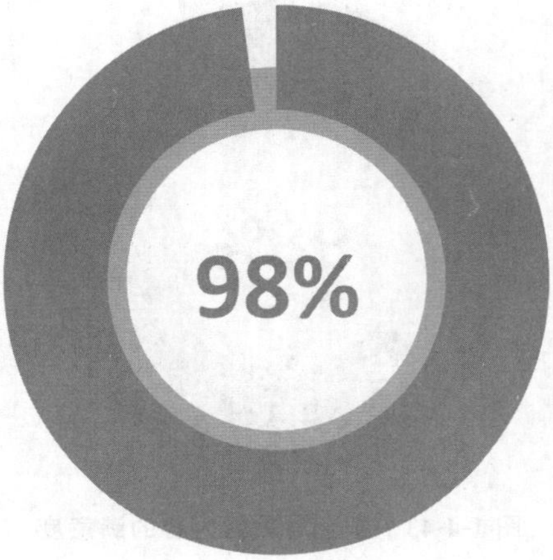

图 1-4-45　学生对实训基地的满意度

5. 学习成效

(1)能力培养效果

能力:“表达与沟通能力”“团队合作和领导能力”“办公软件应用能力”“商务文件写作能力(如投标书制作)”“识别客户、开发客户、维系客户、客户互动设计的能力”“会议组织、接待能力”“信息收集与分析能力”“连锁门店运营能力”是本专业毕业要求需达成的能力,参考以上要求对能力培养效果进行考察。

能力培养效果:是指参与现代学徒制培养模式的学生对学习期间的能力培养效果进行评价,分为“提升较多”“有所提升”“提升较少”“没有变化”4 个层次,报告中展示“提升较多”“有所提升”之和。

本专业学生中,分别有 95%、93%、93%的人认为学校课程帮助自己在“表达与沟通能力”“团队合作和领导能力”“办公软件应用能力”方面得到提升较多,而提升较少的方面是“会议组织、接待能力”(84%)(图 1-4-46)。

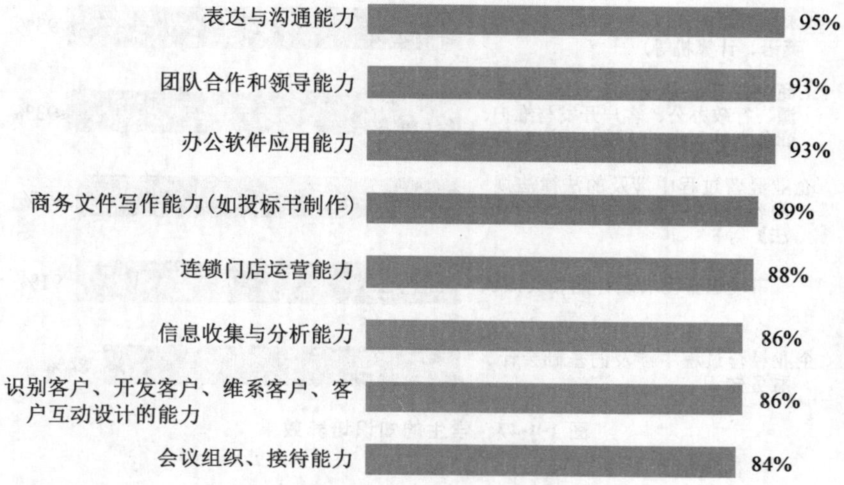

图 1-4-46 学生的能力培养效果

(2)知识培养效果

知识:"基本知识和理论(如管理学、统计学、英语、计算机等)""工商企业管理专业知识(如人力资源、行政办公、客户开发与维护、商务文件写作、连锁门店运营等)""企业经营过程中涉及的法律法规内容(如《中华人民共和国合同法》等)""企业经营过程中涉及的基础会计、财务知识""市场调查问卷设计的相关知识"是本专业毕业要求需达成的知识,参考以上要求对知识培养效果进行考察。

知识培养效果:是指参与现代学徒制培养模式的学生对学习期间的知识培养效果进行评价,分为"提升较多""有所提升""提升较少""没有变化"4 个层次,报告中展示"提升较多""有所提升"之和。

本专业试点班学生中,均有 93%的人认为学校课程帮助自己在"基本知识和理论(如管理学、统计学、英语、计算机等)""工商企业管理专业知识(如人力资源、行政办公、客户开发与维护、商务文件写作、连锁门店运营等)"两方面得到的提升较多,而得到提升较少的方面是"企业经营过程中涉及的基础会计、财务知识"(84%)(图 1-4-47)。

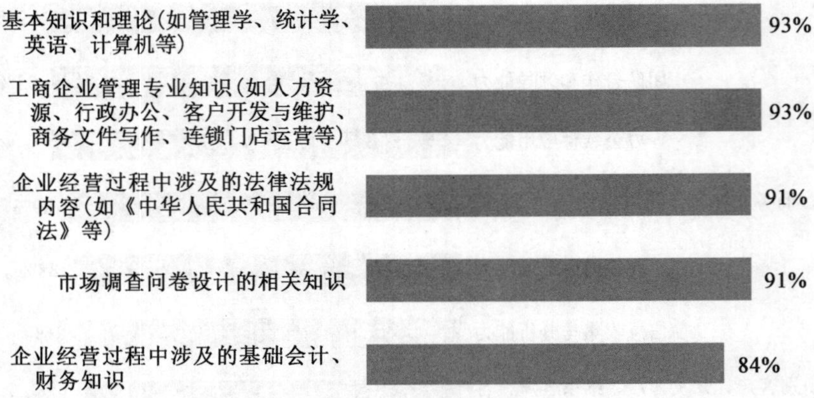

图 1-4-47　学生的知识培养效果

(3)素养培养效果

素养:“思想品德”“职业道德”“敬业精神”“创新精神”是本专业毕业要求需达成的素养,参考以上要求对素养培养效果进行考察。

素养培养效果:是指参与现代学徒制培养模式的学生对学习期间的素养培养效果进行评价,分为“提升较多”“有所提升”“提升较少”“没有变化”4 个层次,报告中展示“提升较多”“有所提升”之和。

本专业学生中,有 95%的人认为大学帮助自己在“思想品德”素养方面得到的提升较多,而提升较少的方面是“创新精神”(84%)(图 1-4-48)。

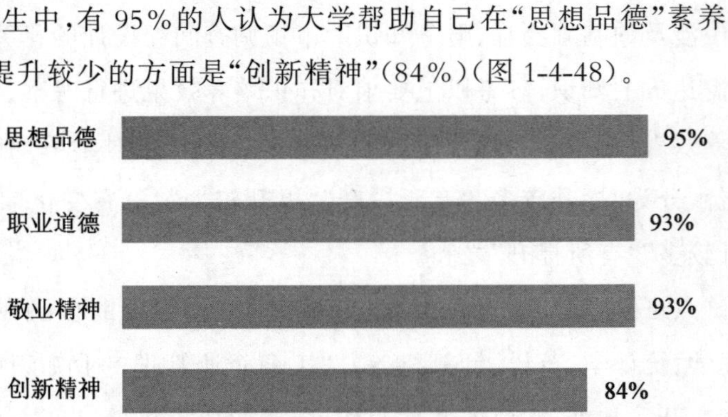

图 1-4-48　学生的素养培养效果

(4)学习过程中遇到的主要困难

本专业学生在学习过程中遇到的主要困难是“学习方法效果不好”(24%),其次是“缺乏教师/师傅的督促和指导”“校企培养时间分配不合理”“校企双重考核,压力大难适应”(均为22%)(图1-4-49)。学校与企业可以根据专业特点培养学生更加有效地学习。与此同时,学校教师和企业师傅也应加强与学生的沟通和交流。

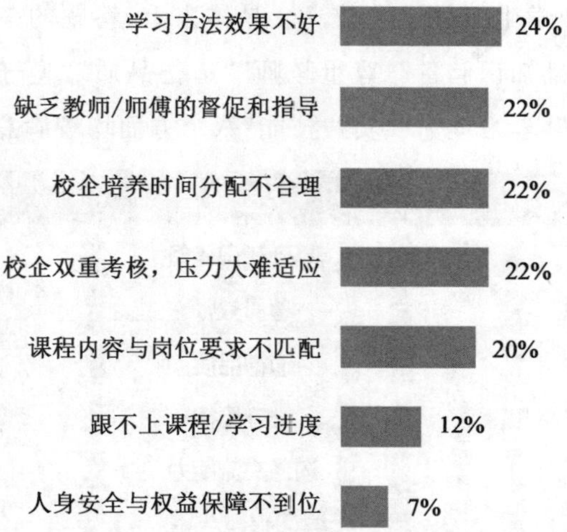

图1-4-49　学生在学习过程中遇到的主要困难(多选)

(二)教师与师傅评价

1.样本介绍

北京农业职业学院工商企业管理专业参与现代学徒制培养项目的学校教师7人,麦可思共回收教师问卷7份,学校教师的答题样本比例为100.0%(样本比例=回收问卷数/教师总数);参与现代学徒制培养项目的企业师傅3人,麦可思共回收师傅问卷3份,企业师傅的答题样本比例为100.0%(样本比例=回收问卷数/师傅总数)。

2.学生满意度

说明:本小节内容为学校教师、企业师傅对学生的满意度评价,其中学生包括试点班与非试点班的学生。

学生满意度:是由参与现代学徒制培养模式的学校教师和企业师傅对参与现代学徒制培养模式的学生的各方面进行评价,选项有“很满意”“满意”“不满意”“很不满意”“无法评估”共五项。其中,选择“满意”或“很满意”的人属于对学生满意,选择“不满意”或“很不满意”的人属于对学生不满意。学生满意度计算公式的分子是对学生满意的人数，分母是对学生满意和不满意的总人数。

本专业共有7位学校教师和3位企业师傅回答了本题。总体来看，学校教师和企业师傅对本专业学生的满意度较高。具体来看，答题的7位学校教师和3位企业师傅对学生“基础知识储备”“尊重教师”“道德品质”“遵守纪律”“沟通交流能力”“学习兴趣/热情”“学习能力”“实践技能”八个方面均较满意（图1-4-50）。

图1-4-50　学校教师/企业师傅对学生各方面的满意度

3.教学运行与管理满意度

对教学运行与管理的满意度：是由参与现代学徒制培养模式的学校教师和企业师傅对教学运行与管理情况进行评价，选项有“很满意”“满意”“不满意”“很不满意”“无法评估”共五项。其中，选择“满意”或“很满意”的人属于对教学运行与管理情况满意，选择“不满意”或“很不满意”的人属于对教学运行与管理情况不满意。教学运行与管理满意度计算公式的分子是对教学运行与管理情况满意的人数，分母是对教学运行与管理情况满意和不满意的总人数。

教师对教学运行与管理的满意度。本专业共有7位教师回答了本题。整体来看，7位学校教师对教学运行与管理各方面的满意度均较高。具体来看，答题的7位学校教师对“课时安排”“实训基地硬件条件”“技术支持”“经费支持”“教学评价合理性”“工作量”“教室数量及配套设备”七个方面的满意度均较高（图1-4-51）。

图 1-4-51　教师对教学运行与管理各方面的满意度

师傅对生产教学运行与管理的满意度。本专业共有 3 位企业师傅回答了本题。3 位企业师傅对生产教学运行与管理各方面的满意度均较高，答题的 3 位企业师傅均对“工作考核评价”“工作量”“生产设备”“职教指导”“带徒津贴”五个方面满意（图 1-4-52）。总体来说，本专业已建立的教学管理与运行机制与现代学徒制有较好的适应。

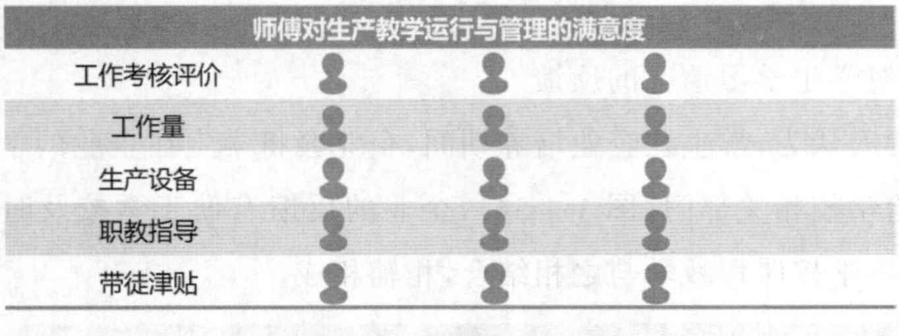

图 1-4-52　师傅对生产教学运行与管理的满意度

（三）学校评价

1. 样本介绍

北京农业职业学院工商企业管理专业现代学徒制培养项目的学校负责人为 1 人，以下内容均来自该负责人的答题结果。

2. 培养过程评价

（1）人才培养计划制定的参与情况

学校负责人认为，企业在现代学徒制试点专业教学管理与运行中的招生招工工作、制定或修订培养方案、课程体系建设、开发课程与修订教材、双导师师资队伍建设、实践教学基地建设及教学管理制度建设等方面均有参与，且参与程度较高(图 1-4-53)，较好地体现了现代学徒制学校与企业“双主体”共同育人的培养理念。学校与合作企业只有共同研制人才培养方案、开发课程和教材、设计实施教学，才能更好地深化工学结合的人才培养模式。

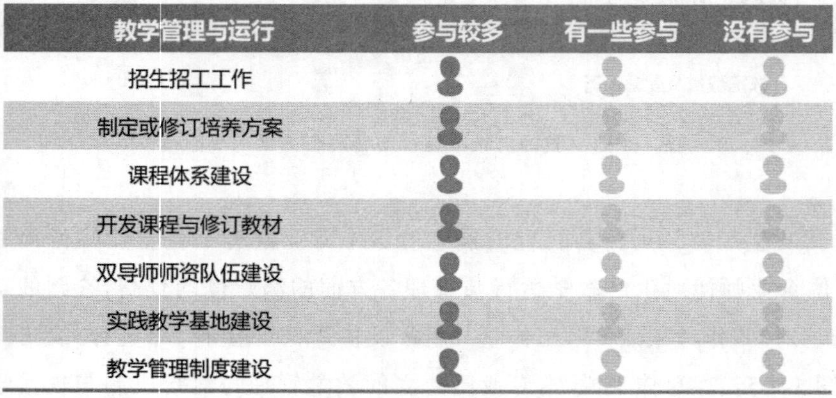

图 1-4-53　企业参与情况

(2)企业对学生学习情况的反馈

学校负责人认为，学生在企业培养期间，企业会将学生在企业的学习与岗位培养情况反馈给学校相关部门(图 1-4-54)，企业的反馈有助于学校及时跟进学生的学习情况，并将学校课程教学与之相结合，相辅相成。

图 1-4-54　企业反馈情况

3.改进与期待

根据学校负责人对企业的合作意愿反馈，学校愿意持续与农芯科技(北京)有限责任公司开展现代学徒制校企合作(图 1-4-55)，反映了学校对该企业参与的认可，也体现了学校参与现代学徒制有较高的主动性和积极性。

图 1-4-55　学校与企业的未来合作意愿

(1)对教学培养的改进建议

从现代学徒制培养主要包含的以下八个方面内容来看,学校负责人认为需要改进的方面集中体现在“招生招工宣传工作”“双导师的师资队伍建设”以及“优质合作企业的遴选”这三方面(图 1-4-56)。这反映出其他方面的工作做得比较好,而这三方面的工作还存在一些问题,需要进一步调整。首先,学校要重视招生招工的宣传,让学生和家长充分了解项目的意义;其次,在师资队伍方面,学校要加强校企共建双师结构教学团队,促进学校专职教师和企业教师的相互协作、取长补短;最后,学校要严格筛选合作企业,保证项目的顺利开展。

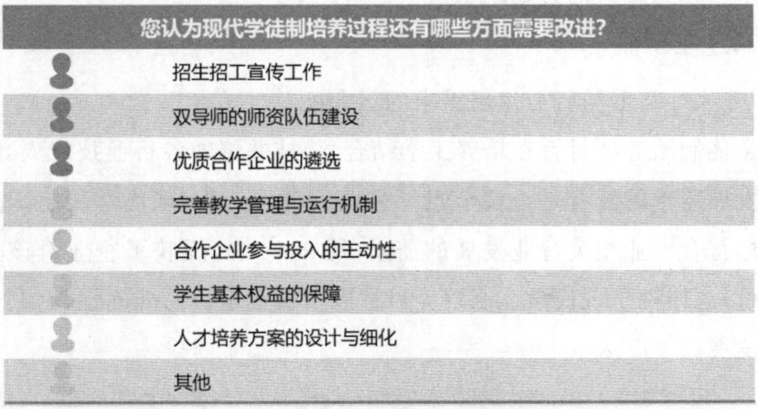

图 1-4-56　学校对教学培养的改进建议(多选)

(2)学校希望企业提供的工作支持

学校希望企业在学校教师到企实训机会方面提供更多支持和帮助(图 1-4-57)。除学校之外,企业是现代学徒制培养模式的另一重要主体,在招生招工一体化方案和人才培养方案及标准制定、双导师、培养岗位和设备等方面有不可替代的重要作用。

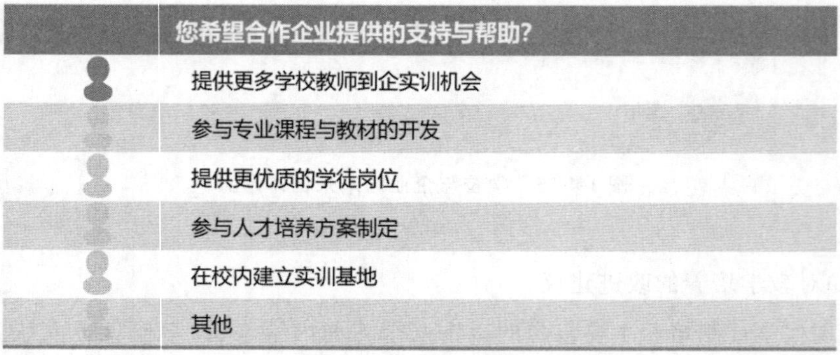

图 1-4-57 希望企业提供的工作支持(多选)

(四)企业评价

1.样本介绍

农芯科技(北京)有限责任公司现代学徒制培养项目的企业负责人为 1 人,以下内容均来自该负责人的答题结果。

2.培养过程评价

(1)专业人才培养与行业发展需求的契合度

现代学徒制培养项目旨在培养工学结合、德技并修的各行业技能人才,人才培养与行业发展需求的契合是重要节点。企业负责人认为,现代学徒制试点专业人才培养目标符合专业相关行业发展的需求(图 1-4-58),反映了企业对该人才培养目标的认可,也体现了现代学徒制培养目标以及行业定位的准确性,有利于学生未来的职业发展。

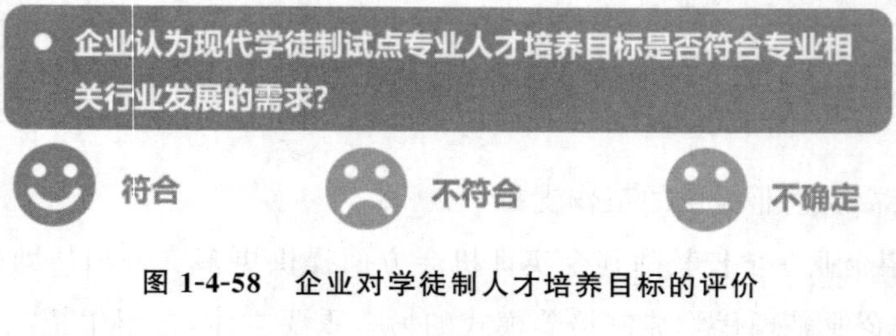

图 1-4-58 企业对学徒制人才培养目标的评价

(2)教学与课程标准的合理性

企业负责人认为,现代学徒制试点专业的课程设置对接了相关行业需求

(图 1-4-59),体现了相关专业课程设置的合理性,课程的内容符合该行业的需求,同时,关注到了学生职业生涯的全面发展和可持续发展。校企只有保证课程标准符合实际,共同加强过程管理和质量监督,建立教师、师傅与学生的绩效考核体系,才能做到“工”与“学”的有效衔接,保证学生学习过程以及在企业工作过程的质量得到有效的控制。

图 1-4-59 课程设置与行业需求

同时,企业负责人认为,现代学徒制试点专业的课程教学培养满足了相关行业岗位需求(图 1-4-60),较好地体现了课程教学培养符合“以满足学生未来的职业活动能力为导向”这一目标,有助于学生奠定职业基础,未来能够更好地向工作岗位过渡。

图 1-4-60 课程教学培养与行业岗位需求

3. 改进与期待

从企业反馈结果来看,农芯科技(北京)有限责任公司愿意持续与北京农业职业学院开展现代学徒制校企合作(图 1-4-61),反映出企业对学校工作和现代学徒制培养模式的认可。

图 1-4-61 企业与学校的未来合作意愿

企业负责人认为，现代学徒制培养过程有一些方面需要改进，包括招生招工宣传工作、人才培养方案的设计与细化（图 1-4-62）。可见现代学徒制培养过程中还存在一些问题，需要进一步完善和提升。

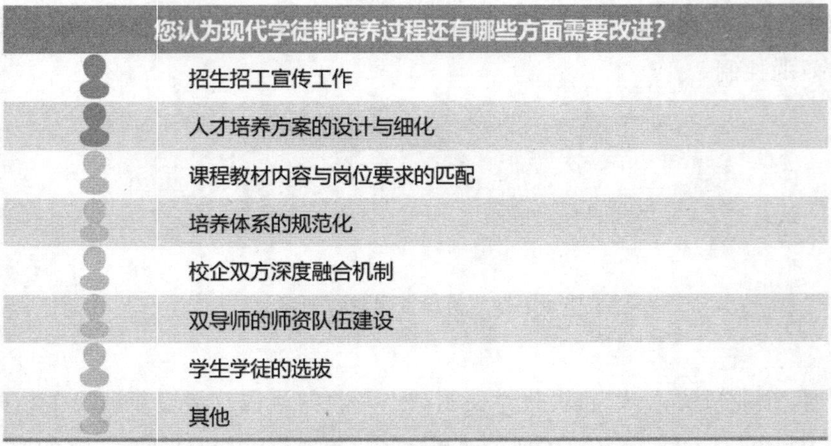

图 1-4-62 企业对现代学徒制培养过程的改进建议(多选)

企业负责人希望学校在资金、过程参与权方面提供更多的支持和帮助（图 1-4-63），校企双方应该更进一步加强沟通与交流，促进现代学徒制培养模式的完善和提升。学校是现代学徒制培养模式的重要主体之一，在校企合作过程中，应多与企业沟通协商，考虑全面，了解企业的需要，为企业提供更多且有效的支持。

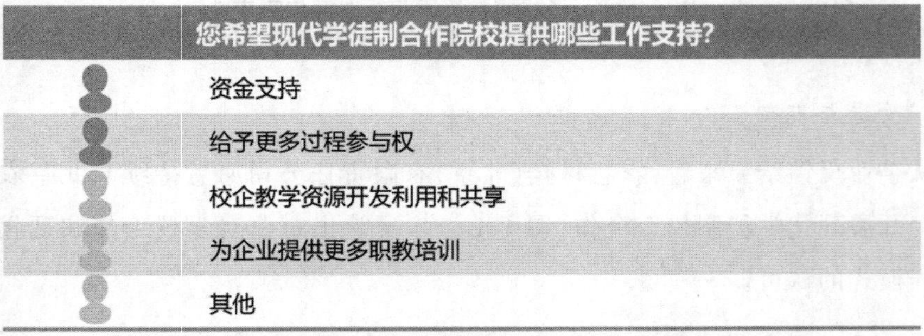

图 1-4-63 企业希望学校提供的工作支持(多选)

(五)家长评价

1. 样本介绍

针对北京农业职业学院工商企业管理专业参与现代学徒制培养项目的学生

（包括试点班与非试点班学生）的家长进行调研，麦可思共回收家长问卷 24 份。

2. 对现代学徒制的认知与认可

（1）对现代学徒制的了解途径

本专业学生家长对现代学徒制的了解主要来源于“学校线上/线下宣传”（79%）（图 1-4-64）。学校在现代学徒制培养模式的招生工作上具有较大成效。

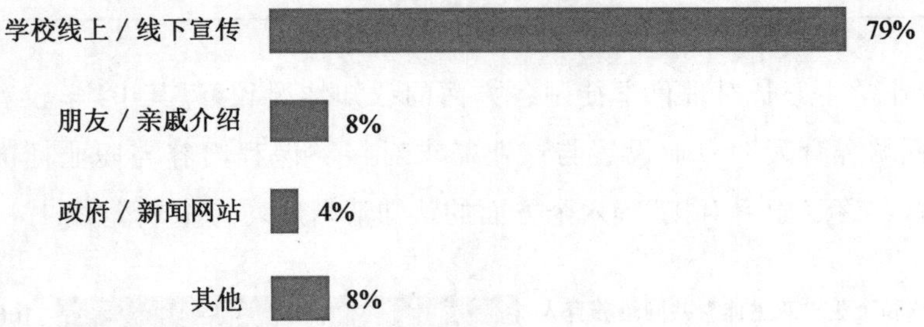

图 1-4-64　家长对现代学徒制的了解途径（多选）

（2）对现代学徒制的认知情况

对现代学徒制的认知情况：是由参与现代学徒制培养模式的学生家长对现代学徒制以下 6 项培养要求（表 1-4-4）的认知情况做评价，选项有“非常符合”“符合”“不符合”“非常不符合”“无法评估”共五项。其中，选择“符合”或“非常符合”的人属于对现代学徒制培养要求认知清晰，选择“不符合”或“非常不符合”的人属于对现代学徒制培养要求认知不清晰。认知情况计算公式的分子是对现代学徒制认知情况清晰的人数，分母是对现代学徒制认知清晰和不清晰的总人数。

表 1-4-4　现代学徒制 6 项培养要求具体含义

现代学徒制培养要求	含义
学校和企业“双主体”共同培养育人	在体制机制改革创新的条件下，校企双方实现资源协同办学和深度参与专业人才培养全程，反映的是办学体制创新与专业人才培养模式创新
专业设置与产业需求对接	根据产业发展和岗位需求动态调整专业设置
课程内容与职业标准对接	根据产业转型升级对职业标准提出的新要求，将职业标准融入课程标准、课程内容的设计和实施中

续表 1-4-4

现代学徒制培养要求	含义
教学过程与生产过程对接	强化工学结合，加强实训环节，培养符合产业标准的人才
毕业证书与职业资格证书对接	大力推行"双证书"制度，提升人才培养的针对性
职业教育与终身学习对接	根据产业发展和技能型人才成长需要，拓宽学习渠道，为人才可持续发展提供支撑

本专业学生家长对现代学徒制各方面的认知情况较好，其中"学校和企业'双主体'共同培养育人""专业设置与产业需求对接""课程内容与职业标准对接"和"职业教育与终身学习对接"等六个方面的认知清晰度均为100%(图 1-4-65)。

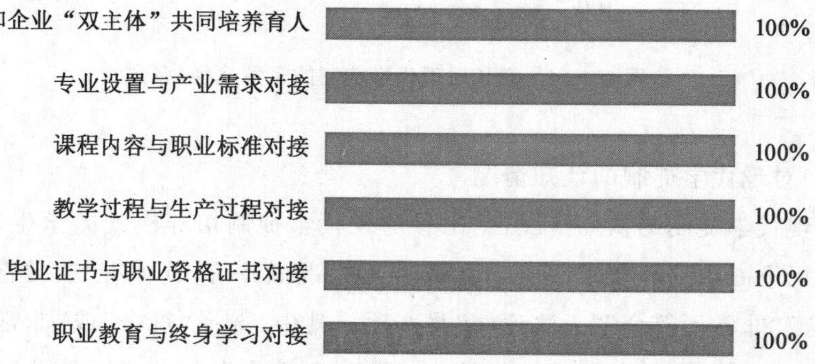

图 1-4-65　家长对现代学徒制的认知清晰度

(3)对现代学徒制的认可情况

对现代学徒制的认可情况：参与现代学徒制培养模式的学生家长是否愿意推荐现代学徒制培养模式给其他亲戚或朋友。计算公式的分子分别是回答"愿意""不愿意""不确定"的人数，分母是回答"愿意""不愿意""不确定"的总人数。

本专业有88%的学生家长愿意推荐现代学徒制培养模式给其他亲戚或朋友，12%的家长持"不确定"态度(图 1-4-66)。八成以上的学生家长愿意推荐现代学徒制，体现了本专业学生家长对现代学徒制的认可，也有利于后续专业招生、提高专业声誉等方面工作的开展。针对"不确定"推荐的家长，专业需进一步了解和访谈，更好地改进和完善现代学徒制培养模式。

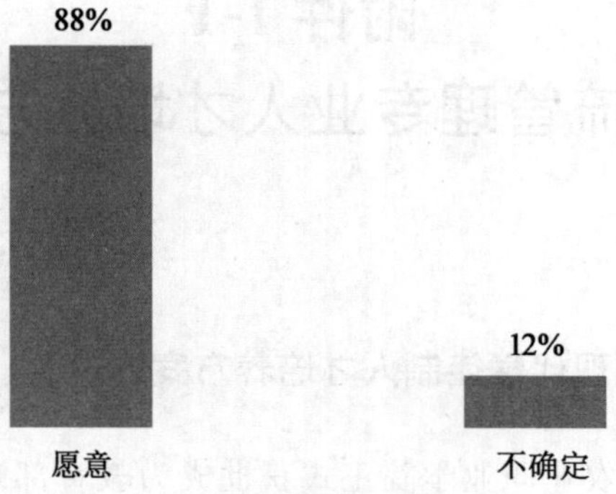

图 1-4-66　家长对现代学徒制的认可情况

附件 1-1
物流管理专业人才培养方案

一、关于物流管理专业现代学徒制人才培养方案的说明

2017 年 8 月，北京农业职业学院正式获批成为教育部现代学徒制第二批试点单位，物流管理专业是现代学徒制试点专业之一。

物流管理专业现代学徒制试点班级——物流 1711 班来自学院五年一贯制班级，项目启动时，学生已经完成 3 年中职阶段学习，试点工作在该班高职 2 年阶段完成。为了有效推进试点工作，实现双主体育人、工学交替，物流管理专业重点针对高职 2 年阶段，重新制定了五年一贯制人才培养方案，现说明如下。

1. 根据北京首都功能定位，调整职业面向

根据北京疏解非首都功能的要求，结合试点合作企业岗位需求，本专业对职业面向做了调整，重点面向合作企业采销部门、配送中心、门店从事采销管理、运输管理、仓储管理、门店运营、生鲜管理等中基层管理工作。

2. 依据典型工作任务及职业能力分析，完成课程体系重构

按照现代学徒制人才培养要求，本专业系统完成了典型工作任务及职业能力分析，重构了课程体系，包括取消了校内综合技能训练课、公共选修课、毕业实习，将课程模块重新划分为公共基础课程、专业课程和毕业设计，将专业课程细分为专业技术技能课程、学徒岗位能力课程和专业拓展课程。

3. 强调非专业能力培养，实现中高职课程有效衔接

中职阶段 3 年，试点班学生主要在校集中学习公共基础课程、部分专业课程，强调非专业能力的培养与提高。专业邀请了企业专家、优秀毕业生进校讲座，通过专业实践、企业参观形成岗位认知，为高职阶段在岗学习储备了知识、技能，实现了中高职课程的有效衔接。

高职阶段新旧人才培养方案对比见附表 1-1-1。

附表 1-1-1　高职阶段新旧人才培养方案对比表

序号	内容	现代学徒制人才培养方案	原人才培养方案	备注
1	职业面向	企业采销部门、配送中心、门店从事采销管理、运输管理、仓储管理、门店运营、生鲜管理等中基层管理工作	各类物流企业从事仓储、配送等物流作业与管理工作	无
2	典型工作任务及职业能力分析	系统分析，形成典型工作任务及职业能力分析表、分析报告	简单分析，列举岗位群	无
3	课程体系构成	公共基础课程、专业课程（专业技术技能课程、学徒岗位能力课程和专业拓展课程）、毕业设计	公共基础课、专业基础课、专业课、综合技能训练课、公共选修课、毕业实习	无
4	专业核心课	仓储与配送管理、物流客户管理、物流成本管理、物流市场营销、仓储与配送决策技术、连锁经营与管理	仓储与配送管理、物流成本管理、物流客户管理、仓储与配送决策技术	无
5	学时分配	集中授课、任务训练、在岗学习	理论、实践	无
6	考核方式	笔试、面试、任务考核	笔试为主	无
7	教师构成	校企双导师	校内导师为主，兼职教师为辅	无

北京农业职业学院

2017 年 8 月

二、物流管理专业人才培养方案

（一）专业名称（专业代码）

物流管理（630903）

（二）入学要求

普通中学毕业或具备同等学力

（三）基本修业年限

五年

(四)职业面向

1.就业领域

主要面向流通部门、流通企业、综合物流企业、农产品加工园区等涉及农产品物流的企业,从事采购及供应、门店运营管理、仓储管理、配送组织与管理、运输接单及调度、信息采集与处理、国际货运代理及报关业务的中基层管理工作。

2.初始岗位群

企业流通部门或物流企业仓管员、调度员、配送员、营业员、物流助理、销售助理、单证助理等。

3.发展岗位群

企业流通部门或物流企业仓储经理、运输经理、配送经理、门店店长、物流经理等。

(五)培养目标

以流通部门、流通企业、综合物流企业、农产品加工园区等涉及农产品物流的企业人才需求为依据,确定专业人才培养目标:培养德、智、体、美、劳等全面发展,具有良好的职业道德和综合职业能力,掌握现代化农产品物流知识和技能,具有扎实的市场营销、物流政策法规理解、仓储管理、成本控制、运输组织、配送管理、信息处理等专业能力,能够在流通部门或企业一线从事采购及供应、门店运营管理、仓储管理、配送组织与管理、运输接单及调度、信息采集与处理、国际货运代理及报关业务的复合型人才。

(六)培养规格

根据专业人才培养目标,以及毕业生在流通部门或企业所从事的工作岗位及岗位职业能力分析,确定物流管理专业人才培养规格。

1.知识要求

(1)一定的阅读和写作能力,正确的就业理念。

(2)较熟练掌握计算机科学理论和软硬件基础知识。

(3)掌握流通涉及的经济、管理、统计、心理、金融、会计、财务等基本知识和理论。

(4)根据流通工作中的统计、物流信息处理、仓储与配送决策、成本控制等要求,能够运用现代化仓储与配送技术对涉及的采购环节、仓储环节和配送环节进行科学管理、合理组织。

(5)能够熟练操作仓储、运输、货代等相关管理信息系统。

(6)掌握营销、采购、仓储、配送、客服、人力资源管理的知识。

(7)掌握运输、供应链管理、经济地理、连锁经营、农产品储运、货运代理的知识。

2.能力要求

(1)具有一定的英语应用能力,一定的听、说、读、写能力。

(2)能够较顺畅地阅读和书写本专业岗位所涉及的英文信息和相关技术资料。

(3)具有较强的计算机应用及基本操作能力。

(4)具有收集二手资料、设计市场调查问卷及进行抽样调查的基本能力。

(5)掌握农产品仓储业务流程与操作技能,具有仓库布局规划能力。

(6)具有配送方案的设计能力。

(7)具有仓储规划决策、库存控制决策、流通加工作业排序决策、运输路线决策、物流设施选址决策及物流项目管理决策能力。

(8)掌握货运代理及报关报检的相关技能。

(9)掌握进出口业务流程及要求,具有农产品外贸运作能力。

(10)能够在商务场景中使用英语语言知识和商务知识、技巧,处理国际商务事宜。

(11)具有生鲜营运能力,能够进行应急事件处理。

(12)具有生鲜、杂百采销业务管理的基本能力。

(13)掌握各类农产品鉴别与等级评定方法,具有农产品市场信息采集与分析的能力。

(14)具有店铺选址与规划的能力。

(15)具有连锁门店运营管理的能力。

3.素质要求

(1)坚定拥护中国共产党领导和我国社会主义制度,在习近平新时代中国特色社会主义思想指引下，践行社会主义核心价值观，具有深厚的爱国情感和中华民族自豪感。

(2)崇尚宪法、遵法守纪、崇德向善、诚实守信，尊重生命、热爱劳动，履行道德准则和行为规范，具有社会责任感和社会参与意识。

(3)具有质量意识、环保意识、安全意识，信息素养，工匠精神，创新思维。

(4)勇于奋斗、乐观向上，具有自我管理能力、职业生涯规划的意识，有较强的集体意识和团队合作精神。

(5)具有健康的体魄、心理和健全的人格，掌握基本运动知识和一两项运动技能，养成良好的健身与卫生习惯及良好的行为习惯。

(6)具有一定的审美和人文素养，能够形成一两项艺术特长或爱好。

(七)典型工作任务及职业能力

根据门店店长、运输经理、仓储经理、配送经理、供应链主管、销售员、单证员目标岗位，运用头脑风暴、文献研究、咨询专家、问卷调查、电话访谈等方法，开展职业能力分析行业企业专家研讨会，获得 10 项典型工作任务，以及 63 个工作项目，185 个工作任务，631 条职业能力点。附表 1-1-2 是典型工作任务与能力要求的对接表。

附表 1-1-2 典型工作任务与能力要求对接

序号	典型工作任务	工作任务及职业能力要求
1	物流门店运营	01,03,08,09
2	物流市场营销	04,05,06,07,10,11,12
3	物流企业管理	45,46,48,49,56
4	物料采购与管理	29,30,31
5	仓储管理	32,33,34,37,38,39,41,42,48
6	运输与配送	17,20,21,25,26,27,43,44,50,51,52
7	物流财务管理	36,41-02,41-03-02,44-03-01,48-05-05
8	国际物流实务	18,22
9	报关业务管理	13,14,15,16
10	供应链管理	57,58,59

注：工作任务及职业能力要求编号与职业能力分析表对应。

(八)职业资格证书

高级仓管员；

叉车操作证(自愿)。

(九)毕业条件

学生在学院规定年限内，达到以下要求，准予毕业，由学院颁发毕业证书。

(1)修完本专业人才培养方案规定的课程，取得 173 学分。

(2)在岗学习通过企业实操考核或答辩。

(3)原则上取得一个(含)以上本专业人才培养方案规定的职业资格证书。

(4)符合学院其他相关规定。

(十)课程设置及学时安排

1.总学时及课程模块构成

五年总学时 3 891 学时，课程模块分为公共基础课程和专业课程两个模块，专业课程分为专业技术技能课程、学徒岗位能力课程、专业拓展课程三类(附图 1-1-1)。公共基础课程是根据教育部有关规定安排，专业课程根据物流管理就业岗位群能力要求设置。专业技术技能课程依据不同就业岗位方向共同需要的职业能力要求设置，学徒岗位能力课程依据学徒目标培养岗位特定要求设置，专业拓展课程为学徒适应其他企业的岗位或创业的能力要求而设置。

高职阶段 2 年，开设 17 门课，共 1 326 学时。

公共基础课课程 10 门，1 551 学时，占总学时的 39.9%，其中高职阶段 2 门，84 学时，占高职阶段总学时的 6.3%；专业技术技能课程 18 门，1 494 学时，占总学时的 38.4%，其中高职阶段 8 门，594 学时，占高职阶段总学时的 44.8%；学徒岗位能力课程 6 门，468 学时，占总学时的 12.0%，其中高职阶段 4 门，342 学时，占高职阶段总学时的 25.8%；专业拓展课程 3 门，198 学时，占总学时的 5.1%，其中高职阶段 2 门，126 学时，占高职阶段总学时的 9.5%；毕业设计 180 学时，占总学时的 4.6%，在高职阶段完成，占高职阶段总学时的 13.6%。

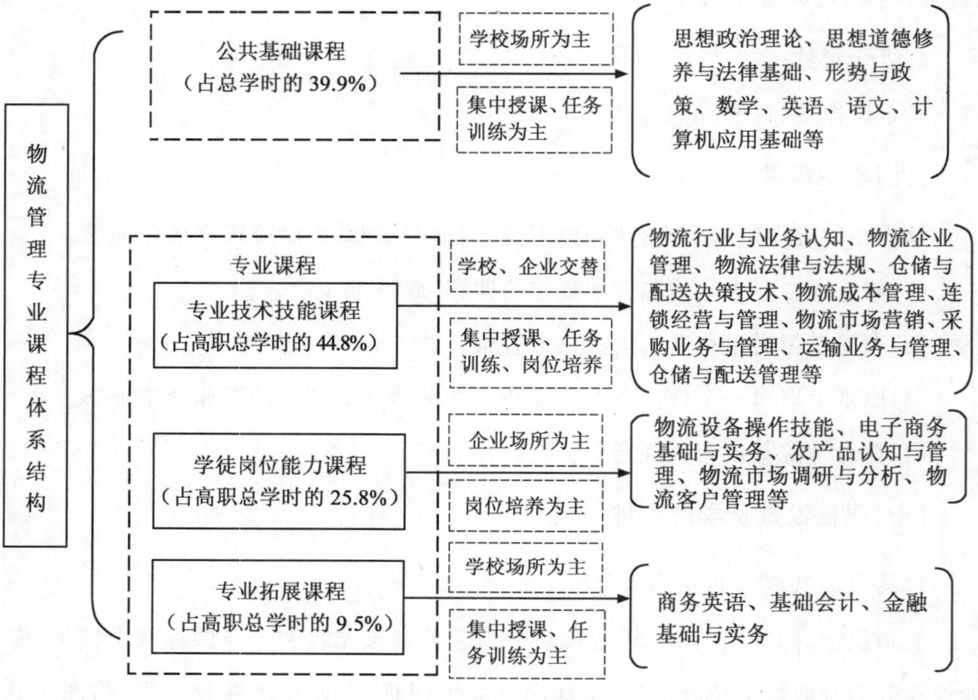

附图 1-1-1　物流管理专业课程体系结构图

2.课程基本内容与要求

根据本专业的人才培养目标，专业的核心课为物流客户管理、仓储与配送管理、仓储与配送决策技术、物流成本管理、连锁经营与管理、物流市场营销，可以考取高级仓管员、叉车操作证等证书。

(1)公共基础课程(附表 1-1-3)

附表 1-1-3　公共基础课程

序号	课程名称	主要教学内容和要求	参考学时
1	数学	讲授代数、几何、微积分等数学知识，使学生具备基本的数学运用能力	276
2	语文	通过汉语读、写训练，使学生具备较高的文字表达能力	276
3	英语	英语精读、听、说和写作。通过听、说、读、写基本训练，使学生获得英语基础知识，具有阅读英语资料和一般写作能力	338

续附表 1-1-3

序号	课程名称	主要教学内容和要求	参考学时
4	计算机应用基础	通过本课程的学习，让学生了解计算机系统的软硬件组成，中英文录入、操作系统使用（Windows）、常用办公软件（Word、Excel、PowerPoint）的应用，计算机网络与 Internet 应用以及常用工具软件的使用。通过该课程的学习，学生具有一定的计算机理论知识和操作技能，能够应用计算机进行日常办公，为今后进一步学习计算机有关知识奠定基础	276
5	思想政治理论	通过本课程的学习，使学生全面理解我国处于社会主义初级阶段的基本国情和党在社会主义初级阶段的基本路线和基本纲领，理解建设有中国特色的社会主义的经济、政治和文化的有关理论观点，提高运用马克思主义立场、观点、方法分析现实问题的能力	60
6	思想道德修养与法律基础	以马列主义、毛泽东思想和中国特色社会主义理论为指导，以高校培养目标为依据，按照“依法治国”“以德治国”“德法并举”的时代新要求，以大学生成人、成才为目标，教育大学生加强自身思想道德修养和法律修养的一门课程。通过学习，要求学生掌握道德（社会公德、家庭美德、职业道德）、理想信念、爱国主义、人生价值、民族精神道德传统、法制观念、法律基本知识等道德与法的基本概念、基本原理和基本知识	30
7	体育	课程遵循《学校体育工作条例》《全国普通高等学校体育课程教学指导纲要》及《关于进一步加强学校体育工作的若干意见》等文件要求，坚持“健康第一”的指导思想，结合我院教学条件设计，着力提高学生身体素质，培养学生的体育爱好、运动兴趣和技能特长，并着重培养学生的意志品质、合作精神和交往能力，使学生掌握科学锻炼的基础知识、基本技能和有效方法。教学中差别对待不同层次学生，使每个学生毕业时掌握至少两项终身受益的体育锻炼项目，养成良好的体育锻炼习惯和健康生活方式，终身受益	200
8	形势与政策	本课程帮助学生全面正确地认识党和国家面临的形势和任务，拥护党的路线、方针和政策，增强实现改革开放和社会主义现代化建设宏伟目标的信心和社会责任感，提高当代大学生投身于国家经济建设事业的自觉性和态度，明确自身的人生定位和奋斗目标。同时，使学生基本掌握该课程的基础理论知识、基本理论观点、分析问题的基本方法，并能够运用这些知识和方法去分析现实生活中的一些问题，把理论渗透到实践中，指导自己的行为	15

续附表 1-1-3

序号	课程名称	主要教学内容和要求	参考学时
9	军训 (3 周)	课程以《中华人民共和国国防法》《中华人民共和国兵役法》《中华人民共和国国防教育法》和《中共中央国务院关于深化教育改革全面推进素质教育的决定》(中发〔1999〕9 号)以及《国务院办公厅中央军委办公厅转发教育部总参谋部总政治部关于在普通高等学校和高级中学开展学生军事训练工作意见的通知》(国办发〔2001〕48 号)精神为依据,深入贯彻落实《普通高等学校军事课教学大纲》。按照教育要面向世界、面向未来、面向现代化的要求,努力提高学生的思想政治觉悟,激发爱国热情,增强国防观念和国家安全意识;进行爱国主义、集体主义和革命英雄主义教育,增强学生的组织性、纪律性,培养艰苦奋斗的作风,提高学生的综合素质;使学生掌握基本军事知识和技能,为中国人民解放军培养后备兵员和预备役军官,为国家培养社会主义事业的建设者和接班人	56
10	就业指导	通过教学,培养学生树立正确的人生观、价值观;增强就业主体意识及职业生涯发展的责任意识;引导学生客观自我评估,树立合理的职业目标;理性认识就业形势,把握就业政策,了解就业和创业流程,掌握求职方法与技巧,为顺利就业打下基础	24

(2)专业课程(附表 1-1-4 至附表 1-1-6)

附表 1-1-4　专业技术技能课程

序号	课程名称	主要教学内容和要求	参考学时
1	物流行业与业务认知	学习物流在现代经济中的作用,了解物流经营管理中采购、仓储、运输、包装、配送的主要环节,为后续具体掌握物流活动经营管理的方法和技能奠定基础	72
2	物流企业管理	学习管理学的基本理论和方法,包括决策、组织、控制、协调和创新等基本职能,企业经营目标与经营战略的制定、经营决策的方法以及企业生产经营要素的管理。掌握企业管理的原理和应用这些原理解决企业管理中问题的方法和手段;让学生应用所学的原理,处理生活、学习中的问题,学会学习方法、生活方法,提高学生素质,促进学生就业	216
3	物流法律与法规	学习《中华人民共和国食品安全法》《中华人民共和国公司法》《中华人民共和国合同法》《中华人民共和国票据法》、各类运输法规等与农产品流通活动密切相关的法律规定及典型案例	72

续附表 1-1-4

序号	课程名称	主要教学内容和要求	参考学时
4	公共关系	帮助学生掌握公共关系的内涵、基本理论和技能,使学生认识公共关系在现代管理中的性质、意义和作用,并能在工作中运用公关方法和技能	72
5	客户服务	帮助学生了解客户服务的内涵,掌握客户开发管理、客户沟通管理、客户满意度管理、客户忠诚度管理、客户互动管理、客户保持与客户流失管理、客户关系管理和客户服务质量管理的内容	72
6	物流财务管理	学习物流财务管理,掌握资金的筹集、资金的运用、资金的回收与分配过程	108
7	统计基础与实务	通过学习使学生掌握统计调查的程序、原则与方法,具备基本的统计计算和分析能力,并能运用统计方法指导物流管理工作	72
8	物流信息技术	学习物流信息系统的基础知识、条形码、数据库、物流管理信息系统、物流企业网络技术、物流 EDI、GPS 以及 GIS 技术的基本理论与应用	108
9	物流经济地理	通过对经济活动区位及其影响因素、区位论、产业布局、经济区划、区域发展规划、经济活动全球化等内容的学习,要求学生掌握经济地理学的基本理论、基本原理,能够分析和评价特定区域的产业布局条件,科学选择主导产业,制定区域经济发展战略和布局模式	72
10	仓储与配送决策技术★	主要讲解仓储决策:仓储规划决策、库存控制决策、流通加工作业排序决策;运输路线决策:两点间直送式运输路线决策、单回路分送式运输路线决策、多回路分送式运输路线决策、最小费用最大流的路线决策;货物调运及配装决策:多点间货物调运决策、运输工具货物配装决策;物流设施选址决策:单一设施连续点选址决策、多个设施连续点选址决策、离散点选址决策;物流项目管理决策:物流项目决策(物流企业内部网络布线、风险性项目决策、设备更新、项目资金分配、物流投资项目可行性)、项目任务指派	108
11	物流成本管理★	学习物流成本的预测、预算、计算、控制与分析的基本方法	54
12	供应链管理	认识供应链管理的基本理论,了解当前供应链管理在国内外发展的最新趋势和现状,了解供应链管理的基本技术和手段。引导学生理论与实践相结合,用新的理念、新的视点对供应链管理进行认识,培养学生的创新意识,培养学生理论和实践相结合的能力	72

续附表 1-1-4

序号	课程名称	主要教学内容和要求	参考学时
13	连锁经营与管理★	学习连锁经营模式的基本知识及管理的基本方法，重点是了解连锁企业的采购、库存、门店管理	54
14	国际物流与货运代理	国际物流部分，使学生了解和掌握国际物流的基础知识，包括国际物流系统与网络，国际货物运输与保险，海关监管与货物通关，国际物流服务与管理等，同时特别强调学生对国际物流业务流程和作业的技能掌握，注重理论联系实际。货运代理部分，让学生了解货运代理的基本概念，掌握货代的主要环节和各种操作过程	54
15	物流市场营销★	学习现代市场营销的基本理论，帮助学生掌握市场、市场细分、市场定位的内涵，策划物流市场营销活动，制定营销方案	72
16	运输业务与管理	掌握常用运输工具的特点与选择、各种运输业务的办理，以及运输合理化方案的制定与实施	54
17	采购业务与管理	掌握采购及采购管理的概念、采购运作的流程、采购谈判、采购合同及国际化采购的知识和方法；能够根据采购的需求制定企业采购计划	54
18	仓储与配送管理★	帮助学生掌握仓储作业的基本内容（入库、出库、盘点、分拣、包装、装卸搬运等技能）；掌握仓库的业务流程；掌握仓库相关人员的岗位职责及制度；掌握仓库布局规划能力；培养学生配送方案设计的能力	108

注："★"课程为专业核心能力课程。

附表 1-1-5　学徒岗位能力课程

序号	课程名称	主要教学内容和要求	参考学时
1	物流设备操作技能	掌握常用装卸搬运设备、集装化技术、仓储设施与设备、包装设备的使用与操作	54
2	电子商务基础与实务	掌握电子商务模拟软件使用及 B2B、B2C 流程	72
3	农产品认知与管理	重点介绍商品学、质量安全、农产品贸易等。掌握各类农产品的贮藏技术及其对储运的要求，掌握农产品储运业务流程与操作技能	108

续附表 1-1-5

序号	课程名称	主要教学内容和要求	参考学时
4	物流市场调研与分析	帮助学生掌握物流市场调研的内容、程序、方法，制定调研方案，开展主题调研活动，完成调研分析，形成调研报告	54
5	物流客户管理★	了解客户关系管理的基本意义，掌握客户开发、客户谈判、客户的维护与管理、客户的跟踪调研、客户的投诉处理	108
6	礼仪与沟通技巧	帮助学生掌握基本的社交礼仪、工作礼仪、服务礼仪等知识；掌握常用的沟通技巧，学会性格分析，掌控人性，自我提升	72

注："★"课程为专业核心能力课程。

附表 1-1-6　专业拓展课程

序号	课程名称	主要教学内容和要求	参考学时
1	商务英语	掌握扎实的英语语言基础知识，基本的商务知识、商务沟通、商务谈判技巧，以及在商务情景下的外贸、金融、财务等相关词汇、知识，并能够在商务场景中使用英语语言知识和商务知识、技巧，服务于国际商务事宜	54
2	基础会计	掌握会计的基本知识，能够进行基本出纳和会计记账工作	72
3	金融基础与实务	介绍现代金融理论和财政税收理论，使学生掌握与物业管理工作相关的金融知识和相关税种的计算	72

3. 校企融合课程体系表（附表 1-1-7）

附表 1-1-7　校企融合课程体系表

课程类别	课程	学分	总学时	学习方式学时分配			教学场所学时分配		考核方式	课程性质
				集中授课	任务训练	岗位培养	学校	企业		
公共基础课程	数学	15	276	276	0	0	276	0	①	必修课
	语文	15	276	200	76	0	276	0	①	必修课
	英语	19	338	188	150	0	338	0	①	必修课
	计算机应用基础	15	276	138	138	0	276	0	①	必修课
	思想政治理论	3	60	60	0	0	60	0	①	必修课
	思想道德修养与法律基础	2	30	30	0	0	30	0	①	必修课

续附表 1-1-7

课程类别	课程	学分	总学时	学习方式学时分配			教学场所学时分配		考核方式	课程性质
				集中授课	任务训练	岗位培养	学校	企业		
公共基础课程	体育	11	200	2	198	0	200	0	①③	必修课
	形势与政策	1	15	10	5	0	15	0	①③	必修课
	军训(3周)	3	56	56	0	0	56	0	①③	必修课
	就业指导	1	24	8	16	0	8	16	①③	必修课
	小计	85	1 551	968	583	0	1 535	16		
专业课程 专业技术技能课程	物流行业与业务认知	4	72	30	30	12	60	12	①	必修课
	物流企业管理	12	216	72	72	72	144	72	①③	必修课
	物流法律与法规	4	72	50	22	0	72	0	①	必修课
	公共关系	4	72	40	32	0	72	0	①	必修课
	客户服务	4	72	32	22	18	54	18	①③	必修课
	物流财务管理	6	108	48	24	36	72	36	①③	必修课
	统计基础与实务	4	72	40	32	0	72	0	①③	必修课
	物流信息技术	6	108	34	38	36	72	36	①③	必修课
	物流经济地理	4	72	36	36	0	72	0	①③	必修课
	仓储与配送决策技术★	6	108	56	52	0	108	0	①③	必修课
	物流成本管理★	3	54	24	12	18	36	18	①③	必修课
	供应链管理	4	72	36	18	18	54	18	①③	必修课
	连锁经营与管理★	3	54	24	12	18	24	30	①③	必修课
	国际物流与货运代理	3	54	36	18	0	54	0	①③	必修课
	物流市场营销★	4	72	36	12	24	48	24	①③	必修课
	运输业务与管理	3	54	36	18	0	54	0	①③	必修课
	采购业务与管理	3	54	36	18	0	54	0	①③	必修课
	仓储与配送管理★	6	108	40	32	36	72	36	①③	必修课
	小计	83	1 494	706	500	288	1 194	300		

续附表 1-1-7

课程类别		课程	学分	总学时	学习方式学时分配			教学场所学时分配		考核方式	课程性质
					集中授课	任务训练	岗位培养	学校	企业		
	学徒岗位能力课程	物流设备操作技能	3	54	18	0	36	18	36	①③	必修课
		电子商务基础与实务	4	72	36	0	36	36	36	①③	必修课
		农产品认知与管理	6	108	54	0	54	54	54	①③	必修课
		物流市场调研与分析	3	54	18	0	36	18	36	①③	必修课
		物流客户管理★	6	108	36	36	36	72	36	①③	必修课
		礼仪与沟通技巧	4	72	18	18	36	36	36	①③	必修课
		小计	26	468	180	54	234	234	234		
	专业拓展课程	商务英语	3	54	36	18	0	36	18	①③	选修课
		基础会计	4	72	54	18	0	72	0	①③	选修课
		金融基础与实务	4	72	54	18	0	72	0	①③	选修课
		小计	11	198	144	54	0	180	18		
毕业设计		毕业设计	6	180			180		180	②③	
总计			211	3 891	1 998	1 191	702	3 143	748		

说明：(1)考核方式：①笔试；②面试；③任务考核。(2)学分计算：理论(讲授、培训)16～18 学时为 1 个学分。(3)毕业设计、军训：每周 30 学时，一周 1 个学分。(4)企业：北京物美商业集团股份有限公司。(5)“★”课程为专业核心能力课程。

4. 教学进程表(附表 1-1-8)

附表 1-1-8　物流管理(现代学徒制)专业教学进程表

(2014 年 9 月—2019 年 7 月)

课程类别		课程	学分	总学时	各学期周数、学时分配										学习方式学时分配			教学场所学时分配		考核方式
					1	2	3	4	5	6	7	8	9	10	集中授课	任务训练	岗位培养	学校	企业	
					18	18	18	18	18	18	15	18	18	18						
公共基础课程	必修课	数学	15	276	4	4	4	4							276	0	0	276	0	①
		语文	15	276	4	4	4	4							200	76	0	276	0	①
		英语	19	338	4	4	4	4	2	2					188	150	0	338	0	①
		计算机应用基础	15	276	4	4	4	4							138	138	0	276	0	①
		思想政治理论	3	60		2					2				60	0	0	60	0	①
		思想道德修养与法律基础	2	30	2										30	0	0	30	0	①
		体育	11	200	2	2	2	2	2	2					2	198	0	200	0	①③
		形势与政策	1	15	1										10	5	0	15	0	①③
		军训(3 周)	3	56											56	0	0	56	0	①③
		就业指导	1	24									2		8	16	0	8	16	①③
		小计	85	1 551											968	583	0	1 535	16	

续附表 1-1-8

课程类别		课程	学分	总学时	各学期周数、学时分配										学习方式学时分配			教学场所学时分配		考核方式
					1	2	3	4	5	6	7	8	9	10	集中授课	任务训练	岗位培养	学校	企业	
					18	18	18	18	18	18	15	18	18	18						
专业课程	专业技术技能课程	物流行业与业务认知	4	72			4								30	30	12	60	12	①
		物流企业管理	12	216	4	4	4								72	72	72	144	72	①③
		物流法律与法规	4	72					4						50	22	0	72	0	①
		公共关系	4	72				4							40	32	0	72	0	①
		客户服务	4	72							4				32	22	18	54	18	①③
		物流财务管理	6	108					4	4					48	24	36	72	36	①③
		统计基础与实务	4	72								4			40	32	0	72	0	①③
		物流信息技术	6	108						6					34	38	36	72	36	①③
		物流经济地理	4	72					4						36	36	0	72	0	①③
		仓储与配送决策技术★	6	108							4	4			56	52	0	108	0	①③
		物流成本管理★	3	54									4		24	12	18	36	18	①③
		供应链管理	4	72									4		36	18	18	54	18	①③
		连锁经营与管理★	3	54									4		24	12	18	24	30	①③
		国际物流与货运代理	3	54									4		36	18	0	54	0	①③
		物流市场营销★	4	72				4							36	12	24	48	24	①③
		运输业务与管理	3	54						4					36	18	0	54	0	①③
		采购业务与管理	3	54						4					36	18	0	54	0	①③
		仓储与配送管理★	6	108						4	4				40	32	36	72	36	①③
		小计	83	1 494											706	500	288	1 194	300	

续附表 1-1-8

课程类别		课程	学分	总学时	各学期周数、学时分配										学习方式学时分配			教学场所学时分配		考核方式
					1	2	3	4	5	6	7	8	9	10	集中授课	任务训练	岗位培养	学校	企业	
					18	18	18	18	18	18	15	18	18	18						
专业课程	学徒岗位能力课程	物流设备操作技能	3	54						4					18	0	36	18	36	①③
		电子商务基础与实务	4	72					4						36	0	36	36	36	①③
		农产品认知与管理	6	108							4	4			54	0	54	54	54	①③
		物流市场调研与分析	3	54								4			18	0	36	18	36	①③
		物流客户管理★	6	108								4	4		36	36	36	72	36	①③
		礼仪与沟通技巧	4	72							4				18	18	36	36	36	①③
		小计	26	468											180	54	234	234	234	
	专业拓展课程	商务英语	3	54									4		36	18	0	36	18	①③
		基础会计	4	72					4						54	18	0	72	0	①③
		金融基础与实务	4	72								4			54	18	0	72	0	①③
		小计	11	198											144	54	0	180	18	
		毕业设计	6	180										30			180		180	②③
总计			211	3 891	25	24	26	26	24	30	22	24	26	30	1 998	1 191	702	3 143	748	

5. 授课教师情况（附表 1-1-9）

附表 1-1-9　本专业授课教师一览表

课程名称	姓名	学历	职称/职位	资格认定	所学专业	校/企导师
数学	吴莉	硕士研究生	讲师	市人事局	数学	学校
语文	王萃	硕士研究生	讲师	市人事局	中文	学校
英语	张红	硕士研究生	副教授	市人事局	英语	学校
计算机应用基础	万春旭	硕士研究生	副教授	市人事局	计算机	学校
思想政治理论	王海丽	硕士研究生	副教授	市人事局	政教	学校
思想道德修养与法律基础	王海丽	硕士研究生	副教授	市人事局	政教	学校
体育	马波	硕士研究生	副教授	市人事局	体育	学校
形势与政策	王海丽	硕士研究生	副教授	市人事局	政教	学校
就业指导	梁宇星 胡军珠	本科 硕士研究生	经理 副教授	物美集团 市人事局	人力资源 物流工程	企校
物流行业与业务认知	李忠国 邵国松	硕士研究生 本科	副教授 高级经理	市人事局 物美集团	农业经济管理 企业管理	校企
物流企业管理	李忠国 郑岩	硕士研究生 硕士研究生	副教授 区域督导	市人事局 物美集团	农业经济管理 物流管理	校企
物流法律与法规	李萍	硕士研究生	讲师	市人事局	国际法学	学校
公共关系	张天琪	硕士研究生	副教授	市人事局	农业推广	学校
客户服务	李微 石岩	本科 硕士研究生	培训专员 讲师	物美集团 市人事局	企业管理 物流管理	企校
物流财务管理	卢桂芬 邵国松	硕士研究生 本科	副教授 高级经理	市人事局 物美集团	会计 企业管理	校企
统计基础与实务	温春娟	硕士研究生	讲师	市人事局	工商管理	学校
物流信息技术	李忠国 李微	硕士研究生 本科	副教授 培训专员	市人事局 物美集团	农业经济管理 企业管理	校企
物流经济地理	张天琪	硕士研究生	副教授	市人事局	农业推广	学校
仓储与配送决策技术	李忠国	硕士研究生	副教授	市人事局	农业经济管理	学校
物流成本管理	卢桂芬 邵国松	硕士研究生 本科	副教授 高级经理	市人事局 物美集团	会计 企业管理	校企

续附表 1-1-9

课程名称	姓名	学历	职称/职位	资格认定	所学专业	校/企导师
供应链管理	郑岩 李忠国	硕士研究生 硕士研究生	区域督导 副教授	物美集团 市人事局	物流管理 农业经济管理	企校
连锁经营与管理	温春娟 邵国松	硕士研究生 本科	讲师 高级经理	市人事局 物美集团	工商管理 企业管理	校企
国际物流与货运代理	李萍 倪贺	硕士研究生 本科	讲师 经理	市人事局 货代企业	国际法学 物流管理	校企
物流市场营销	张天琪 李微	硕士研究生 本科	教授 培训专员	市人事局 物美集团	农业推广 企业管理	校企
运输业务与管理	胡军珠 王久辉	硕士研究生 本科	副教授 主管	市人事局 首农集团	物流工程 物流管理	校企
采购业务与管理	石岩	硕士研究生	讲师	市人事局	物流管理	学校
仓储与配送管理	胡军珠 王久辉	硕士研究生 本科	副教授 主管	市人事局 首农集团	物流工程 物流管理	校企
物流设备操作技能	郑岩 李忠国	硕士研究生 硕士研究生	区域督导 副教授	物美集团 市人事局	物流管理 农业经济管理	企校
电子商务基础与实务	李忠国 李微	硕士研究生 本科	副教授 培训专员	市人事局 物美集团	农业经济管理 企业管理	校企
农产品认知与管理	邵国松 张天琪	本科 硕士研究生	高级经理 教授	物美集团 市人事局	企业管理 农业推广	企校
物流市场调研与分析	李萍 江秀婷	硕士研究生 本科	讲师 经理	市人事局 物美集团	国际法学 人力资源	校企
物流客户管理	石岩 刘瑞莲	硕士研究生 本科	讲师 培训专员	市人事局 物美集团	物流管理 人力资源	校企
礼仪与沟通技巧	刘云 李小梅	本科 本科	讲师 经理	市人事局 物美集团	经济管理 企业管理	校企
商务英语	李萍 李小梅	硕士研究生 本科	讲师 经理	市人事局 物美集团	国际法学 企业管理	校企
基础会计	卢桂芬	硕士研究生	副教授	市人事局	会计	学校
金融基础与实务	胡基学	博士研究生	讲师	市人事局	财政金融	学校
毕业设计	沙菲 何艳琳	本科 硕士研究生	高级经理 副教授	物美集团 市人事局	人力资源 会计	企校

6. 本专业教材情况表(附表 1-1-10)

附表 1-1-10　本专业的教材情况

课程名称	教材名称	出版单位	教材类型					是否本校教师编著
			校本	精品教材		高职高专	其他	
				市级	国家级			
数学	高职数学	高等教育出版社				√		否
语文	高职语文	清华大学出版社				√		否
英语	高职英语项目化教程	南京大学出版社				√		否
计算机应用基础	计算机应用基础项目化教程	大连理工大学出版社				√		否
思想政治理论	高职思想政治理论课实践教程(第 2 版)	北京理工大学出版社				√		否
思想道德修养与法律基础	思想道德修养与法律基础	社会科学出版社					√	否
体育	体育	高等教育出版社					√	否
形势与政策	形势与政策	山东人民出版社					√	否
军训(3 周)							√	否
就业指导	职业生涯规划	上海交通大学出版社				√		否
物流行业与业务认知	现代物流概论	北京大学出版社				√		否
物流企业管理	管理学基础	高等教育出版社				√		否
	现代企业管理	清华大学出版社				√		否
物流法律与法规	法律基础与实务	清华大学出版社				√		否
	物流法律法规概论与案例(第 2 版)	北京交通大学出版社				√		否
公共关系	公共关系实务	清华大学出版社				√		否
客户服务	客户服务与管理	中国人民大学出版社				√		否

续附表 1-1-10

课程名称	教材名称	出版单位	教材类型					是否本校教师编著
			校本	精品教材		高职高专	其他	
				市级	国家级			
物流财务管理	物流企业财务核算	天津大学出版社				√		否
统计基础与实务	统计学基础	人民邮电出版社				√		否
物流信息技术	物流信息技术(第二版)	化学工业出版社				√		是
物流经济地理	物流经济地理	清华大学出版社				√		否
仓储与配送决策技术	物流决策分析技术	立信会计出版社				√		否
物流成本管理	物流成本管理实务	中国农业出版社				√		是
供应链管理	供应链管理(第2版)	西安电子科技大学出版社				√		否
连锁经营与管理	连锁经营与管理(第2版)	北京大学出版社				√		否
国际物流与货运代理	国际物流与货运代理	北京交通大学出版社				√		否
物流市场营销	市场营销实务	中国财政经济出版社				√		否
运输业务与管理	运输业务操作与管理	机械工业出版社				√		否
采购业务与管理	物流采购业务与管理	中国劳动社会保障出版社				√		否
仓储与配送管理	仓储与配送实务	中国人民大学出版社				√		是
物流设备操作技能	物流设备操作实务	高等教育出版社				√		否
电子商务基础与实务	电子商务实务	清华大学出版社				√		否
农产品认知与管理	农产品物流管理与实务	中国财富出版社				√		是
物流市场调研与分析	市场调研与分析	中国人民大学出版社				√		否

续附表 1-1-10

课程名称	教材名称	出版单位	教材类型					是否本校教师编著
			校本	精品教材		高职高专	其他	
				市级	国家级			
物流客户管理	物流客户开发与管理(第 2 版)	中国财务出版社				√		否
礼仪与沟通技巧	高职学生社交礼仪	中国农业大学出版社				√		否
	职业沟通技巧	高等教育出版社				√		否
商务英语	商务英语	教育科学出版社				√		否
基础会计	基础会计	厦门大学出版社				√		否
金融基础与实务	金融学基础	大连出版社				√		否

(十一)教学基本条件

实施校企联合培养,一体化育人,必备的基本条件:一是学校、企业、学生(家长)三方协同育人协议;二是协同育人的基本工作制度;三是企业有足够的学徒学习的工作岗位和必需的课程教学基本条件。

1. 学校条件

(1)学校导师条件

学校导师应有较强的职教能力和专业实践能力,原则上从具备以下条件的教师中挑选责任心强、教学满意度高的优秀教师担任现代学徒制学校导师。

①具备本科以上学历,讲师以上专业职称,有行业企业相关岗位工作经历和实践经验,具备物流或相关行业中级以上职级的职业资格。

②连续 5 年以上担任并独立完成本专业主干课程(不少于两门)教学任务,具有运用专业知识解决实际问题的能力,课程设计能力较强,教学效果满意度 90% 以上。

③职教理念先进,教学思路清晰,具有创新性思维,教学形式与内容能够满足

学徒岗位技术能力提升要求。

④关注物流及相关行业发展及市场需求,并对本专业学生主要就业岗位典型工作任务及能力要求有一定的认识和了解。

⑤参与学校教育教学改革及专业内涵建设工作,并按要求完成相应的工作任务,能够提出适合专业发展的建设性意见和策略。

(2)校内实训室

校内实训主要用于培训导师的专业实践能力,满足学徒岗位能力提升及专业拓展实践教学要求。校内实训室主要包括物流综合实训室,仓储实训室,超市连锁实训室(附表 1-1-11)。

附表 1-1-11 校内实训室概况

实训室名称	基本设备设施	实验实训主要内容	培养主要能力
物流综合实训室	计算机、服务器配套桌椅等	仓储管理系统;运输管理系统;物流客户服务;供应链管理系统等	物流相关信息平台的操作、使用能力;跨境采购业务的综合运用能力等
仓储实训室	货架、叉车、托盘、服务器、手持等	物流设备操作技能;仓储与配送管理任务训练	熟悉仓储工作中的计划管理、入库、出库、在库等各环节操作。培养学生叉车等设备的操作能力
超市连锁实训室	流利货架、周转笼、登高拣选车	物流财务;连锁经营与管理任务训练	超市门店日常业务管理和组织能力

2.企业条件

(1)企业导师条件

拥有一支技术能力、资历、年龄结构合理,实践经验丰富及业务素质高的企业中高层管理者和企业技术骨干组成的专业培训团队,能承担企业内部员工岗位晋升培训和新员工培训与考核工作。能根据企业发展要求,配合人力资源部门制订员工培训计划,组织培训与考核。

企业导师团队较为稳定,且数量(师徒比不低于 1∶5)及条件能满足教学要求，企业导师聘任条件如下：

①具有良好的职业道德和协作能力，良好的师德和自主学习能力。

②能服从学校的教学管理，遵守校企教学规章制度。

③有 3 年以上企业岗位工作经历，大专以上学历或主管以上职级。

④具有企业物流管理、门店运营管理、人力资源管理、技术服务、技术培训等岗位丰富工作经验的管理骨干和技术骨干，专业技术能力突出的一线优秀员工不受上述学历、职称限制。

(2)岗位培养条件

企业组织架构完整，管理制度健全，岗位管理规范；能按人才培养要求提供学徒岗位，且岗位培养的设施设备条件与学徒人数匹配，基本能满足学徒岗位培养要求。

(十二)质量保障

1.教学要求

公共基础课程要符合教育部有关教学的基本要求，重在培养学生的文化素养、服务学生专业学习和终身发展，突出“以学生为中心”的理念，强调学以致用，为学生综合素质的提高、自我学习能力的提升、职业素质的形成和可持续发展奠定基础。

专业课程的教学按职业岗位(群)的能力要求，充分体现双主体育人、双场所教学、校企一体化的现代学徒制特征。借鉴胡格模式教学法，采用案例分析、任务驱动、模拟教学、任务训练、角色扮演等教学方法，教学内容与安排遵循学徒认知规律及适合学徒工学交替的学习形式要求，发挥校企导师各自的教学优势，通过课程教学、基本技能训练、岗位培养，不断提高学生的专业能力和综合素质，以满足企业岗位需求。在教学过程中，教师可通过数字化资源、教学资源的开发与利用，结合岗位工作案例，提高课堂教学效果。

2.教学组织形式

中职阶段 3 年，试点班学生主要在校集中学习公共基础课程、部分专业课程，通过任务训练、专业实践、企业参观形成岗位认知，为在岗学习储备知识、技能；高职阶段2年，根据校企岗位培养条件，采取“工学交替”的教学组织形式，累计到企业进行至少6个月的在岗学习。在学校期间的教学任务安排以学校导师为主，在企业学习期间的教学任务安排以企业导师为主。学生在从学校到企业到岗位的过程中完成由学徒员工到实习员工到正式员工的角色转换。

3.学业评价

双导师共同制定考核评价标准，形成学生、学校、企业共同评价的考核评价体系。校内集中授课课程按照学院校内课程考核标准进行考核；工学交替课程在岗学习考核原则上按学徒工作态度、在岗学习表现等占30%，专业知识考核占30%，专业技能考核占40%。

考核评价方式有笔试、面试、任务考核等。根据课程的不同，每门课程采取以上一种或多种考核方式相结合的形式进行，考核成绩的比重由“双导师”团队依据课程目标自行设计。

4.教学管理

教师教育教学质量评价考核由学生评价、教务评价、试点专业专家指导委员会评价、系部评价四部分组成，主要对教学态度、职业道德、教学水平、教学效果、双师素质、教学投入、教学改革等进行评价。

学校负责在校教学的学校导师、场所、设备以及集中讲授教学安排等；企业负责岗位学习的企业导师、场所、设备、集中培训、任务训练及在岗培养计划等。双导师负责课堂和岗位学习管理及考核评价；学徒双身份既遵守学校学生管理规定，又执行企业员工管理制度。

5.质量监控

学校成立校企领导共同参与的现代学徒制试点工作领导小组，教务处、督导室、专业指导委员会在领导小组指导下，开展质量评价和监控工作。专业建设指导委员会名单见附表1-1-12。

附表 1-1-12 专业建设指导委员会名单

姓名	职称/职务	单位	特长专业
沙菲	高级经理	北京物美商业集团股份有限公司	人力资源管理
梁宇星	经理	北京物美商业集团股份有限公司	人力资源管理
周国烛	教授	北京电子科技职业技术学院	教学管理
于桂红	教授	北京信息职业技术学院	物流管理
王久辉	主管	北京三新冷藏储运有限公司	物流管理
何艳琳	副教授	北京农业职业学院	成本管理
张晖	副研究员	北京农业职业学院	教学管理

附件 1-2

工商企业管理专业人才培养方案

（一）专业名称（专业代码）

工商企业管理（630601）

（二）入学要求

普通高级中学毕业、中等职业学校毕业或具备同等学力

（三）基本修业年限

三年

（四）职业面向

1.就业领域

企事业单位的人力资源管理、客户管理、商务办公管理、运营管理、市场推广等管理部门工作或自主创业。

2.初始岗位群

企事业单位人事专员、客户管理专员、行政专员、市场推广专员、连锁企业储备店长或自主创业等。

3.发展岗位群

企事业单位人事经理、客户管理经理、行政经理、市场推广经理、连锁企业店长或自主创业等。

（五）培养目标

培养德、智、体、美、劳等全面发展，具有良好职业道德和综合职业能力，具备从事现代企业经营与管理的基本理论知识，掌握企业人力资源管理、客户管理、商务办公管理、运营管理、推广策划等专业技能，适应企业人力资源、客户管理、办公室、运营管理、推广策划等部门一线管理岗位，连锁企业门店店长或自主创业的高素质技能型专门人才。

(六)培养规格

1. 知识要求

通过学习,毕业生应获得以下几方面的知识:

(1)掌握一定的人文社会科学知识。

(2)掌握本专业必备的自然科学基础知识。

(3)掌握必备的英语、计算机及其应用的基础知识。

(4)掌握本专业必备的经济学、管理学等基本知识。

(5)掌握本专业必需的财务、人力资源、客户管理、商务办公管理、推广策划、连锁企业门店管理与经营等方面的专业知识。

(6)具有基本的经济法律知识。

(7)掌握马列主义、毛泽东思想的基本原理和中国特色社会主义理论知识。

2. 能力要求

(1)具有基本的英语应用和计算机应用能力。

(2)具有一定的批判性思维能力以及初步的管理科学研究和综合管理工作能力。

(3)具备人员选拔与配置、团队沟通、绩效管理和有效激励等团队组建及成员激励能力。

(4)具备识别客户、开发客户、维系客户、客户互动设计的能力。

(5)具备Office办公软件应用能力、办公文件写作能力、会议日程安排和组织的能力。

(6)具备活动的策划、组织和实施能力。

(7)具备数据意识和管理数据分析应用能力。

(8)具备商业连锁企业门店的店面运营管理能力。

3. 素质要求

(1)具有探究学习、终身学习、分析问题和解决问题的能力。

(2)具有良好的语言、文字表达能力,沟通能力和谈判能力。

(3)具有创业精神、创新意识和良好的职业道德。

(4)具有健全的心理和健康的体魄。

(5)具有团队合作精神以及较强的抗压能力。

(七)典型工作任务及职业能力

根据店长、餐厅经理、市场主管、行政主管、人资主管等目标岗位,运用头脑风暴、文献研究、咨询专家、问卷调查、电话访谈等方法,开展职业能力分析行业企业专家研讨会,获得13项典型工作任务,以及41个工作项目,162个工作任务,498条职业能力点。附表1-2-1是典型工作任务与能力要求的对接表。

附表1-2-1　典型工作任务与能力要求对接

序号	典型工作任务	工作任务及职业能力要求
1	办公事务管理	18
2	行政事务管理	15,16,17
3	人力资源管理	19,20,21,22,23,24,25
4	餐厅与门店服务	02,03,04,05,06,11,12,13
5	门店管理与经营	07,08,09,10,14
6	商品管理	05-02,26,27,28,33
7	货物及物资盘点	05-03,14-06
8	财务及账务管理	10-02,13-04,14-03,23-03,35
9	需求调研与市场分析	20,38,40-01
10	成本管控	10-04-01,14-03-06,25-02-02
11	盈利分析	10-04
12	客户关系开拓、管理与维护	04-03,08-02-06,08-02-07,17-01-02
13	市场营销策划	39,40,17-01-01,38-01

注:工作任务及职业能力要求编号与职业能力分析表对应。

(八)职业资格证书

商务管理师；

助理人力资源管理师(国家职业资格四级)证书；

助理营销师(三级)；

助理经营师证书。

(九)毕业条件

学生在学院规定年限内，达到以下要求，准予毕业，由学院颁发毕业证书。

(1)修完本专业人才培养方案规定的课程，取得 133 学分；

(2)取得一个(含)以上本专业人才培养方案规定的职业资格证书；

(3)符合学院其他相关规定。

(十)课程设置及学时安排

1.总学时及课程模块构成

总学时 2 730 学时，课程模块分为公共基础课程和专业课程两个模块，专业课程分为专业技术技能课程、学徒岗位能力课程、专业拓展课程三类(附图 1-2-1)。公共基础课程是根据教育部有关规定安排，专业课程根据工商企业管理就业岗位群能力要求设置。专业技术技能课程依据不同就业岗位方向共同需要的职业能力要求设置，学徒岗位能力课程依据学徒目标培养岗位特定要求设置，专业拓展课程为学徒适应其他企业的岗位或创业的能力要求而设置。

公共基础课程 10 门，678 学时，占总学时的 25%；

专业技术技能课程 14 门，1 422 学时，占总学时的 52%；

学徒岗位能力课程 5 门，432 学时，占总学时的 16%；

专业拓展课程 5 门，198 学时，占总学时的 7%。

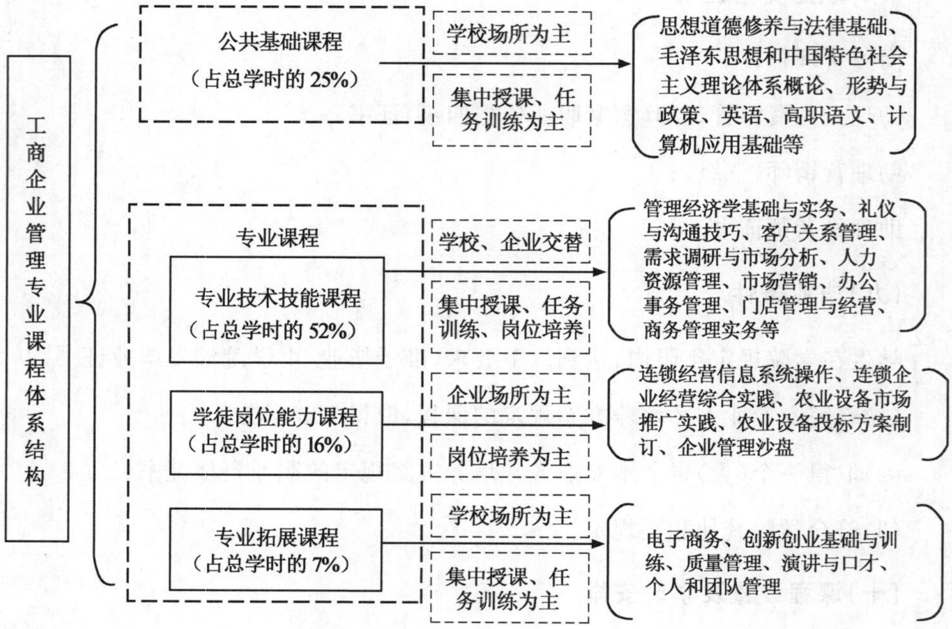

附图 1-2-1　工商企业管理专业课程体系结构图

2.课程基本内容与要求

根据本专业的培养目标，专业的核心课为客户关系管理、需求调研与市场分析、门店管理与经营、人力资源管理、商务管理实务、市场营销，学生可以考取助理人力资源管理师、商务管理师、品类管理师、助理营销师等证书。

(1)公共基础课程(附表 1-2-2)

附表 1-2-2　公共基础课程

序号	课程名称	主要教学内容和要求	学时
1	思想道德修养与法律基础	本课程是以马列主义、毛泽东思想和中国特色社会主义理论为指导，以高校培养目标为依据，按照“依法治国”“以德治国”“德法并举”的时代新要求，以大学生成人、成才为目标，教育大学生加强自身思想道德修养和法律修养的一门课程。通过学习，要求学生掌握道德(社会公德、家庭美德、职业道德)、理想信念、爱国主义、人生价值、民族精神道德传统、法制观念、法律基本知识等道德与法的基本概念、基本原理和基本知识	60

续附表 1-2-2

序号	课程名称	主要教学内容和要求	学时
2	毛泽东思想和中国特色社会主义理论体系概论	本课程是进行中国特色社会主义理论与实践教育的必修课，让学生正确理解毛泽东思想、中国特色社会主义理论的科学体系、精神实质和立场、观点、方法，树立建设中国特色社会主义的坚定信念，培养学生运用马克思主义的立场、观点和方法分析和解决问题的能力，自觉执行党的基本路线和基本纲领，爱岗敬业	54
3	形势与政策	本课程是高校思想教育的必修课，可采取在线教学等方式。通过本课程的学习，学生能了解国际、国内形势，全面正确认识党和国家面临的形势和任务，正确理解并拥护党的路线、方针和政策，增加学生的爱国主义责任感和使命感，增强实现社会主义现代化建设宏伟目标的信心和社会责任感，自觉自愿投身于国家经济建设事业，明确自身的人生定位和奋斗目标	33
4	英语	本课程以行业发展需求为导向，结合职业岗位要求，以培养学生具备运用英语交流沟通的基本能力为目标，侧重职场环境下使用英语进行交流与沟通的能力培养，以网络教学、集中面授等方式，增强学生的学习兴趣和自主学习能力，为提升学生的就业竞争力及未来的可持续发展打下必要的基础	132
5	体育	本课程培养学生的体育爱好、运动兴趣和技能特长，并重培养学生的意志品质、合作精神和交往能力，使学生掌握科学锻炼的基础知识、基本技能和有效方法，提高学生身体素质	102
6	高职语文	本课程让学生感受、领悟祖国语言文字的巨大魅力，激发学生的想象力与创造力，倡导学生的独立精神与合作意识，培育和滋养其健全的人格与社会关怀意识以及社会责任感；使学生掌握常用应用文种的格式和方法，提高写作技能，为其将来参加工作、满足社会对应用文写作日益迫切的需求做准备，同时促进学生各类专业课程的学习	81
7	计算机应用基础	本课程让学生了解计算机系统的软硬件组成，中英文录入、操作系统使用（Windows）、常用办公软件（Word、Excel、PowerPoint）的应用，计算机网络与 Internet 应用以及常用工具软件的使用。通过该课程的学习，学生具有一定的计算机理论知识和操作技能，能够应用计算机进行日常办公、家庭娱乐，并为今后进一步学习计算机有关知识奠定基础。课程结束后，学生达到全国计算机等级考试一级水平	60

续附表 1-2-2

序号	课程名称	主要教学内容和要求	学时
8	职业生涯规划与就业指导	本课程内容与企业员工职业生涯发展规划相融合，运用职业目标、职业意识、职业岗位要求和创业准备等教学案例，培养学生的社会能力和方法能力，提高其岗位适应能力；让学生理解职业与成才的关系，理解职业生涯设计的意义和基本内容；让学生学会认识自己和社会，了解企业的行为规范，形成职业意识及职业生涯设计	51
9	大学生心理	本课程宣传和普及心理保健知识，帮助学生认识健康心理对成长成才的重要意义。指导学生树立心理保健意识，认识心理活动的规律和自身个性的特点。掌握心理健康知识和心理调适方法，学会化解心理困扰。培养健全人格，促进全面发展。主要学习内容包括心理健康的认识；情绪的管理；气质与性格的自我认知；恋爱心理与爱的能力的培养	15
10	军训	本课程按照教育要面向世界、面向未来、面向现代化的要求，努力提高学生的思想政治觉悟，激发爱国热情，增强国防观念和国家安全意识；进行爱国主义、集体主义和革命英雄主义教育，增强学生的组织性、纪律性，培养艰苦奋斗的作风，提高学生的综合素质；使学生掌握基本军事知识和技能，为中国人民解放军培养后备兵员和预备役军官、为国家培养社会主义事业的建设者和接班人	90

(2)专业课程(附表 1-2-3 至附表 1-2-5)

附表 1-2-3　专业技术技能课程

序号	课程名称	主要教学内容和要求	学时
1	管理经济学基础与实务	本课程主要教学内容包括管理学基本原理、经济学基本理论与方法、企业案例分析等。掌握计划、组织、指挥、协调、控制等管理学的基本理论和知识，能够发现管理问题、分析原因、制定解决方案，运用 PDCA 管理优化工具等持续改进管理，熟悉宏观经济和微观经济环境分析方法，分析和解决企业经营过程中的经济和管理问题	90
2	礼仪与沟通技巧	本课程主要教学内容包括仪容仪表、服务礼仪、接受预定、安排座位、迎送宾客、接待等。能够按企业仪容仪表标准进行着装、发型(标准)、妆容、配饰，掌握站、坐、行等与行业相关的服务礼仪，掌握基本服务用语及接待服务流程，掌握咨客沟通话术及技巧	90

续附表 1-2-3

序号	课程名称	主要教学内容和要求	学时
3	服务行业企业认知	本课程主要教学内容包括服务行业认知、企业认知、公司制度等。了解服务行业发展趋势、服务行业企业文化,熟悉合作企业的公司制度、产品知识	36
4	客户关系管理★	本课程主要教学内容包括识别客户、建立客户关系、提高客户满意度和忠诚度、客户服务、客户关系管理系统应用等。具备主动留档意识(客户信息、购买记录),做好后期跟进维护,掌握开发新客户的方法(老带新,深度挖掘客户资源等),掌握拜访、电话、微信联系客户的技巧与礼仪,掌握基本的危机处理能力(突发事件处理、投诉等),根据 VIP 接待标准准备 VIP 接待工作及安排,能主动跟进 VIP 服务(确保满意度),能根据餐厅或门店顾客信息管理标准维护顾客数据库	108
5	需求调研与市场分析★	本课程主要教学内容包括产品认知、制定市场调查方案、市场调查方法、组织实施市场调查、分析市场调查资料、编写市场调查报告等。掌握影响消费者购买行为的因素和调查问卷设计的原则和要求,能用相关原理制订市场调查计划,能设计所在行业消费者需求调查问卷,能撰写市场调查报告,根据市场调查结论,选定市场策划主题	108
6	市场营销★	本课程主要教学内容包括市场分析、市场战略、市场组合策略和营销计划、执行、组织与控制。掌握市场细分的依据及方法,理解产品整体概念和产品组合,了解相关行业定价的基本理论依据,掌握企业定价的基本方法和策略,能用促销组合原理提供出简单的、具有可操作性的促销策划,能编制营销策划书	90
7	办公事务管理	本课程主要教学内容包括办公室环境管理、办公室接待、信息管理、公文管理、会务与活动管理、日常事务管理等。熟悉公司内、外部各类公关、宣传、演示、文体等活动的规章制度及流程,熟悉国家及地方对各类企业相关证照的相关规定及办理流程(营业执照、开户行证明等),掌握公司内部事务性安排内容、安排、注意事项等	90
8	门店管理与经营★	本课程主要教学内容包括清理传菜、产品制作,接待、服务、外场开店打烊,设备清洁,收银、成本核算,订货,餐厅营销,软件系统操作等。熟知产品的特点、价位、规格、卖点、功能、销售政策;熟悉各种材质的器具清洁方法及标准;能够对员工进行日常管理(排班、考勤、纪律);能够审核店面账目;熟知对账流程;熟练使用公司所使用的系统查询库存、销量;能够定期统计数据、做好销售分析,制订下一步销售计划	144

续附表 1-2-3

序号	课程名称	主要教学内容和要求	学时
9	人力资源管理★	本课程主要教学内容包括工作分析、人力资源规划、人员招聘与甄选、人员培训、薪酬管理、绩效管理、劳动关系管理等。熟悉公司的招聘渠道及流程、面试流程和话术，了解社保、公积金申请流程和办理手续，能制作薪酬福利方案，熟悉国家对人资领域的相关政策(社保、劳动法、用工风险、劳动纠纷等)，熟悉公司的离职流程、相关表格填写	108
10	商务管理实务★	本课程主要教学内容包括法务管理、商务合同管理、招标与投标、商务公关专题活动策划、商务公共关系危机处理等。掌握公司企业文化，能制定公司制度文件，能审查法务文书，根据国家法定节假日规定，结合公司实际情况，建立和完善公司节假日制度，熟悉公司各类行政事务流程及规定，掌握几种常见商务文书的写作，如投标书制作	108
11	连锁门店商品管理	本课程主要教学内容包括商品分类、商品采购管理、商品货架管理、商品仓储管理等。能根据产品代码、名称、外包装，快速识别货品；能够按货物类别进行分区整理、按照门店陈列标准进行产品陈列；了解进销存，并填写相关单据；根据破损率制订采购计划	90
12	公共关系实务	本课程主要教学内容包括公共关系的职能、主体、客体、手段，公共关系的工作程序、公共关系活动步骤、公共关系的危机管理、外围关系处理等。具备外部链接与服务能力(接待、行业交流、商务谈判、辅助市场销售)	90
13	财务管理	本课程主要教学内容包括财务及账务管理、成本管控、盈利分析等。能够做好月度账务盘点及数据的汇总(月度进销存)；熟知发票开具流程与规则；按照国家税法规定规范操作，规避财务风险；根据餐厅或门店运营情况控制成本(食品、饮料、人员、装饰、推广等)	90
14	毕业设计		180

注："★"课程为专业核心能力课程。

附表 1-2-4　学徒岗位能力课程

序号	课程名称	主要教学内容和要求	学时
1	连锁经营信息系统操作	本课程主要与合作企业"北京必胜客比萨饼有限公司"餐厅储备经理岗位工作任务对接，主要内容为必胜客餐厅信息系统操作，包括收银、盘点、理货、票据出具、客户预定、登记客情、点单、结账等，以师带徒、岗位培养方式，熟悉信息系统各项操作，灵活运用系统的各项功能提高工作效率	72

续附表 1-2-4

序号	课程名称	主要教学内容和要求	学时
2	连锁企业经营综合实践	本课程主要与合作企业“北京必胜客比萨饼有限公司”餐厅储备经理岗位工作任务对接，主要内容为储备经理岗位涉及的各项工作，包括辅助餐厅经理工作、门店经营、咨客服务、餐厅服务、收银等，以师带徒、岗位培养方式，熟练掌握连锁餐饮/门店的管理与经营	108
3	农业设备市场推广实践	本课程主要与合作企业农芯科技市场推广岗位工作任务对接，主要内容为植保机的市场调查与分析，以师带徒、岗位培养方式，熟悉农业设备产品特点、客户需求调研、开发产品市场推广途径等，提高企业产品市场推广效果	90
4	农业设备投标方案制订	本课程主要与合作企业农芯科技市场推广岗位工作任务对接，主要内容为植保机项目投标书制定，以师带徒、岗位培养方式，熟悉企业项目投标流程，并制定项目投标文件	90
5	企业管理沙盘	本课程运用物理沙盘、电子沙盘模拟企业经营过程，使学生熟悉企业的经营过程，提高学生在人、财、物等方面的综合管理能力	72

附表 1-2-5　专业拓展课程（5 门选 3 门）

序号	课程名称	主要教学内容和要求	学时
1	电子商务	本课程的主要教学内容包括电子商务的基础知识及其在网络营销等方面的应用。了解电子商务在企业中的应用，掌握网络营销手段和实施	54
2	创新创业基础与训练	本课程的主要教学内容包括创新创业思维训练、创新创业软件操作、创业计划书制订等。掌握创业的要素、创业计划书的写作，具备创新性思维	36
3	质量管理	本课程的主要教学内容包括质量管理标准、企业质量管理、过程控制常用的工具、质量检验、质量成本管理等。熟悉 ISO 9000 族标准的构成，掌握几种常见的质量检验方法，了解质量成本控制的方法	36
4	演讲与口才	本课程的主要教学内容包括口才概述、演讲口才、口才艺术、社交口才、朗诵口才、公关口才等。掌握口才的训练技巧，提高现场演讲水平和口头表达能力	36
5	个人和团队管理	本课程的主要教学内容包括破冰游戏、团队组建、项目团队角色扮演、演练团队沟通技巧、测评等。提升通用管理能力和管理素质水平	36

3.校企融合课程体系表(附表 1-2-6)

附表 1-2-6　课程体系表

课程类别	课程	学分	总学时	学习方式学时分配			教学场所学时分配		考核方式	课程性质
				集中授课	任务训练	岗位培养	学校	企业		
公共基础课程	思想道德修养与法律基础	3.5	60	60	0	0	60	0	①	必修课
	毛泽东思想和中国特色社会主义理论体系概论	3	54	54	0	0	54	0	①	必修课
	形势与政策 1	1	15	15	0	0	15	0	①	必修课
	形势与政策 2	1	18	18	0	0	18	0	①	必修课
	英语 1	3.5	60	60	0	0	60	0	①	必修课
	英语 2	4	72	72	0	0	72	0	①	必修课
	体育 1	1.5	30	30	0	0	30	0	③	必修课
	体育 2	2	36	36	0	0	36	0	③	必修课
	体育 3	2	36	36	0	0	36	0	③	必修课
	高职语文 1	2.5	45	45	0	0	45	0	①	必修课
	高职语文 2	2	36	36	0	0	36	0	①	必修课
	计算机应用基础	3.5	60	60	0	0	60	0	①	必修课
	职业生涯规划与就业指导 1	1	15	0	15	0	15	0	②	必修课
	职业生涯规划与就业指导 2	2	36	18	18	0	36	0	①②	必修课
	大学生心理	1	15	15	0	0	15	0	①	必修课
	军训	3	90	0	90	0	90	0	③	必修课
	小计	36.5	678	555	123	0	678	0		
专业课程　专业技术技能课程	管理经济学基础与实务	5	90	36	54	0	90	0	①③	必修课
	礼仪与沟通技巧	5	90	18	18	54	90	0	①②	必修课
	服务行业企业认知	2	36	6	0	30	6	30	①③	必修课
	客户关系管理★	6	108	54	10	44	64	44	①③	必修课
	需求调研与市场分析★	6	108	36	36	36	54	54	①③	必修课
	市场营销★	5	90	36	18	36	90	0	①③	必修课
	办公事务管理	5	90	27	36	27	36	54	①③	必修课
	门店管理与经营★	8	144	72	36	36	72	72	①③	必修课
	人力资源管理★	6	108	36	18	54	72	36	①③	必修课
	商务管理实务★	6	108	54	0	54	72	36	①③	必修课
	连锁门店商品管理	5	90	36	18	36	54	36	①③	必修课
	公共关系实务	5	90	36	10	44	54	36	①③	必修课
	财务管理	5	90	54	0	36	54	36	①③	必修课
	毕业设计	6	180	0	0	180	0	180	③	必修课
	小计	75	1 422	501	254	667	808	614		

续附表 1-2-6

课程类别			课程	学分	总学时	学习方式学时分配			教学场所学时分配		考核方式	课程性质
						集中授课	任务训练	岗位培养	学校	企业		
专业课程	学徒岗位能力课程	企业1	连锁经营信息系统操作	4	72	0	36	36	0	72	②③	限选课
			连锁企业经营综合实践	6	108	0	18	90	0	108	②③	限选课
		企业2	农业设备市场推广实践	5	90	0	36	54	0	90	②③	限选课
			农业设备投标方案制订	5	90	0	36	54	0	90	②③	限选课
			企业管理沙盘	4	72	0	72	0	72	0	③	必修课
			小计	24	432	0	198	234	72	360		
	专业拓展课程	必修课	电子商务	3	54	36	18	0	54	0	①③	必修课
			创新创业基础与训练	2	36	18	18	0	36	0	③	必修课
		选修课	质量管理	2	36	18	18	0	36	0	①③	选修课
			演讲与口才	2	36	18	18	0	36	0	②	选修课
			个人和团队管理	2	36	18	18	0	36	0	②③	选修课
			小计	11	198	108	90	0	198	0		
			总计	146.5	2 730	1 164	665	901	1 756	974		

说明：(1)考核方式：①笔试；②面试；③任务考核。(2)学分计算：理论(讲授、培训)16～18学时为1个学分。(3)毕业设计、军训：每周30学时，一周1个学分。(4)专业能力拓展3门任选1门。(5)企业1：北京必胜客比萨饼有限公司，企业2：农芯科技(北京)有限责任公司。(6)"★"课程为专业核心能力课程。

4. 教学进程表(附表 1-2-7)

附表 1-2-7　工商企业管理专业教学进程表

课程类别	课程	学分	总学时	各学期周数、学时分配						学习方式学时分配			教学场所学时分配		考核方式
				1	2	3	4	5	6	集中授课	任务训练	岗位培养	学校	企业	
				18	18	18	18	18	18						
公共基础课程	思想道德修养与法律基础	3.5	60	4						60	0	0	60	0	①
	毛泽东思想和中国特色社会主义理论体系概论	3	54		3					54	0	0	54	0	①
	形势与政策 1	1	15	1						15	0	0	15	0	①
	形势与政策 2	1	18		1					18	0	0	18	0	①
	英语 1	3.5	60	4						60	0	0	60	0	①
	英语 2	4	72		4					72	0	0	72	0	①
	体育 1	1.5	30	2						30	0	0	30	0	③
	体育 2	2	36		2					36	0	0	36	0	③
	体育 3	2	36			2				36	0	0	36	0	③
	高职语文 1	2.5	45	3						45	0	0	45	0	①
	高职语文 2	2	36			2				36	0	0	36	0	①
	计算机应用基础	3.5	60		4					60	0	0	60	0	①
	职业生涯规划与就业指导 1	1	15	1						0	15	0	15	0	②
	职业生涯规划与就业指导 2	2	36				2			18	18	0	36	0	①②
	大学生心理	1	15	1						15	0	0	15	0	①
	军训	3	90	3周						0	90	0	90	0	③
	小计	36.5	678	16	14	4	2			555	123	0	678	0	

续附表 1-2-7

课程类别			课程	学分	总学时	各学期周数、学时分配						学习方式学时分配			教学场所学时分配		考核方式
						1	2	3	4	5	6	集中授课	任务训练	岗位培养	学校	企业	
						18	18	18	18	18	18						
专业课程	专业技术技能课程		管理经济学基础与实务	5	90	6						36	54	0	90	0	①③
			礼仪与沟通技巧	5	90		5					18	18	54	90	0	①②
			服务行业企业认知	2	36	3						6	0	30	6	30	①③
			客户关系管理★	6	108				4	2		54	10	44	64	44	①③
			需求调研与市场分析★	6	108				4	2		36	36	36	54	54	①③
			市场营销★	5	90		3		2			36	18	36	90	0	①③
			办公事务管理	5	90			3		2		27	36	27	36	54	①③
			门店管理与经营★	8	144			4	4			72	36	36	72	72	①③
			人力资源管理★	6	108			4		2		36	18	54	72	36	①③
			商务管理实务★	6	108				4		2	54	0	54	72	36	①③
			连锁门店商品管理	5	90			3		2		36	18	36	54	36	①③
			公共关系实务	5	90			3		2		36	10	44	54	36	①③
			财务管理	5	90			3		2		54	0	36	54	36	①③
			毕业设计	6	180						6周	0	0	180	0	180	③
			小计	75	1 422	9	8	20	18	14	2	501	254	667	808	614	
	学徒岗位能力课程	企业1	连锁经营信息系统操作	4	72					2	3	0	36	36	0	72	②③
			连锁企业经营综合实践	6	108					2	6	0	18	90	0	108	②③
		企业2	农业设备市场推广实践	5	90					2	5	0	36	54	0	90	②③
			农业设备投标方案制订	5	90						8	0	36	54	0	90	②③
			企业管理沙盘	4	72					4		0	72	0	72	0	③
			小计	24	432					10	22	0	198	234	72	360	

续附表 1-2-7

课程类别			课程	学分	总学时	各学期周数、学时分配						学习方式学时分配			教学场所学时分配		考核方式
						1	2	3	4	5	6	集中授课	任务训练	岗位培养	学校	企业	
						18	18	18	18	18	18						
专业课程	专业拓展课程	必修课	电子商务	3	54		3					36	18	0	54	0	①③
			创新创业基础与训练	2	36			2				18	18	0	36	0	③
		选修课	质量管理	2	36			2				18	18	0	36	0	①③
			演讲与口才	2	36				2			18	18	0	36	0	②
			个人和团队管理	2	36					2		18	18	0	36	0	②③
			小计	11	198		3	4	2	2		108	90	0	198	0	
			总计	146.5	2 730	25	25	28	22	26	24	1 164	665	901	1 756	974	

说明：(1)考核方式：①笔试；②面试；③任务考核。(2)学分计算：16～18 学时为 1 个学分。(3)毕业设计、军训：每周 30 学时，一周 1 个学分。(4)专业能力拓展 3 门任选 1 门。(5)企业 1：北京必胜客比萨饼有限公司，企业 2：农芯科技(北京)有限责任公司。(6)“★”课程为专业核心能力课程。

5. 授课教师情况(附表 1-2-8)

附表 1-2-8　本专业授课教师一览表

课程名称	姓名	学历	职称/职位	资格认定	所学专业	校/企导师
思想道德修养与法律基础	万俊丽	本科	讲师	市教委	哲学	学校
毛泽东思想和中国特色社会主义理论体系概论	柳慧军	本科	副教授	市教委	哲学	学校
形势与政策	李兆秀	本科	副教授	市教委	哲学	学校
英语	贾思明	本科	讲师	市教委	英语	学校
体育	姜华	本科	讲师	市教委	体育	学校
高职语文	郝利群	本科	讲师	市教委	文秘	学校
计算机应用基础	张秀兰	本科	副教授	市教委	计算机	学校

续附表 1-2-8

课程名称	姓名	学历	职称/职位	资格认定	所学专业	校/企导师
职业生涯规划与就业指导	梁宇星	本科	经理	物美集团	人力资源管理	企业
大学生心理	周怡	本科	讲师	市教委	工业心理	学校
管理经济学基础与实务	吕娜	硕士研究生	讲师	市教委	农业经济管理	学校
礼仪与沟通技巧	郝媛媛	硕士研究生	讲师	市教委	农业经济管理	学校
服务行业企业认知	周晖	本科	副教授	市教委	法学	学校
办公事务管理	段丹丹 康杰	硕士研究生 硕士研究生	助理研究员 讲师	农芯科技 市教委	果树学 国际贸易	企业 学校
财务管理	杜一馨	本科	副教授	市教委	农业经济管理	学校
市场营销★	郭佳佳 李伟伟	本科 博士研究生	餐厅经理 副教授	必胜客 市教委	企业管理 管理科学与工程	企业 学校
人力资源管理★	周小茗 关晓飞	硕士研究生 硕士研究生	经理 讲师	必胜客 市教委	MBA MBA	企业 学校
客户关系管理★	郭佳佳 汪海燕	本科 硕士研究生	餐厅经理 副教授	必胜客 市教委	企业管理 管理科学与工程	企业 学校
商务管理实务★	段丹丹 周怡	硕士研究生 本科	助理研究员 讲师	农芯科技 市教委	果树学 工业心理	企业 学校
门店管理与经营★	周小茗 车红莉	硕士研究生 硕士研究生	餐厅经理 讲师	必胜客 市教委	MBA 行政管理	企业 学校

续附表 1-2-8

课程名称	姓名	学历	职称/职位	资格认定	所学专业	校/企导师
连锁门店商品管理	汪海燕	硕士研究生	副教授	市教委	管理科学与工程	学校
企业管理沙盘	关晓飞	硕士研究生	讲师	市教委	MBA	学校
公共关系实务	刘保莲	硕士研究生	讲师	市教委	MBA	学校
需求调研与市场分析★	张云鹤 王绍飞	硕士研究生 本科	副研究员 副教授	农芯科技 市教委	农业机械化工程 经济信息管理	企业 学校
连锁经营信息系统操作	周小茗	硕士研究生	经理	必胜客	MBA	企业
连锁企业经营综合实践	周小茗	硕士研究生	经理	必胜客	MBA	企业
农业设备市场推广实践	乔晓军	博士研究生	研究员	农芯科技	农业昆虫与害虫防治	企业
农业设备投标方案制订	张云鹤	硕士研究生	副研究员	农芯科技	农业机械化工程	企业
电子商务	仝彦丽	本科	讲师	市教委	计算机	学校
创新创业基础与训练	朱京燕	本科	副教授	市教委	农业经济管理	学校
演讲与口才	刘保莲	硕士研究生	讲师	市教委	MBA	学校
个人和团队管理	包利民	博士研究生	副教授	市教委	农业经济管理	学校
质量管理	刘保莲	硕士研究生	讲师	市教委	MBA	学校

注:“★”课程为专业核心能力课程。

6. 本专业教材情况表（附表 1-2-9）

附表 1-2-9　本专业的教材情况

课程名称	教材名称	出版单位	教材类型					是否本校教师编著
			校本	精品教材		高职高专	其他	
				市级	国家级			
思想道德修养与法律基础	思想道德修养与法律基础	经济科学出版社					√	否
	思想道德修养与法律基础	机械工业出版社				√		否
毛泽东思想和中国特色社会主义理论体系概论	毛泽东思想、邓小平理论和“三个代表”重要思想概论	中国市场出版社					√	否
	毛泽东思想、邓小平理论和“三个代表”重要思想概论	浙江大学出版社					√	否
形势与政策	形势与政策	北京师范大学出版社					√	否
	形势与政策	中国人民大学出版社					√	否
英语	高级职业英语读写教程	高等教育出版社				√		否
	高职高专实用英语	北京理工大学出版社				√		否
体育	高职体育与健康	天津大学出版社				√		否
	体育与健康（第二版）	苏州大学出版社					√	否
高职语文	高职实用语文	陕西师范大学出版社				√		否
	高职应用语文	陕西师范大学出版社				√		否

续附表 1-2-9

课程名称	教材名称	出版单位	教材类型					是否本校教师编著
			校本	精品教材		高职高专	其他	
				市级	国家级			
计算机应用基础	计算机应用基础(Windows XP 版)	郑州大学出版社					√	否
	计算机应用基础	人民邮电出版社					√	否
职业生涯规划与就业指导	大学生职业生涯规划与就业指导	中国经济出版社					√	否
	大学生就业指导与职业生涯规划	科学出版社					√	否
大学生心理	大学生心理健康教育	安徽大学出版社					√	否
	大学生心理健康教育	东北大学出版社					√	否
管理经济学基础与实务	经济学基础	清华大学出版社				√		否
	管理经济学教程	复旦大学出版社					√	否
礼仪与沟通技巧	商务礼仪(第 2 版)	清华大学出版社				√		否
	商务礼仪与沟通技巧	电子工业出版社				√		否
财务管理	财务管理实务	西安交通大学出版社				√		否
	财务管理学	清华大学出版社				√		否
市场营销	市场营销策划	北京大学出版社				√		否
	市场营销理论与实务	上海财经大学出版社					√	否
人力资源管理	人力资源管理	清华大学出版社				√		否
	人力资源管理	清华大学出版社				√		否
客户关系管理	客户关系管理	西南财经大学出版社				√		否
	客户关系管理实务	清华大学出版社				√		否

续附表 1-2-9

课程名称	教材名称	出版单位	教材类型					是否本校教师编著
			校本	精品教材		高职高专	其他	
				市级	国家级			
商务管理实务	商务管理师证书配套教材							否
办公事务管理	办公室事务管理	中国人民大学出版社				√		否
	办公室事务管理案例与实务	中国人民大学出版社				√		否
门店管理与经营	门店运营与管理	化学工业出版社				√		否
	连锁门店经营与管理	机械工业出版社						否
连锁门店商品管理	连锁企业商品管理	立信会计出版社				√		否
	商品管理实务	经济管理出版社						否
企业管理沙盘	管理综合实训——基于企业经营沙盘模拟对抗	清华大学出版社				√		否
	企业经营管理沙盘模拟教程		√					是
公共关系实务	公共关系理论与实务	上海财经大学出版社有限公司				√		否
	公共关系实务	中国人民大学出版社				√		否
需求调研与市场分析	市场调查与市场分析	中国人民大学出版社				√		否
	市场调查、理论分析方法与实践案例	经济管理出版社				√		否
电子商务	电子商务（第 7 版）	中国人民大学出版社					√	否

续附表 1-2-9

课程名称	教材名称	出版单位	教材类型					是否本校教师编著
			校本	精品教材		高职高专	其他	
				市级	国家级			
创新创业基础与训练	创新创业：思维、方法与能力	清华大学出版社					√	否
演讲与口才	演讲与口才	吉林文史出版社					√	否
个人和团队管理	团队建设能力培训全案	人民邮电出版社					√	否
质量管理	质量管理与控制	机械工业出版社					√	否

教育部现代学徒制试点项目

开展现代学徒制试点工作
探索深度产教融合机制

——北京农业职业学院教学改革实践

下　篇

杨永杰　胡军珠　汪海燕　吴　迪　张　红　著

中国农业大学出版社
·北京·

目 录

下 篇

第一部分
物流管理专业“PCA双螺旋阶梯式”人才培养模式

2017年8月，我院正式获批成为教育部第二批现代学徒制试点单位。为做好现代学徒制试点工作，物流管理专业作为试点专业之一，深刻把握现代学徒制内涵，根据《教育部关于开展现代学徒制试点工作的意见》(教职成〔2014〕9号)要求，严格对照《教育部第二批现代学徒制试点工作方案》《北京农业职业学院现代学徒制试点工作实施方案》，完成了目标任务。

一、立足流通行业发展，明确建设目标

(一)行业发展与业态需求

随着我国经济的高速发展，我国的现代物流业也得到迅猛发展，全国社会物流总额从2004年的38.4万亿元增长到2017年的252.8万亿元。2017年我国物流运行总体向好，物流发展质量和效益稳步提升，社会物流总费用与GDP的比率持续下降。社会物流总额增长稳中有升，需求结构优化。物流运行环境进一步改善，供给侧结构性改革成效显现，产业向高质量发展阶段迈进。

1.零售企业开启新一轮的业态创新之路

2017年是新零售业态的爆发之年，互联网企业围绕门店销售、门店商品、商业空间体验和消费者过程体验、整体效率提升做了很多创新，出现盒马鲜生这样的“新物种”。同时，北京物美商业集团股份有限公司(简称物美集团)等众多零售企业也开始了新一轮的业态创新之路。新零售业态下，零售企业门店充当了“前置仓”，具备储存、包装、流通加工、配送等更多物流功能，有效解决了城市配送“最后一公里”的难题。

2.专业人才培养紧贴北京市吃穿用类消费品流通行业需求

2015年到2017年，北京市年均社会消费品零售额为10 972.8亿元，年均货运

量为 25 580.8 万吨，年均货物周转量为 667 亿吨公里，吃穿用商品在货物周转量中占有较大比重。

物流管理专业依托现代学徒制试点项目，基于现代物流业发展和新零售业态创新需求，紧盯北京市吃穿用类消费品流通行业，以流通企业、综合物流企业、农业生产流通部门、农产品加工园区等涉及吃穿用消费品流通与管理的企业人才需求为依据，为北京地区消费品流通与管理行业提供人才支持。

（二）制定专业建设目标，培养行业所需人才

学院立足首都城市战略定位，以培养学生具备流通行业涉及的职业素养、职业技能及职业发展能力为目标，完善物流管理专业人才培养方案、课程标准；满足首都经济社会发展、产业转型升级和京津冀协同发展要求，满足合作企业相关岗位职业能力要求；形成具有农产品流通特色的现代学徒制培养体系，全面提高物流管理专业技术技能人才培养质量。

其具体目标如下：

（1）探索校企协同育人机制，形成校企联合开展现代学徒制的长效机制。

（2）推进校企共同制定和实施招生招工方案。

（3）完善人才培养制度和标准，与合作企业共同设计人才培养方案，共同制定专业教学标准、课程标准、岗位技术标准、企业导师（师傅）标准、质量监控标准及相应实施方案。

（4）建设“互聘互用、协同育人”专兼结合的师资队伍，形成双导师制。

（5）建立健全与现代学徒制相适应的教学管理制度。

（6）强化特色任务项建设，成立农产品流通行业学徒培训中心。

二、“PCA 双螺旋阶梯式”人才培养模式的形成

学院与物美集团签订现代学徒制联合培养协议（图 2-1-1），协议中明确了双方的合作原则、合作方式及内容、合作期限、权利义务等。

学院与物美集团等公司共同制定学院现代学徒制试点项目协同育人管理办法。协同育人管理办法中明确了校企双方的共同职责、校方职责与分工、企业的职责与分工。

北京农业职业学院现代学徒制试点项目
校企联合培养协议书

甲方（学校）：北京农业职业学院

乙方（企业）：北京物美商业集团股份有限公司

为贯彻落实全国职业教育工作会议精神和《国务院关于加快发展现代职业教育的决定》，深化产教融合、校企合作，进一步完善校企合作育人机制，创新技术技能人才培养模式，促进行业、企业参与职业教育人才培养全过程，提高人才培养质量和针对性，根据《教育部关于开展现代学徒制试点工作的意见》（教职成〔2014〕9号），甲、乙双方在平等自愿、友好协商的基础上，就物流管理专业校企合作培养达成如下协议：

第一条 合作原则

甲、乙双方本着"友好合作，共同培养技能人才"的原则，充分发挥各自优势和潜能，创新合作机制，积极开展现代学徒制试点工作，形成校企分工合作、协同育人、共同发展的长效机制。

第二条 合作方式及内容

（一）办学形式：联合招生，共同培养。甲方根据乙方需要，为乙方组建15人的班级，为现代学徒制联合培养、输送采销管理、运输管理、仓储管理、门店运营、生鲜管理、人资管理等高素质专业型人才。

2.培养方式：采用"工学结合、交互训教"的培养方式，即1至2学期主要在学院完成通识课程、专业基础课程和企业文化等课程学习，组织专业实践活动，第3、4学期主要在企业完成岗位培养。实施校企"双导师"管理，甲乙双方专业教师共同组成物流管理现代学徒制专业教学团队，共同承担教学任务。

3.教学进度安排：学生在校完成第1-2学期课程，学生到企业岗位培养为第3-4学期，具体时间为第3学期开学9月到第4学期期末即7月10日。

4.学制与学历：学制为两年，完成规定的学分，经甲乙双方审核达到毕业要求，颁发全日制普通专科教育毕业证书。

5.招生对象：甲、乙双方联合，从甲方2017级五年一贯制学生中招收学生。

第三条 合作期限

本协议期限为两年，自2017年9月1日至2019年7月31日。是否开展后续合作根据双方意愿和实际情况，由甲、乙双方共同商定。

第四条 权利与义务

（一）甲方

1. 与乙方推荐的专家共同组成物流管理专业指导委员会。与乙方共同制定适应社会需求的现代学徒制人才培养方案，并遵守与乙方共同制定的人才培养方案。面向采销主管、运输主管、仓储主管、商管、账管、客服、人资主管等管理岗位，与乙方共同培养采销管理、运输管理、仓储管理、门店运营、生鲜管理、人资管理等高素质专业型人才。

2. 负责提供现代学徒制试点项目校方所需承担的试点班级办班及相关课题研究经费，负责提供企业导师（师傅）津贴。

3. 负责现代学徒制班管理机构的组建、学校工作人员、教师、及专门管理人员的配备。

4. 负责联系乙方共同做好现代学徒制试点班级招生、录取资格审查，与乙方合作开展现代学徒制的宣传、组织报名、签订协议，组建现代学徒制班。

5.负责现代学徒制试点班级的学生录取、学籍管理、毕业资格审核、毕业证书发放等工作。

6. 负责联系乙方共同开发专业课程及教材、共同做好"双导师"教学团队的建设与管理、共同组织考核评价、共同开展教学研究与项目研发及技术服务、共同组织实施教学等。

8.负责提供现代学徒制班校内运行所需的教学场所、教学设备，包括多媒体教室、实训室、图书阅览室、教学器材设备及校内学习的日常管理等。

9. 与乙方共同制订管理与教学质量监控办法，制定学生（学徒）技能考核与管理的相关制度，并与乙方共同组织实施及管理。负责学校课程的组织实施及教学质量监控。

10. 根据国家有关规定，为学生（学徒）投保实习责任保险。

11. 负责向上级主管部门申请现代学徒制试点项目的支持及申报。

12.积极参与企业的技术升级与项目攻关，科研成果优先在乙方推广应用。

13.遵守乙方的知识成果与企业文化，保守乙方商业秘密。

14.协助乙方对学生（学徒）在岗学习工作期间的管理、处理违纪违规等问题。

15.负责现代学徒制试点工作经验的总结与推广。

（二）乙方

1. 与甲方共同组建专业指导委员会，共同制定适应社会需求的现代学徒制人才培养方案，参与现代学徒制人才培养全过程。

2. 负责提供现代学徒制试点项目企业所需承担的经费。

3.负责现代学徒制班管理机构企业工作人员、企业导师（师傅）及专门管理人员的配备。推荐责任心强、实践经验丰富、符合企业导师（师傅）的技术人员、管理人员担任企业导师（师傅）。采取一对一或一对多的形式，一名企业师傅同时指导学生（学徒）不超过5人。

4. 配合甲方共同做好现代学徒制试点班级的招生、录取资格审查，与甲方合作开展现代学徒制的宣传、组织报名、签订协议等工作。

5. 负责现代学徒制班学生三方协议的签订，制订企业学徒管理制度、劳动合同等。

6. 与甲方共同开发课程及教材、共同做好"双导师"团队的建设与管理、共同组织考核评价、共同进行项目研发与技术服务、共同组织实施教学等。

7.负责提供现代学徒制班岗位学习所需的多媒体教室、工作场所、工作设备、所需的多媒体教室、工作场所、工作设备、实训耗材、学生（学徒）企业技术技能培训所需的教学资源及学生（学徒）在岗工作（学习）的日常管理。

8.与甲方共同制订人才培养标准、岗位技术技能考核评价标准等。

9.负责组织企业课程的教学，与甲方共同组织对学徒制学生（学徒）专业技术技能的考核评估，科学评定学生（学徒）的专业技术技能成绩。

10.负责在乙方场地学习的学生（学徒）的安全、生活和纪律管理，以及职业素质的培养，按照所制定的实施性教学计划保障学生（学徒）的学习时间，并提供必要的支持。

11.协助学校建设校内外实训基地，为甲方双师型教师的岗位培养提供便利条件，积极参与甲方的专业建设工作。

12. 向学生（学徒）发放轮岗、定岗实习（工作）津贴（总部岗位每月不低于2500元/月，门店岗位每月不低于3000元/月）。

第五条 联合办学经费开支

1.学费收取，按国家规定的学费收费标准，由甲方按学年收取学徒制学生的学费。

2.第1-3学期，甲方支付给乙方授课老师课酬（100元\课时），用于企业教学管理，转入乙方指定账户。

3.甲方根据工作开展需要，每年提供现代学徒制试点项目专项经费。

4. 乙方向学生（学徒）发放轮岗、定岗实习（工作）津贴（总部岗位每月不低于2500元/月，门店岗位每月不低于3000元/月）。

第六条 岗位管理

1.甲方从合同签订之日起，根据高等职业教育教学计划和培养方案，将学生派到乙方进行岗位学习（即第3-4学期）。

2.乙方作为甲方学生的岗位学习单位，同时也是甲方的校外实训基地，应优先满足甲方学生在专业岗位学习、毕业安排等方面的需求。双方在协商一致的基础上，本着共同发展的原则，建立紧密、长效的合作机制。

3.甲、乙双方应从符合教学规律、切合企业实际、适应企业的角度，制订学生岗位学习期间的切实可行的教学计划，以保证岗位学习期间工、学任务的顺利完成。同时，甲方应加强对学生的岗前职业就业思想教育，制定指导老师协助乙方做好岗位学习学生的各项工作指导，以提高学生的综合素质能力。

4.乙方为甲方学生岗位学习提供相应的岗位工作、生活环境，对岗位学习的学生酌情发放岗位学习补贴，切实维护学生权益。

5.学生在岗位学习期间，根据协议的要求应服从乙方管理人员的管理，遵守乙方规章制度（含考勤管理和技术管理），同时不得违反甲方的有关管理规定。乙方指派专门技术人员担任岗位企业导师（师傅）。

6.学生在岗位学习期间不得提前终止岗位学习，如遇特殊情况甲乙双方必须协商达成一致意见后，方可解决。

第七条 其他

（一）甲、乙双方保证学生（学徒）二年学习期满且岗位技能全部过关，将其从学徒转为正式员工。

（二）本协议经甲方及乙方法定代表人或委托代理人签字并加盖公章后生效。

第八条 协议的终止与解除

（一）协议期满，协议自行终止。

（二）如果出现签订本协议无法预见的情形，乙方应将情况及时书面告知甲方。本协议签订后如有修改或补充，双方另行签订补充协议作为本协议的附件，与本协议具有同等法律效力。

本协议一式四份，甲、乙双方各执两份。

甲方：北京农业职业学院(盖章)

授权代表：

日期：2017

乙方：北京物美商业集团股份有限公司(盖章)

授权代表：

日期：2017

图 2-1-1　与物美集团签订的《现代学徒制联合培养协议》

(一)校企协同的育人机制建设

学院、物美、试点班学生(学徒)正式签订《现代学徒制三方协议》(图 2-1-2)。协议明确了学生(学徒)面向的岗位,三方的权利与义务;明确了学院给学生(学徒)购买全国职业院校学生实习责任保险与校方责任保险,学生在企业经营场所因工受伤而发生的相关费用,保险理赔后仍需赔付的部分由校企双方共同承担,学院承担 30%,企业承担 70%。

学院成立了由校企导师组成的专业指导委员会(简称专委会),专委会在学院现代学徒制试点工作领导小组、专家组领导下开展工作,指导试点专业、校企协同,制定完善专业现代学徒制人才培养方案、教学标准等。

现代学徒制三方协议

甲方：北京农业职业学院
乙方：北京物美商业集团股份有限公司
丙方 学徒姓名：
专业：
班级：

根据《教育部关于开展现代学徒制试点工作的意见》(教职成〔2014〕9号),甲、乙、丙三方本着合作共赢、职责共担的原则,经三方协商一致,达成如下协议:

一、合作内容

按照"学生→学徒→准员工→员工"四位一体的人才培养总体思路,甲、乙、丙三方采用"先招生再招工,校企联合培养"的现代学徒制培养模式,甲、乙双方对丙方实施双主体育人、双场所教学、工学交替、岗位培养,面向采销主管、运输主管、仓储主管、商管、账管、客服、人资主管等管理岗位,培养采销管理、运输管理、仓储管理、门店运营、生鲜管理、人资管理等高素质专业型人才。

二、甲方的权利与义务

1. 负责与本单位相关部门沟通,协调处理本协议的相关事宜,确保本协议的顺利履行。

2.负责招生计划申报、录取资格审查,与乙方合作开展现代学徒制的宣传、组织报名、签订协议,组建现代学徒制班。

第1页共4页

3. 负责现代学徒制班学生(学徒)的学籍管理、公共基础课程以及系统专业知识学习、技能训练的教学组织、毕业资格审核、毕业证书发放等。

4. 负责现代学徒制班学生(学徒)校内学习日常管理工作。

5. 提供现代学徒制班校内运行所需的教学场所、教学设备等。

6. 根据国家有关规定,为丙方投保全国职业院校学生实习责任保险与校方责任保险。

7.协助乙方对丙方在岗学习工作期间的管理、处理违纪违规等问题。

三、乙方的权利与义务

1.负责与本单位相关部门沟通、协调处理与履行本协议产生的相关事项,确保本协议的顺利进行。

2.根据专业教学计划要求,负责提供丙方在企业学习期间的岗位、学习资源、工作场所、工作设备等。

3.负责丙方在企业学习期间的在岗学习和工作,指派责任心强、实践经验丰富的企业师傅指导丙方在岗学习。企业师傅指导可以采取一对一或一对多的形式,一名企业师傅同时指导学生(学徒)不超过5人。

4.负责现代学徒制班学生(学徒)在岗学习工作的日常管理,保证丙方在岗工作学习时间。

5.经面试、考核合格的丙方,安排不少于6个月的岗位学习,发放岗位学习津贴(每月不低于 2500 元/月)。

6.负责丙方在岗学习工作期间安全、生产、生活等日常管理,若丙方不服从管理,乙方有权按企业制度处理。

四、丙方的权利与义务

第2页共4页

1.认真履行本协议约定的相关条款,按照甲、乙两方共同制定的《人才培养方案》及教学计划的要求,刻苦学习,勤奋钻研,修完全部课程并取得规定的成绩,达到毕业要求,获全日制大专毕业证书。

2.在学校学习期间,服从甲、乙双方的共同教育和管理,自觉遵守各项校园管理规定、各项教学安排。

3.在岗位学习工作期间应服从甲、乙双方的管理,遵守乙方有关工作时间、休假制度、考勤制度、行为准则和保密制度等规定,如因违规操作、不服从乙方管理而造成的人身及财产损害,由丙方自己承担责任;

4.丙方不得无故中断岗位学习,如有特殊情况,必须征得甲、乙双方同意;未经甲、乙双方同意,提前离开企业岗位学习,不能毕业,并按违约处理。

5.丙方在岗位学习期间出现岗位学习内容以外的意外安全事故,甲、乙双方将尽力协助丙方共同向有关单位和人员追究责任,但不承担任何经济和法律责任,由丙方自己负责。

6. 在岗学习期间,享受岗位学习津贴。

7. 岗位学习期满,丙方选择继续在乙方岗位工作(就业),经乙方考核合格,转为乙方正式员工,享受乙方正式员工相应岗位工资待遇和福利。

五、协议有效期限

本协议期限为:2017年12月25日至2019年7月10日。

六、其它

1.甲、乙双方保证丙方在学徒二年学习期满且岗位技能全部过关,将其从学徒转为正式员工。

第3页共4页

2. 丙方违反本协议有关丙方义务的规定,乙方可提前终止本协议,但应通知甲方并说明原因,由此产生的丙方经济损失、成绩不及格、纪律处分等相应后果,由丙方负责。

3.如果出现签订本协议无法预见的情形,乙方应将情况及时书面告知甲方和丙方。本协议签订后如有修改或补充,三方另行签订补充协议作为本协议的附件,与本协议具有同等法律效力。

4.甲、乙双方共同组织岗位技能考核,记入丙方岗位技能成绩。

5.甲方应给丙方购买全国职业院校学生实习责任保险与校方责任保险,丙方在乙方经营场所因工受伤而发生的相关费用,保险理赔后仍需赔付的费用由甲乙双方共同承担,甲方承担30%,乙方承担70%,丙方自身存在过错的,应当适当减轻甲乙双方的责任承担比例。

七、协议的终止与解除

1.协议期满自行终止。因协议期限届满以外的其他原因而造成协议提前终止时,甲、乙、丙三方均应提前两周通知其他二方。

2.本协议经甲方及乙方法定代表人或委托代理人签字并加盖公章、丙方签字后生效。

3.本协议一式四份,其中学校留存两份,企业和学生各执一份。

甲方:北京农业职业学院(盖章)　　授权代表:

乙方:北京物美商业集团股份有限公司(盖章)　　授权代表:

丙方:　　身份证号码:

第4页共4页

图 2-1-2　学院、物美、试点班学生(学徒)签订的《现代学徒制三方协议》

(二)校企实现招生招工一体化

校企共同制定了《北京农业职业学院一体化招生招工方案》《北京农业职业学院现代学徒制招生招工一体化管理办法》(试行),校企双方共同完成招录工作。学院负责教学方面的宣传,包括专业优势、师资力量、办学条件、学籍管理等;企业负责企业方面的宣传,包括企业文化、企业发展史、岗位介绍、企业工作环境及福利条件等。新生报到后,校企双方对试点专业学生进行面试筛选、学徒身份确认。

物流管理专业和物美集团协同,面向学院五年一贯制高职阶段学生进行了联合宣传。专业组织了物美集团体验活动(图 2-1-3),物美集团总部校招负责人和物流管理专业共同参加学徒面试工作(图 2-1-4)。

图 2-1-3　物美集团总部专业体验活动

图 2-1-4　物美集团校招负责人做面试前的宣讲

(三)“PCA双螺旋阶梯式”人才培养模式

试点专业合作企业物美集团牵头制定了《师傅带学徒管理办法》,学院牵头制定了《北京农业职业学院学徒在岗学习考核制度》等,加强了学生(学徒)岗位培养的过程管理,确保人才培养质量。

专业与合作企业共同制订人才培养方案,研讨人才培养目标和专业课程体系。在充分总结物流管理专业16年教学实践经验,广泛征求往届毕业生建议、深入调研农产品物流、冷链物流、连锁商超、农产品加工等企业相关岗位人才需求、召开职业能力分析会等基础上,专业以物流行业典型工作任务重新构建专业课程体系,将职业能力有机地转化到课程中去,融入职业标准,完善专业教学标准,优化了现代学徒制专业人才培养方案。

物流管理专业按照现代学徒制培养的特点,借鉴胡格教学模式,创新形成了“PCA双螺旋阶梯式”人才培养模式(图2-1-5)。P代表企业岗位,C代表开设课程,A代表能力,包括非专业能力、专业能力和岗位能力。“双螺旋”中“双”指的是校企双主体培养学生(学徒),“螺旋”是指学生(学徒)的非专业能力、专业能力和岗

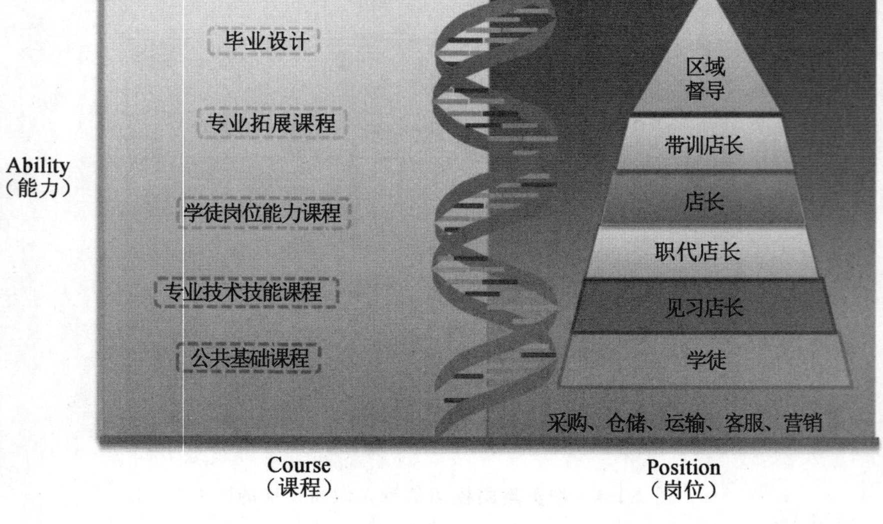

图2-1-5 “PCA双螺旋阶梯式”人才培养模式图

位能力呈工学交替螺旋式提升。以店长为例,阶梯式培养是学生(学徒)从学生(学徒)→见习店长→职代店长→店长→带训店长→区域督导的职业发展规划及晋升空间。

物流管理专业现代学徒制试点班级——物流 1711 班来自学院五年一贯制班级,项目启动时,学生已经完成 3 年中职阶段学习,试点工作在该班高职 2 年阶段完成。为了有效推进试点工作,实现双主体育人、工学交替,物流管理专业重点针对高职 2 年阶段,重新制定了五年一贯制人才培养方案。在五年完整的新版方案中,1 门专业核心课(物流市场营销)、2 门学徒岗位课(电子商务基础与实务、物流设备操作技能)实际已经在中职 3 年阶段完成教学,在 2 年高职学徒制培养阶段,学生主要通过企业在岗学习提升物流营销、电子商务、物流设备操作等技能及实际应用能力(图 2-1-6、图 2-1-7)。高职阶段新旧人才培养方案对比见表 2-1-1。

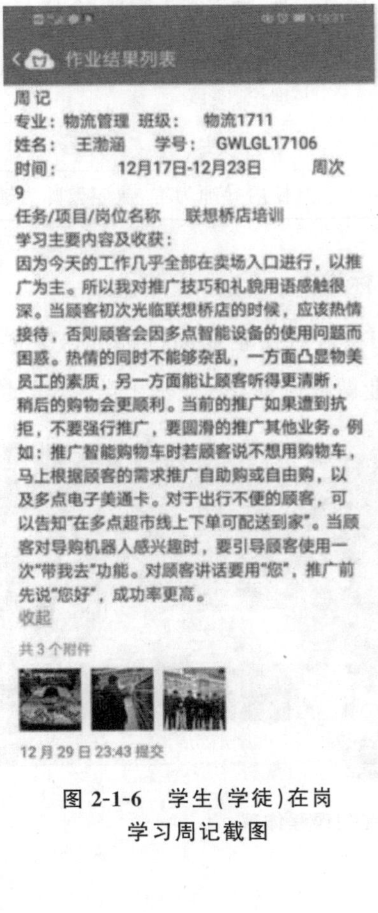
作业结果列表
周记
专业：物流管理 班级： 物流1711
姓名： 王渤涵 学号： GWLGL17106
时间： 12月17日-12月23日 周次 9
任务/项目/岗位名称 联想桥店培训
学习主要内容及收获：
因为今天的工作几乎全部在卖场入口进行，以推广为主。所以我对推广技巧和礼貌用语感触很深。当顾客初次光临联想桥店的时候，应该热情接待，否则顾客会因多点智能设备的使用问题而困惑。热情的同时不能够杂乱，一方面凸显物美员工的素质，另一方面能让顾客听得更清晰，稍后的购物会更顺利。当前的推广如果遭到抗拒，不要强行推广，要圆滑的推广其他业务。例如：推广智能购物车时若顾客说不想用购物车，马上根据顾客的需求推广自助购或自由购，以及多点电子美通卡。对于出行不便的顾客，可以告知“在多点超市线上下单可配送到家”。当顾客对导购机器人感兴趣时，要引导顾客使用一次“带我去”功能。对顾客讲话要用“您”，推广前先说“您好”，成功率更高。
收起
共 3 个附件
12 月 29 日 23:43 提交

图 2-1-6　学生(学徒)在岗学习周记截图

图 2-1-7　学生(学徒)在物美示范店学习营销推广技巧

表 2-1-1　高职阶段新旧人才培养方案对比表

序号	内容	现代学徒制人才培养方案	原人才培养方案
1	职业面向	企业采销部门、配送中心、门店从事采销管理、运输管理、仓储管理、门店运营、生鲜管理等中基层管理工作	各类物流企业从事仓储、配送等物流作业与管理工作
2	典型工作任务及职业能力分析	系统分析，形成典型工作任务及职业能力分析表、分析报告	简单分析，列举岗位群
3	课程体系构成	公共基础课程、专业课程（专业技术技能课程、学徒岗位能力课程和专业拓展课程）、毕业设计	公共基础课、专业基础课、专业课、综合技能训练课、公共选修课、毕业实习
4	专业核心课	仓储与配送管理、仓储与配送决策技术、物流成本管理、物流客户管理、物流市场营销、连锁经营与管理	仓储与配送管理、物流成本管理、物流客户管理、仓储与配送决策技术
5	学时分配	集中授课、任务训练、在岗学习	理论、实践
6	考核方式	笔试、面试、任务考核	笔试为主
7	教师构成	校企双导师	校内导师为主，兼职教师为辅

（四）建立基于工作内容的课程体系和岗位标准

校企双方多次探讨校企融合课程体系（图 2-1-8），对接企业岗位标准，建立基于工作内容的专业课程和基于典型工作过程的专业课程体系。专业基于学生（学徒）

图 2-1-8　校企共同研讨现代学徒制课程体系

中职阶段的知识、技能、素养习得基础、岗位能力分析结果，研讨确定了试点班级高职阶段的课程体系，重新构建形成了公共基础课程和专业课程两个模块，其中，专业课程分为专业技术技能课程、学徒岗位能力课程、专业拓展课程三类。和原人才培养方案中高职阶段的课程体系相比，重构后的课程体系更准确地反映了学生（学徒）职业面向、典型工作任务及职业能力需求，高职阶段的任务训练、在岗学习超过了总课时的50%，课程体系构成更加合理。修订后的物流专业五年现代学徒制培养方案为五年一贯制现代学徒制人才培养方案的制定提供了借鉴（表2-1-2至表2-1-5）。

表2-1-2 物流管理专业现代学徒制课程体系（五年制）

课程类别	课程	学分	总学时	学习方式学时分配			教学场所学时分配		考核方式	课程性质
				集中授课	任务训练	岗位培养	学校	企业		
公共基础课程	数学	15	276	276	0	0	276	0	①	必修课
	语文	15	276	200	76	0	276	0	①	必修课
	英语	19	338	188	150	0	338	0	①	必修课
	计算机应用基础	15	276	138	138	0	276	0	①	必修课
	思想政治理论	3	60	60	0	0	60	0	①	必修课
	思想道德修养与法律基础	2	30	30	0	0	30	0	①	必修课
	体育	11	200	2	198	0	200	0	①③	必修课
	形势与政策	1	15	10	5	0	15	0	①③	必修课
	军训（3周）	3	56	56	0	0	56	0	①③	必修课
	就业指导	1	24	8	16	0	8	16	①③	必修课
	小计	85	1 551	968	583	0	1 535	16		

续表 2-1-2

课程类别		课程	学分	总学时	学习方式学时分配			教学场所学时分配		考核方式	课程性质
					集中授课	任务训练	岗位培养	学校	企业		
专业课程	专业技术技能课程	物流行业与业务认知	4	72	30	30	12	60	12	①	必修课
		物流企业管理	12	216	72	72	72	144	72	①③	必修课
		物流法律与法规	4	72	50	22	0	72	0	①	必修课
		公共关系	4	72	40	32	0	72	0	①	必修课
		客户服务	4	72	32	22	18	54	18	①③	必修课
		物流财务管理	6	108	48	24	36	72	36	①③	必修课
		统计基础与实务	4	72	40	32	0	72	0	①③	必修课
		物流信息技术	6	108	34	38	36	72	36	①③	必修课
		物流经济地理	4	72	36	36	0	72	0	①③	必修课
		仓储与配送决策技术★	6	108	56	52	0	108	0	①③	必修课
		物流成本管理★	3	54	24	12	18	36	18	①③	必修课
		供应链管理	4	72	36	18	18	54	18	①③	必修课
		连锁经营与管理★	3	54	24	12	18	24	30	①③	必修课
		国际物流与货运代理	3	54	36	18	0	54	0	①③	必修课
		物流市场营销★	4	72	36	12	24	48	24	①③	必修课
		运输业务与管理	3	54	36	18	0	54	0	①③	必修课
		采购业务与管理	3	54	36	18	0	54	0	①③	必修课
		仓储与配送管理★	6	108	40	32	36	72	36	①③	必修课
		小计	83	1 494	706	500	288	1 194	300		

续表 2-1-2

课程类别		课程	学分	总学时	学习方式学时分配			教学场所学时分配		考核方式	课程性质
					集中授课	任务训练	岗位培养	学校	企业		
专业课程	学徒岗位能力课程	物流设备操作技能	3	54	18	0	36	18	36	①③	必修课
		电子商务基础与实务	4	72	36	0	36	36	36	①③	必修课
		农产品认知与管理	6	108	54	0	54	54	54	①③	必修课
		物流市场调研与分析	3	54	18	0	36	18	36	①③	必修课
		物流客户管理★	6	108	36	36	36	72	36	①③	必修课
		礼仪与沟通技巧	4	72	18	18	36	36	36	①③	必修课
		小计	26	468	180	54	234	234	234		
	专业拓展课程	商务英语	3	54	36	18	0	36	18	①③	选修课
		基础会计	4	72	54	18	0	72	0	①③	选修课
		金融基础与实务	4	72	54	18	0	72	0	①③	选修课
		小计	11	198	144	54	0	180	18		
毕业设计		毕业设计	6	180			180		180	②③	
总计			211	3 891	1 998	1 191	702	3 143	748		

注：“★”课程为专业核心能力课程。

表 2-1-3　物美集团门店典型工作岗位——杂百认知学习清单

序号	岗位学习内容	检核内容	部门	带训人
1	档期执行	了解海报构成，知道门店陈列原则及布置手册	杂百	杂百经理
2	会用价签 PDA 枪进行生鲜电子价签绑定、解绑	了解用价签 PDA 枪进行电子价签绑定、解绑操作，清楚价签每种显示代表的意义	杂百	杂百经理
3	电子价签安装、拆卸、商品定位	了解使用专用工具拆卸和安装电子价签，进行商品定位	杂百	杂百经理

续表 2-1-3

序号	岗位学习内容	检核内容	部门	带训人
4	能看懂电子价签信息说明,并清楚异常辨识方法	通过读懂电子价签的说明,发现价签显示异常	杂百	杂百经理
5	杂百商品的收货	了解笼车的使用,清楚基本收货流程、注意事项	杂百	杂百经理
6	棚格使用	能看懂棚格图	杂百	杂百经理
7	纸价签	了解不同规格价签类型	杂百	杂百经理
8	整理排面及保质期管理	了解商品陈列原则,商品临期处理流程,打假索赔流程	杂百	杂百经理
9	库房整理及精品库管理	学习库存单内容,了解库房陈列原则,精品库管理要点	杂百	杂百经理
10	保质日期检核	了解商品下架时间	杂百	杂百经理
11	退货、调拨及携出携入	了解打印退单、组包退货,会填写调拨单及携出携入单实操流程	杂百	杂百经理
12	杂百申偿、报废	申偿、报废流程	杂百	杂百经理
13	促销品订货,状 6、状 8 商品处理	促销品订货流程及注意事项,状 6、状 8 商品清楚如何处理	杂百	杂百经理
14	RF 枪使用	商品信息查询、价签打印、排面检核	杂百	杂百经理
15	杂百盘点	清楚盘点前、中、后准备工作及盘点注意事项,清楚各类型的盘点要求	杂百	杂百经理
16	门店现制业务	了解现制辅料管理,厂商合作方式,门店日常管理及运营,供货渠道	现制	现制经理
17	会进行冷柜、冷库温度等异常辨识	清楚冷柜、冷库的温度标准,化霜时间,开关和设备保养及卫生清理要求	维修	维修课长
18	设备设施日常消防及安全隐患巡检要点	能够基本辨识设备设施日常消防及安全隐患	维修	维修课长

表 2-1-4 物美集团门店典型工作岗位——客服业务认知学习内容

序号	岗位学习内容	检核内容	对接部门	带训人
1	安全学习	了解商品及卖场消防与安全管理要点及注意事项	防损	防损课长
2	上磁上扣及红点计划	了解TOP150商品上磁上扣,并清楚红点计划相关管理要点	防损	防损课长
3	盘古系统下载	清楚下载网址,并了解下载步骤	多点	客服经理
4	了解盘古系统与多点拣货人员进行拣货实操	了解接单、创建批次开始拣货,并清楚拣货中的缺货换货处理	多点	客服经理
5	清楚仓位号、合流号及前仓后仓的使用原则	知道前仓的位置与仓位号的绑定及核包原则,冰品处理,并能准确找到合流区	多点	客服经理
6	预售	会独立进行预售商品上架、仓位绑定及拣货	多点	客服经理
7	盘古系统下载	清楚下载网址,并能独立完成下载步骤	多点	客服经理
8	利用盘古系统进行多点接单配送	了解配送任务接单,合流区提货,并清楚冻品管理方式,清楚上门服务规范	多点	客服经理
9	清楚货位号使用原则	能快速按货位号找到最近需要配送的货	多点	客服经理
10	清楚配送取货的原则和及时率的要求	清楚店铺冰品取货及按合流号取件,并清楚配送及时率要求	多点	客服经理
11	了解多点ERP系统	学习ERP系统相关操作内容(拣货,分单,数据查询,自提,工单处理等主要业务)	多点	客服经理

表 2-1-5　物美集团门店典型工作岗位——商管实操清单

序号	岗位实操项目	实操标准
1	POS 机的维护和使用	1. 了解 POS 机组成：主机、钱箱、显示器、POS 机键盘、客显、打印机 2. 可以更换 POS 机易损坏部位配件(小票打印机齿轮、POS 机键盘键芯)目前店铺 POS 机型号为：宝货利和海信(需要焊键盘) 3. 可以独立完成 POS 机组装和拆卸 4. 熟练操作 GHOST 软件(备份、恢复)，恢复 POS 系统后可以修改配置文件 5. 定期清理机器内灰尘(每半年一次)
2	生鲜电子秤使用及操作	1. 可以熟练操作 Mtstar(托利多)、Digistor(寺冈)电子秤软件 2. 可以设置电子秤 IP、无线设置、快捷键、电子秤条码板、秤签格式下发等，可以判断并处理电子秤的常见问题(墨重、墨轻；打印头温度和齿轮速度；清内存；屏幕不亮；个位迁移等)，日常电子秤打印头保养
3	前无后有检核与价签检核	1. 清楚前无后有检核时间：第一次扫描时间 6:00－7:30(务必在晨会前完成，并在晨会通报)；第二次扫描时间 11:00－13:30；第三次扫描时间 17:00－19:30，排面缺货超过 1/2 的杂百商品，不含已打印缺货价签的商品，并打印 S210 报表，要求营运分析并补货 2. 价签检核时间：10:00－12:00，列印 S211 价签检核报表并签字，第一时间将错误价签告知各部门负责人更换并签字，价签检核报表交由店总审核并签字
4	盘点流程	盘点种类： 1. 生鲜盘点；2. TOP150 盘点；3. 日配盘点；4. 第三方盘点 盘点流程： 1. 周一手动日结，营业期间/日结后设盘 2. 按盘点类型进行设盘 (1)分类设盘——日配盘点；(2)货架号设盘——TOP130 盘点；(3)部门设盘——生鲜盘点 3. 选择起盘日期：上次盘点结束日期后第二天(如上次盘点日 5 月 1 日，盘点结束日 5 月 2 日，本次盘点起盘日则为 5 月 4 日) 4. 列印盘点单——生鲜盘点，第二天商管统一入机，与生鲜部门核对盘点差异，第二天 16:00 前完盘 5. TOP150 盘点和日配盘点均使用 RF 枪，盘点当晚商管课组需要留员工与营运课组确认盘点差异，在系统内核对盘点单。第二天中午 12:00 前完盘 6. 完盘前商管应在系统内操作 ERP 库存同步(同步时，如＞500 品，报总部综合支持予以解决；＜500 品，门店可同步)，再次与营运确认盘点差异，方可完盘

续表 2-1-5

序号	岗位实操项目	实操标准
5	打印机使用及维护	1.熟练掌握打印机与PC机的连接、打印共享连接,可以对办公打印机进行日常维护 2.能够对激光打印机(如爱普生 1007)、针式打印机(如爱普生 1600、爱普生 120 发票打印机)、喷墨打印机(如爱普生 K100、爱普生 820 价签打印机)进行日常维护和故障排查(卡纸)
6	RF 功能了解及维护	1.了解 RF 基础配置(IP 配置、程序安装) 2.了解各类 RF 功能,如商品查询、盘点、紧急变价、收货等 3.可以在 R2 上查询 RF 操作作业的数据
7	AP 管理和维护	1.可以登录店铺 AC 控制器管理网址查看 AP 在线情况 2.清楚店铺 AP 卖场位置和 AP 设备的 IP 地址 3.可以在门店某个 AP 不在线时,独立快速地查找到位置及排除故障
8	资产管理	1.清楚门店的资讯资产使用情况(资产台账) 2.清楚并操作购置、调拨、报废、盘点资产管理流程(AMS、OA) 3.了解并熟练操作店铺设备资产维修流程,清楚 IT 支持服务单填写,资产设备保修期情况,维保厂家及总部相关负责人
9	网络维护	1.清楚地了解店铺 IP 地址分配情况,熟悉门店各类网络设备的位置 2.可以独立判断网络故障并处理(局域网故障、店铺到总部故障、网络设备故障) 3.可以熟练制作网线水晶头(橙白、橙、绿白、蓝、蓝白、绿、棕白、棕),并使用测线器
10	UPS	1.清楚 UPS 应急电源的工作原理,清楚 UPS 供电的设备使用范围,可以查看 UPS 负载情况,能够判断电后设备在 UPS 供电的使用时间 2.能够对 UPS 设备进行重新启动设备操作
11	服务器维护	1.可以正确地对服务器进行开关机操作 2.能够排查服务器不能够启动的原因,可以查看服务器指示灯情况 3.清晰地知道服务器必须开启的程序:POSserver、R2server、Smart-VTApp

续表 2-1-5

序号	岗位实操项目	实操标准
12	路由器端口要求	1.0 口:联通专线接入口 2.1 口:移动专线接入口 3.9 口:与核心互联接口
13	核心交换机端口要求	1.1～4 口:各服务器接口 2.5～12 口:办公主干接口,13～19 口:AP 主干接口,21～23 口:备用接口 3.20 口:AC 控制器接口 4.24 口:与路由器互联接口 5.25～26 口:POS 交换交互接口(此端口既可以使用光纤也可以使用网线)
14	各类单据制作	1.早订单、生鲜、日配订单制作及流程 2.退单、退货组包单制作及流程 3.变价单制作及流程 4.销售订单制作及团购销售订单流程 5.库存调整单制作及流程
15	R2 系统操作及报表解读	1.可以熟练解读和查询标准报表和制式报表内容 2.熟练操作查询商品状态、R2 及收银员工号创建等
16	IT 设备报修形式	以设备类型分为:“IT 关键设备维修单”进行报修;“电话联系”设备服务商进行报修
17	“IT 关键设备维修单”进行报修的设备类型	收款机、RF 手持、电子秤、打印机、杉德刷卡机
18	“电话联系”设备服务商进行报修的设备类型	电脑、扫描平台、扫描枪、无线 AP、UPS 电源等设备
19	出保标识检查	因出保设备多产生维修费用,门店需注意设备在/出保状况,在提报维修申请时注意资产码“在/出保”标识

续表 2-1-5

序号	岗位实操项目	实操标准
20	门店 IT 关键设备报修具体操作	1.门店核实故障设备 AMS 系统资产码,有部分设备可以参照设备序列号。(序列号在设备标牌上会有,一般新设备入店时在资产系统验收会录有序列号) 2.登录 OA 平台创建“IT 关键设备维修单”申请,填入故障设备对应的资产码或序列号,带出设备资产信息 3.认真填写“故障说明”一栏,内容要简洁精练。联系人员手机号码务必填写,故障状况描述清晰。勿填“请领导审批,请尽快维修”等赘言 4.正确选择“服务分类”“服务商列表”选项,以免因误报服务商延误设备维修。如对服务商不清楚,可电话问询总部设备采购进行确认 5.有特殊要求的,如需要报修设备快递服务商的地址,或要求服务商回复邮件等,可在“故障说明”一栏写明 6.提交“IT 关键设备维修单”。在服务商技术人员检测维修完毕,无费用问题,服务商会邮件回复总部信息中心关闭流程;如发生费用,则由服务商技术人员电话或邮件通知总部采购确认,并报经门店店总审批通过后进行维修
21	电子秤报修注意事项	1.在保电子秤维修,托利多品牌基本上是服务商恒茂达,寺冈品牌基本全部过保 2.出保电子秤维修及电子秤纸的订购,共有两个服务商负责,按区域划分,不分店内使用秤品牌。服务商木慧盛负责:天津地区+河北地区(廊坊、香河、燕郊、任丘店铺);服务商佳诚荣业负责:北京地区+河北地区(宣化、沙河店铺)
22	配送中心(DC)分类	DC10:常温库 DC15:大兴冷冻冷藏日配库 DC21:水产库 DC12:保鲜库 DC30:生鲜加工中心 DC36:果菜加工中心 DC18:外库

续表 2-1-5

序号	岗位实操项目	实操标准
23	收银工号规范要求	收银作业 ID 号要求： 1 号段——小时工(100,101,102,…设销售权限) 2 号段——正式收银员(200,201,202,…含账管课长,设销售权限) 4 号段——支援人员[400～409 生鲜;410～429 杂货;430～449 百货(含家电);450～479 客服、后勤、人力(含业代),其中店总 450、客服经理 451;账管课长 480;481～489 账管组长;490～499 电商] 7 号段——店铺自行设置 退货作业 ID 号要求： 5 号段——服务台(500,501,502,…设退货权限) 授权作业 ID 号要求： 3 号段——授权键 (300,301,…设收银组长权限,收银领班、接待课长) 6 号段——账管课长(600)、客服经理(601)、店总(602),设收银组长权限 注:防损第一负责人(603),仅设置防损权限
24	已被禁用的 ID 启用时限	被禁用的收银工号须在一个月后解禁再次利用,以前数据不会进行覆盖;若拥有收银工号的人员发生异动,商管将收银工号在 24 小时内在系统中设为“禁用”
25	订单审核	1. 订单是否齐全、完整、打印清楚,是否有污损 2. 订单的店号、订单号码、销售单位、品项数等是否准确 3. 是否在订单交货有效期(通常为订单预计交货日期的前一天至后两天),超过有效期的订单,店铺将无法收货
26	DC 退货商品整理要求	1. 商管对退货检核重点:货票相符;无异常板;无异常单据 2. 退至 DC 商品的封箱要求:必须保证用胶带进行十字封箱 3. 盘点前的退货要求:盘点前 3 天门店不退货至 DC,如门店 20 日盘点,17 日起门店就不能退货至 DC 4. 退货商品整理品项数的规定:每箱退货的单品数量不得超过 3 品,每箱退货必须是一个供商卡号下的商品 5. 箱号的编码规则:课组＋编号共 4 位。例如:休闲食品课组退货编码是:07＋编码。如果当日课组退货超过 100 箱,用一个实际非经营的课组号码(自编两位)即可 6. 整理完毕的退货拉至商管退货区域后检核:由商管、防损、课组人员共同清点退货总件数是否正确,清点无误后,打膜组盘

续表 2-1-5

序号	岗位实操项目	实操标准
27	退货商品码放标准	1.退货商品码放需遵循上轻下重、上小下大原则 2.退货商品必须遵循分课组码放原则 3.退货商品需遵循同一退单号商品码放在同一托盘上 4.退货商品装箱后需用胶带进行十字封箱(未拆封的原箱商品无须十字封箱) 5.组盘完毕的退货进行打膜、封顶且封签盖章 6.将退单粘贴在明显的位置,一眼就能看见的箱体外侧
28	保质期要求	1.所有国产预包装商品应距离保质期到期日至少 2/3 时间 2.进口预包装商品的保质期应距离保质期到期日至少 1/2 时间 3.对于达不到上述保质期要求的商品,店铺有权拒收,特殊情况下需经营运部总监审批 OA 后方可收货
29	抽查比例和检查标准	1.供应商来货数量在 10 个标准(原装)箱或以下,需 100%检查 2.供应商来货数量在 10～20 个标准(原装)箱,首先抽查 10 箱,然后再抽查超出部分的 30% 3.供应商来货量在 20 个标准(原装)箱以上,可以从栈板的多角度随机抽查,但至少抽查 15 箱以上 4.如果供应商来货使用的是非原装箱,必须全部开箱检查 5.贵重商品及高损耗商品,如香烟、单价 80 元以上的酒、化妆品、巧克力、口香糖、电池等,必须 100%开箱检查 6.生鲜及贵重商品由仓管、部门员工、防损员工、供应商四方验收 7.在检查过程中,若对商品有疑问时必须加大标准箱的抽查比例
30	DC 投单审核	完整的 DC 送货单据应包括:司机行程表、配送中心交货单、手工发货单(如有)、检疫证明(如有);审核 DC 送货单据内容及行程单上的 OBD 号与交货单上的 OBD 号是否准确、清晰、一致
31	查验车辆以及各门的铅封	整车含驾驶室的情况(360 度);拉拽检验铅封并与登记核对;发现异常与相关部门即刻沟通;关注司机各种表现;保持平静心态处理问题
32	贵重商品的收货	车辆开封后,商管、课组、防损、配送中心四方人员同时在场,共同根据配送中心交货单清点

续表 2-1-5

序号	岗位实操项目	实操标准
33	异常情况处理	如商品入库开箱后发现商品有品项差异、数量差异或破损情况，24 小时内可向 DC 申偿 品项差异、数量差异：将差异情况 OA 提报至配送客服、收货督导。若确属配送中心方面原因导致差异，将由配送中心按清点差异补货到店铺 破损情况： 1. 因配送原因出现的破损商品，由配送中心按具体的破损数量，补货到店铺（由课组拍照取证，交商管申偿） 2. 因卸货原因导致商品破损，由司机当场在店铺收银系统进行空买（小票上标注“空买，不出货”字样）
34	铅封的种类	铅封根据施加人员不同可分为：发货封识；收货封识；回货封识
35	去封作业三原则	车门 100%铅封；每一个铅封的编码准确地抄写在“司机行程单”上；“司机行程单”上必须有司机确认签字
36	回封作业三原则	启封数量与回封数量相符：即开拆启封了几个铅封，完成收货任务后必须再施加几个回铅封；启封位置与回封位置相符：即开拆了什么位置上的铅封，完成任务后必须在原位置施加回铅封；编码登记准确：即必须将所施加的所有回铅封的编码，准确地抄写在“司机行程单”上
37	在途相关内容	在途查询： R2—制式报表—商品报表—R2 在途库存查询报表 在途订单的处理时限：要求在一周内处理完毕 在途的形成： 1. DC 已拣配完毕，货未到店，形成在途 2. DC 送货到店，货票不同行，形成在途 3. 退 DC 商品，出现差异，总部返冲商品，店铺未及时入机，形成在途 4. 如清洁纸品送货缺少品项或数量，店铺不能入机，形成在途 5. 店间调拨，调入店未及时入机，形成在途 解决在途商品： 1. 发现在途商品，应与课组人员、大库 DC 双方核实，核对货是否发或是否到店，只有确认商品到店才可入机 2. 如有调入调出情况，未附有 OA 批示，商管不能入机，商管要提报 OA 到库存管理中心，解决完毕方可入机 3. DC 退货差异，反冲票据要由课组人员签字后才可入机

续表 2-1-5

序号	岗位实操项目	实操标准
38	商品验收操作	一对一的服务原则，即一名收货员工，不允许同时为多家供应商收货；根据订单在红线区域内依照收货标准清点验收货物；到货量不足订单量1/2的，通知营运课组后方可收货；超出订单品项及数量的，可拒收；不符合验收标准的，严格拒收；将验收合格的商品数量逐一记录在实收数量栏并签字(不允许在供应商的出库单、送货单上签字)；如需课组复核，则交由课组复核验收；若收货数量有修改，验收人员、送货人员、课组需在订单(两联)填写实收数量并签字确认；复核后的订单需及时返还商管
39	订单签收	商管防损员对所有订单进行全部签字，监督已验收商品进入卖场；商管防损抽查当日收货单据不低于30%，且在抽查数量处签字；订单签收并核实无误，由商管负责人或授权人在订单上加盖物美收货专用章后返给供应商送货人员；收货验收后的单据(订单、供应商送货单/出库单)交商管录入人员复核并录入系统
40	系统录入	1. 核对收货单据：商管录入人员核对订单实际签收数量，并与厂家出库票或送货单进行核对 2. 核对交货日期：订单预计交货日期过后，订单将自动关闭，但仍会有两天的有效期可以收货，有效期过后系统将不能再收货 3. 数量不符情况：如果收货数量与采购订单数量不符，需按实际数量录入，且收货数量不能高于订单数量 4. 录入系统：负责录入的人员必须在收货验收完成后当日录入完毕
41	双48小时退货描述	自微信提报退货开始，DC在48小时内将门店退货拉走，退货到达DC后，48小时内完成过账，7天内商品退供商
42	高库存店间调拨新模式	1. PCD制订调拨计划 2. 高库存店将商品退回DC(一个新建立的库区)，DC再对调入店发货，配送参与调拨 3. 营运端执行调出店退货，调入店收货

续表 2-1-5

序号	岗位实操项目	实操标准
43	高库存调出店工作流程	1. PCD 制订调拨计划，邮件发送调出店、营运、配送。营运、配送负责督核退货门店 24 小时快速组盘，商品退回配送 2. 调出店接到调拨信息后，24 小时内完成商品装箱、组盘缠膜，调出店商品以整箱为单位做退货，不足整箱不能退货。（可以使用非原包装箱，但入数必须满足整箱 EA 数，上下十字封箱） 3. 调出店需将 PCD 下发邮件和调拨单（装袋）贴到包装箱体左上角处。同时，必须使用“调拨封箱单”，一箱一签，用马克笔填写，张贴在箱体的左下角 4. 调出（退货）店应确认商品完好，预留保质期不少于 1/3，赠品齐全，不得以次充好，封箱采用上下十字封箱，整盘缠膜，上方必须覆盖，并在行程单上注明“高库存退货”×盘，×箱 5. 商品退到配送后，配送负责将商品集中并分配到 PCD 指定调入的其他门店。在司机送货行程上注明“高库存商品”×盘，×箱，同时，整盘商品明显位置做显著标记，便于接收店确认区分。有调拨时需司机与门店单独交接，不与正常商品混放
44	高库存调入店工作流程	1. 配送将高库存（调拨）商品送到接收店时，门店商管人员查验司机行程单，如发现有高库存商品，需重点关注并请防损、课组一起在监控下对高库存商品进行清点 2. 调入店接收高库存商品时，认真检查商品完好性，保质期要求在 1/3 有效期内可以收货 3. 调拨（退货）商品出现差异（含过期、少货、混货、残损、无赠品）应立即联系调出店，当场确认（补货或反调拨），如当场不能处理，接收店务必保留录像，并联系商管督导处理，24 小时内完成最终确认。如同一家门店 3 次（含）/月以上出现调拨差异，将对相关课组负责人处罚 100 元、店长处罚 200 元 4. 调入店出现差异时： (1)整箱短缺发 OA 到配送客服申偿，同时抄送商管督导 (2)箱内（封箱完好）商品出现差异，按第 8 条内容处理 (3)如有争议，联系商管督导处理
45	“三抓”	1. 抓档期：活动、督报、广播（看销售占比） 2. 抓周末：周末业绩跳起 1.5 倍以上 3. 抓晚场：14:00 启动二次开店，16:00 组织迎宾
46	S312 收货明细表	依据流程查核收货单据 单据录入准确性：依据该明细表对前日单据录入的准确性进行稽核。有录入错误的是否已做处理（是否提报 OA 审批做冲销后入机）

续表 2-1-5

序号	岗位实操项目	实操标准
47	收货准备	关注待收准备收货 关注短交信息：关注“待收”，紧盯来货时间，做好收货准备
48	S313 退货明细表	关注退单状态进行相关处理 关注退单状态并进行跟进：关注直送供商的已过账的数量是否有差异，若有差异是否进行处理；关注配送未过账的原因，需联系配送退货组查询原因进行解决

（五）校企互聘共用的师资队伍的建设

学院政发《北京农业职业学院现代学徒制双导师管理办法》（试行）等办法，确定了现代学徒制试点工作导师标准，明确责任和待遇，明确了双向挂职锻炼、联合技术研究、专业建设的激励制度和考核奖惩制度。具体内容包括：明确学校安排校内导师到企业开展挂职和实践锻炼，将教师企业挂职锻炼纳入教师社会实践内容和教师绩效考核；企业将导师承担的教学任务纳入企业工作内容，导师享受相应的带徒津贴；鼓励校企导师横向联合研发，对校企导师联合研发课题予以政策倾斜，提升“双导师”教科研水平。

物美集团建立了由资深店长、区域督导、优秀内训讲师等企业优秀实践或管理人员组成的企业师傅资源库。物流管理专业直接聘请物美集团 10 名管理人员担任企业导师（图 2-1-9，表 2-1-6），选派 2 名物流专业教师到物美集团总部、门店挂职锻炼（图 2-1-10）。

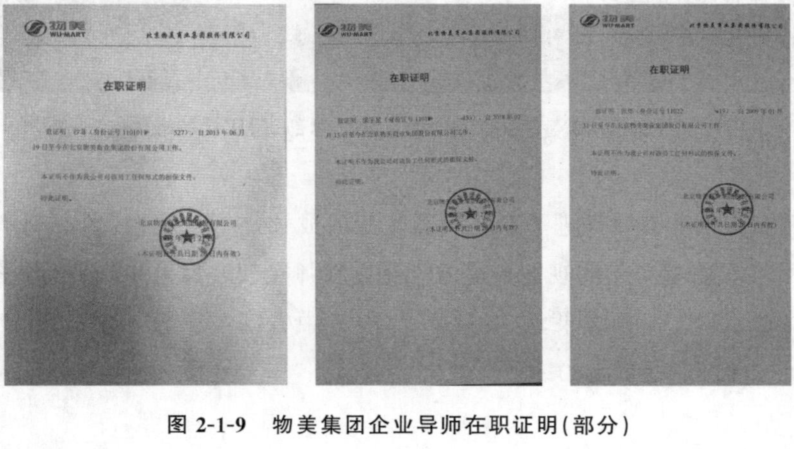

图 2-1-9　物美集团企业导师在职证明（部分）

表 2-1-6 企业导师资格、课时分配、津贴标准

序号	企业导师	单位	职称/职务	课时分配	津贴标准
1	沙菲	北京物美商业集团股份有限公司	高级经理	120 课时	100 元/课时
2	梁宇星	北京物美商业集团股份有限公司	招聘经理	120 课时	100 元/课时
3	张烁	北京物美商业集团股份有限公司	高级经理	120 课时	100 元/课时
课时合计			360 课时		

计算方法：

导师 1 沙菲：100 元/课时×120 课时×0.5＝6 000 元

导师 2 梁宇星：100 元/课时×120 课时×0.5＝6 000 元

导师 3 张烁：100 元/课时×120 课时×0.5＝6 000 元

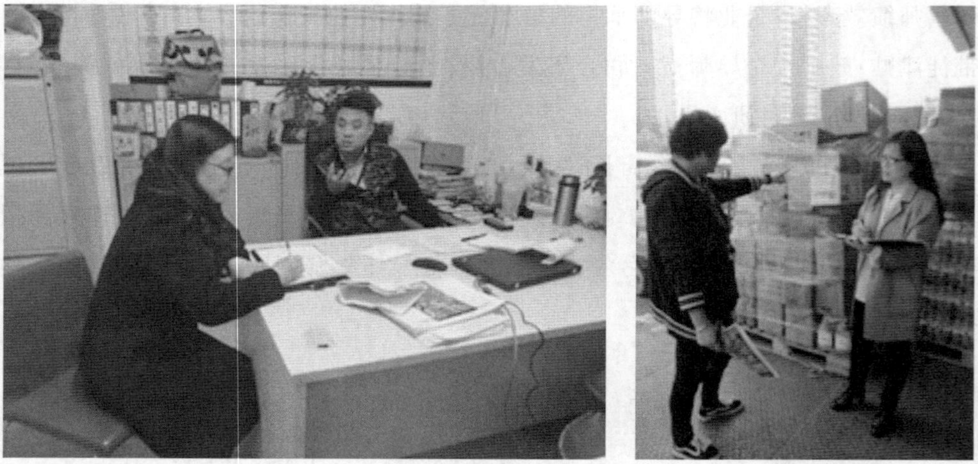

图 2-1-10 专业教师到物美集团总部、门店挂职锻炼

项目试点工作有效促进了专业教师队伍的成长，专业 2 名教师实现了职称晋升与晋档，1 名企业师傅实现职务递增。专业教师在教改课题申报、指导学生技能大赛等方面取得了丰硕成果，申报课题 9 项(其中省部级课题 4 项)(表 2-1-7)，发表相关论文 15 篇(表 2-1-8)。

表 2-1-7　物流管理专业教师主持课题情况汇总

序号	课题名称	主持人	备注
1	基于消费视角下的生鲜农产品电商物流问题与对策研究	张天琪	中国物流学会项目
2	基于大数据背景下生鲜农产品电子商务物流模式探讨——以B2C型为例	张天琪	北京市教委社科一般项目
3	疏解非首都功能背景下蔬菜配送模式问题及对策研究——以北京西城区为例	温春娟	中国物流学会项目
4	"疏解整治促提升"背景下的北京新零售发展研究	温春娟	中国物流学会项目
5	特色农产品流通模式优化分析——基于怀柔板栗实证研究	卢桂芬	院级项目
6	院级低收入乡村科技帮扶专项——基于精确帮扶的特色农产品营销与策划	胡军珠	院级项目
7	北京市生鲜食品冷链配送研究	石　岩	院级项目
8	农产品冷链标准的企业应用研究	胡军珠	院级项目
9	当前北京新零售业态发展中存在的问题与对策研究	温春娟	院级项目

表 2-1-8　物流管理专业教师现代学徒制试点期间发表论文信息统计

序号	论文名称	发表刊物	作者	发表时间
1	"双高计划"背景下的现代学徒制发展路径探索	黑龙江畜牧兽医（北大核心）	张天琪、杨永杰、何艳琳等	2020.6
2	高职物流管理专业现代学徒制探析	商情	卢桂芬	2019.4
3	高职院校物流专业现代学徒制人才培养模式探究	全国流通经济	李剑宇、吴　迪	2019.7
4	高职物流管理专业现代学徒制教学改革的探析	商情	卢桂芬	2019.7
5	基于蓝墨云班课的胡格教学方法应用探索与实践	北京农业职业学院学报	胡军珠	2019.4
6	基于 Word 的 EAN-13 条码原理实训设计	北京农业职业学院学报	李忠国	2018.10

续表 2-1-8

序号	论文名称	发表刊物	作者	发表时间
7	大数据助力农产品精准生产	北方园艺	张天琪	2018.4
8	互联网+生鲜农产品电子商务的大数据策略研究	特区经济	张天琪	2018.1
9	“互联网 + ”农产品供应链实证分析——以平谷“鑫桃源”电商供应链为例	中国市场	张天琪	2019.3
10	基于新零售发展的农产品冷链标准建设研究	现代商贸工业	胡军珠	2019.4
11	基于互联网的乡下生鲜水果物流冷链的发展策略	价值工程	李　萍	2018.10
12	我国蔬菜供应链追溯体系的发展研究	中国商论	李　萍	2018.8
13	北京都市型现代农业生态服务价值实现路径	江西农业	李　萍	2018.4
14	打造“互联网+”果蔬电商供应链优势分析	现代营销	李　萍	2018.2
15	农产品仓储反向操作的危害与对策	北京农业职业学院学报	李忠国	2017.12

(六)体现现代学徒制特点的管理制度的建设

物美集团牵头制定了《北京物美商业集团股份有限公司师傅带学徒管理办法》,对学徒的入职培训、岗位学习、通用课程集训、一对一带训学习、综合胜任力答辩、晋升培训做了明确规定。

校企协同制定了《招生招工一体化管理办法》《双导师选拔制度》《双导师管理办法》《学徒岗位学习考核制度》《北京农业职业学院准员工转为员工(毕业)制度》《北京农业职业学院学徒召回制度》《北京农业职业学院现代学徒制学分管理办法》等制度和办法,对招生招工一体化工作、双导师聘任与管理、学生(学徒)教育学习质量、学徒准员工转员工、学徒的召回情形和处理流程、学徒学时学分转换等做了明确规定。

校企共同制定了专业指导委员会相关文件,明确了专业指导委员会委员参与专业基地建设,指导本专业师资队伍建设工作,为专业双师型教师的培养和开展社会服务提供帮助。

校企共同制定了《现代服务管理系物流管理专业现代学徒制教学管理细则》(图 2-1-11)，进一步细化了校企双方的职责分工、试点班管理、学徒管理、教学组织实施和教学质量监控与评价等要求与内容。

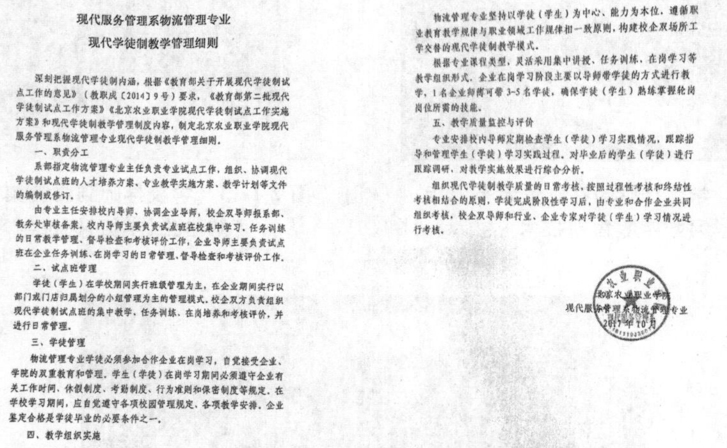

现代服务管理系物流管理专业

现代学徒制教学管理细则

深刻把握现代学徒制内涵，根据《教育部关于开展现代学徒制试点工作的意见》（教职成〔2014〕9号）要求，《教育部第二批现代学徒制试点工作方案》《北京农业职业学院现代学徒制试点工作实施方案》和现代学徒制教学管理制度内容，制定北京农业职业学院现代服务管理系物流管理专业现代学徒制教学管理细则。

一、职责分工

系部指定物流管理专业主任负责专业试点工作，组织、协调现代学徒制试点班的人才培养方案、专业教学实施方案、教学计划等文件的编制或修订。

由专业主任安排校内导师、协调企业导师，校企双导师报系部、教务处审核备案。校内导师主要负责试点班在校集中学习、任务训练的日常教学管理、督导检查和考核评价工作，企业导师主要负责试点班在企业任务训练、在岗学习的日常管理、督导检查和考核评价工作。

二、试点班管理

学徒（学生）在学校期间实行班级管理为主，在企业期间实行以部门或门店归属划分的小组管理为主的管理模式。校企双方负责组织现代学徒制试点班的集中教学、任务训练、在岗培养和考核评价，并进行日常管理。

三、学徒管理

物流管理专业学徒必须参加合作企业在岗学习，自觉接受企业、学院的双重教育和管理。学生（学徒）在岗学习期间必须遵守企业有关工作时间、休假制度、考勤制度、行为准则和保密制度等规定。在学校学习期间，应自觉遵守各项校园管理规定、各项教学安排。企业鉴定合格是学徒毕业的必要条件之一。

四、教学组织实施

物流管理专业坚持以学徒（学生）为中心、能力为本位，遵循职业教育教学规律与职业领域工作规律相一致原则，构建校企双场所工学交替的现代学徒制教学模式。

根据专业课程类型，灵活采用集中讲授、任务训练、在岗学习等教学组织形式。企业在岗学习阶段主要以导师带学徒的方式进行教学，1名企业师傅可带3~5名学徒，确保学徒（学生）熟练掌握轮岗岗位所需的技能。

五、教学质量监控与评价

专业安排校内导师定期检查学生（学徒）学习实践情况，跟踪指导和管理学生（学徒）学习实践过程。对毕业后的学生（学徒）进行跟踪调研，对教学实施效果进行综合分析。

组织现代学徒制教学质量的日常考核，按照过程性考核和终结性考核相结合的原则，学徒完成阶段性学习后，由专业和合作企业共同组织考核，校企双导师和行业、企业专家对学徒（学生）学习情况进行考核。

北京农业职业学院

现代服务管理系物流管理专业

2017年10月

图 2-1-11　物流管理专业现代学徒制教学管理细则

(七)其他

物流管理专业按年度总结了现代学徒制试点工作，在学院官网、物美超市官微、物美超市门店等线上、线下渠道宣传了物流管理专业现代学徒制试点工作。

三、工作成效及创新

(一)学生实现工学交替、岗位成才

现代学徒制试点班 15 名学生中，经企业、学生双向选择，4 名学生在物美集团总部采销、PCD(品类陈列订货)中心岗位学习，11 名学生在物美门店账管、商管、客服、人资专员等岗位学习(图 2-1-12 至图 2-1-14)。

依托学徒培训中心，校企构建了 19 人的企业导师资源库，直接聘请 2 名高级经理级、1 名经理级企业管理人员担任企业导师，实现双导师培养。通过岗位学习，专业 4 名学生(学徒)在毕业前就通过企业一专多能技能考核，拥有品超(精品店)副店长管理权限，开始职代店长阶段培养。

图 2-1-12　学生(学徒)在物美示范门店学习数字零售新技术

图 2-1-13　学校导师到物美集团发展学院了解学生(学徒)岗位学习情况

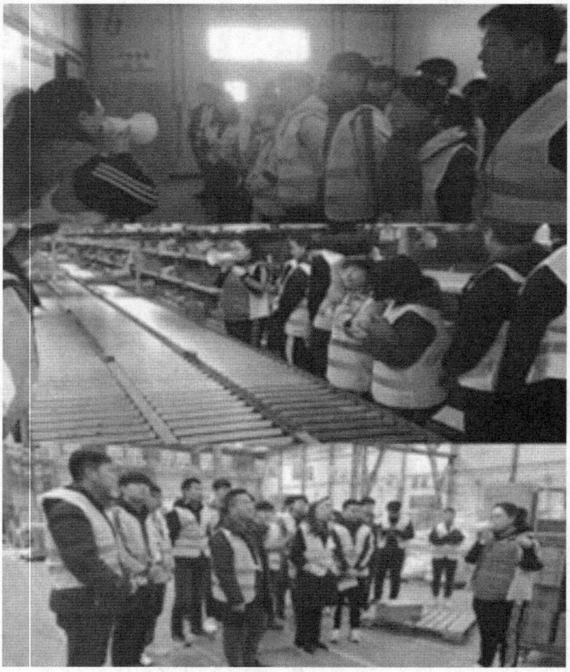

图 2-1-14　学生(学徒)到物美配送中心进行岗位认知学习

2019 年 7 月，物流 1711 班 15 名学生(学徒)通过校企双导师毕业考核(图 2-1-15)，全部顺利取得毕业证书。73.3%的学生(学徒)从事仓储、采购、门店运营等物流相关岗位工作。

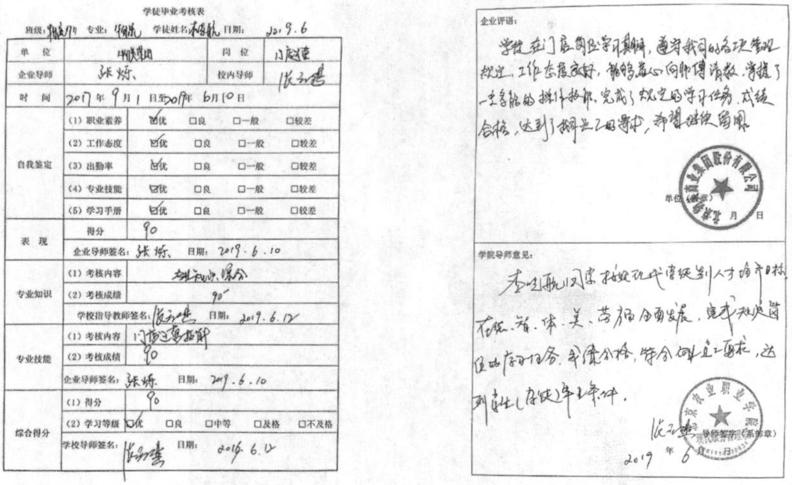

学徒毕业考核表

班级：[illegible]　专业：[illegible]　学徒姓名：[illegible]　日期：2019.6

单　位	[illegible]	岗　位	[illegible]
企业导师	张娇	校内导师	[illegible]
时　间	2017 年 9 月 1 日至 2019 年 6 月 10 日		
自我鉴定	(1) 职业素养	☑优　□良　□一般　□较差	
	(2) 工作态度	☑优　□良　□一般　□较差	
	(3) 出勤率	☑优　□良　□一般　□较差	
	(4) 专业技能	☑优　□良　□一般　□较差	
	(5) 学习手册	☑优　□良　□一般　□较差	
表　现	得分	90	
	企业导师签名：张娇　日期：2019.6.10		
专业知识	(1) 考核内容	[illegible]	
	(2) 考核成绩	90	
	学校指导教师签名：[illegible]　日期：2019.6.12		
专业技能	(1) 考核内容	[illegible]	
	(2) 考核成绩	90	
	企业导师签名：张娇　日期：2019.6.10		
综合得分	(1) 得分	90	
	(2) 学习等级	☑优　□良　□中等　□及格　□不及格	
	学校导师签名：[illegible]　日期：2019.6.12		

企业评语：

[illegible]

单位（签章）　年　月　日

学院导师意见：

[illegible]

导师签字（系部章）

2019 年 6 月　日

图 2-1-15　学徒毕业考核表

（二）成立学徒培训中心，校企共建共享实训资源

学院与物美集团发展学院合作成立了农产品流通行业学徒培训中心，直接对接专委会，执行定期例会制度（图 2-1-16），即时沟通解决问题，统筹校企资源，定期对校企双方人员进行培训（图 2-1-17），提高学生（学徒）培养质量。学徒培训中心搭建了校企深度融合平台，优化了沟通机制，成为产教融合、校企合作的黏合剂和推进剂。

图 2-1-16　校企共同研讨专业课程体系

图 2-1-17　学生在学徒培训中心学习

截至 2019 年 7 月，校企共计培训学徒 190 人次、教师 18 人次，组织物流管理专业教师挂职锻炼 2 人，组织沟通例会 9 次。

自开展现代学徒制试点工作以来，物流管理专业与物美集团共建共享实训资源，累计共享实训基地、场所 13 个，具体见表 2-1-9。

表 2-1-9　校企共建共享实训资源统计表

序号	实训基地、场所名称	所在地	试点专业	合作企业
1	物流管理专业实训基地	学院	物流管理	北京物美商业集团股份有限公司
2	物美便利店	学院	物流管理	北京物美商业集团股份有限公司
3	物美集团总部	企业	物流管理	北京物美商业集团股份有限公司
4	物美发展学院（学徒培训中心）	企业	物流管理	北京物美商业集团股份有限公司
5	物美 DC（配送中心）	企业	物流管理	北京物美商业集团股份有限公司
6	物美慧科店	企业	物流管理	北京物美商业集团股份有限公司
7	物美联想桥店	企业	物流管理	北京物美商业集团股份有限公司
8	物美鲁谷店	企业	物流管理	北京物美商业集团股份有限公司
9	物美科大店	企业	物流管理	北京物美商业集团股份有限公司

续表 2-1-9

序号	实训基地、场所名称	所在地	试点专业	合作企业
10	物美米拉小镇店	企业	物流管理	北京物美商业集团股份有限公司
11	物美西黄村二店	企业	物流管理	北京物美商业集团股份有限公司
12	物美太平街店	企业	物流管理	北京物美商业集团股份有限公司
13	物美杜家坎店	企业	物流管理	北京物美商业集团股份有限公司

(三)采用信息化手段,“线上+线下”实时管理学徒

专业建立现代学徒制微信群,与在岗学习学生(学徒)即时沟通信息,掌握学生(学徒)动态。此外,专业使用云班课 App,将现代学徒制实施方案、现代学徒制家长知情书模板、现代学徒制在岗学习周记模板、北京农业职业学院现代学徒制三方协议等文件提前上传云班课“资源”模块,方便学生、家长查阅和使用。

在云班课 App“活动”模块中,老师按照周次提前发布周记任务,要求学生在一周在岗学习结束后,通过云班课 App 提交周记和反映在岗工作状态的照片(图 2-1-18)。

图 2-1-18

续图 2-1-18　采用信息化手段管理学生(学徒)

(四)依托胡格教学模式改革项目促进师资队伍建设

我院是北京市物流专业胡格教育模式改革项目的七所参与校之一。2018 年 5 月 9 日，学院获得德国巴符州教育部“胡格创新学习学院”认定。教师将胡格教学方法融入现代学徒制人才培养模式，教学效果增强。2017 年 3 月开始，试点专业物流管理专业师资团队累计超过 100 人次参加了 14 期胡格教学模式项目培训(图 2-1-19)，累计参训天数超过 40 天。

物流专业教师积极探索将胡格模式教学方法融入现代学徒制试点班级教学中，在国际物流与货运代理、仓储与配送管理等多门专业课中采用胡格模式教学方法(图 2-1-20、图 2-1-21)，有效提升了学生的非专业能力和专业能力。学生在教学反馈座谈会上普遍反映自己在课堂上更加专心了，更爱上物流课了。

图 2-1-19　专业教师参加胡格教学改革项目培训

图 2-1-20　试点班学生分组制作展示海报

图 2-1-21　试点班学生进行任务成果展示汇报

第二部分

工商企业管理专业“宽平台，双对接”人才培养模式

2017年8月，我院正式获批成为教育部第二批现代学徒制试点单位。工商企业管理专业作为试点专业之一，严格对照实施方案与任务书持续推进现代学徒制试点工作，完成了目标任务，在校企双主体育人机制、招生招工一体化、人才培养制度和标准、双导师队伍、体现现代学徒制特点的管理制度等方面取得了不错的效果。

一、立足现代服务行业发展，改革人才培养模式

（一）行业发展导致岗位需求与人才素养存在差距

根据党的十九大报告“贯彻新发展理念，建设现代化经济体系”，我国加快建设人力资源与实体经济、科技创新、现代金融协同发展的产业体系，而产教融合是实现人力资源与实体经济协同发展的最有效的方式之一。根据国家十大产业振兴规划，钢铁、汽车、船舶、石化、纺织、轻工、有色金融、装备制造、电子信息、物流这十大支柱产业的发展，需要大量的“懂管理、懂经营”的现代企业经营与管理人才。

从北京的产业发展来看，第三产业产值已经远远超过第二和第一产业。据北京市统计局的调查数据显示，至2017年，北京第三产业总产值已达5 580.8亿元，占地区生产总值的比重达到70.9%，是全国第三产业水平最高的城市之一。现代服务业产值达3 788.8亿元，占第三产业的67.9%，现代服务业已成为北京的第一大支柱产业。随着非首都功能疏解和京津冀协同发展，北京企业数量剧增，急需企业管理人才。工商企业管理专业培养目标就是为现代服务行业培养高素质企业管理人才。

随着产业不断转型和升级，人才培养需要不断进行调整。工商企业管理专业

有很好的校企合作基础,但是在原来的人才培养模式下,以学校为主体、校内老师授课为主,企业参与度很低。工商企业管理专业在课程设置上讲究“大而全”,学生感觉什么都学了,但在岗位技能操作上与企业的实际需要存在不少的差距。学院根据《教育部关于开展现代学徒制试点工作的意见》(教职成〔2014〕9 号)和北京市教委《关于转发教育部办公厅做好 2017 年度现代学徒制试点工作的通知》等文件要求,选择了工商企业管理专业作为试点专业之一。专业根据现代学徒制试点工作要求,选择前期已签订校企合作协议并开展联合招生的国家农业信息化工程技术研究中心作为合作试点单位,与中心的下属企业农芯科技(北京)有限责任公司开展现代学徒制人才培养。

(二)制定专业建设目标,弥补供需差距

学院立足首都城市战略定位,以培养学生具备现代服务业管理类岗位涉及的职业素养、职业技能及职业发展能力为目标,建立健全工商企业管理专业人才培养方案,课程标准;满足首都经济社会发展、产业转型升级和京津冀协同发展要求,满足合作企业相关岗位职业能力要求;形成具有管理类特色的现代学徒制人才培养模式,全面提高工商企业管理专业技术技能人才培养质量。

其具体目标包括:

(1)探索校企协同育人机制,形成校企协同育人平台。

(2)制定招生招工制度,推进校企共同制定和实施招生招工方案。

(3)完善人才培养制度和标准,与合作企业共同设计人才培养方案,共同制定专业教学标准、课程标准、岗位技术标准、企业导师(师傅)标准、质量监控标准及相应实施方案。

(4)建设“互聘互用、协同育人”专兼结合的师资队伍,形成双导师制。

(5)建立健全与现代学徒制相适应的教学管理制度。

(6)探索具有特色的现代学徒制工商企业管理专业人才培养模式。

二、“宽平台,双对接”人才培养模式的形成

(一)校企建立协同育人机制

工商企业管理专业与合作企业农芯科技、必胜客多次研讨双主体育人机制,校

企共同制定了《北京农业职业学院现代学徒制校企协同育人管理办法》(试行),落实校企协同育人,采用“先招生后招工、校企联合培养”的现代学徒制培养模式,实施校企双主体育人、学校教师和企业师傅双导师教学。专业联合校内专家和合作企业专家共同成立了专业指导委员会(图 2-2-1),发挥双主体优势,提高学生(学徒)培养质量。

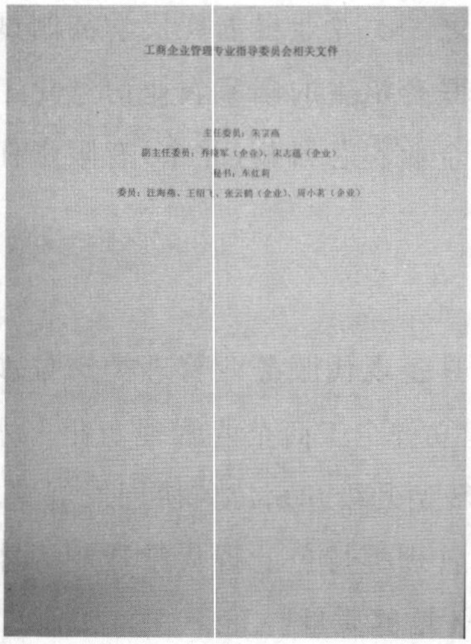

工商企业管理专业指导委员会相关文件

主任委员：[illegible]

副主任委员：[illegible]（企业）、[illegible]（企业）

秘书：[illegible]

委员：[illegible]、[illegible]、[illegible]（企业）、[illegible]（企业）

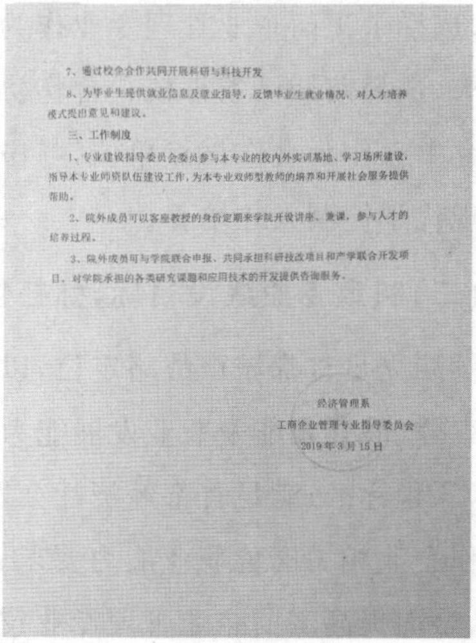

7、通过校企合作共同开展科研与科技开发

8、为毕业生提供就业信息及就业指导，反馈毕业生就业情况，对人才培养模式提出意见和建议。

三、工作制度

1、专业建设指导委员会委员参与本专业的校内外实训基地、学习场所建设，指导本专业师资队伍建设工作，为本专业双师型教师的培养和开展社会服务提供帮助。

2、院外成员可以客座教授的身份定期来学院开设讲座、兼课，参与人才的培养过程。

3、院外成员可与学院联合申报、共同承担科研技改项目和产学联合开发项目，对学院承担的各类研究课题和应用技术的开发提供咨询服务。

经济管理系

工商企业管理专业指导委员会

2019 年 3 月 15 日

图 2-2-1　工商企业管理专业指导委员会相关文件

工商企业管理专业分别与农芯科技(北京)有限责任公司、北京必胜客比萨饼有限公司签订了《北京农业职业学院现代学徒制试点项目校企联合培养协议书》(图 2-2-2)和《校企合作试点现代学徒制框架协议》(图 2-2-3),在“合作共赢、职责共担”的基础上,构建了校企协同育人平台。

工商企业管理专业与北京必胜客比萨饼有限公司、农芯科技(北京)有限责任公司实现了学习实训场所与企业资源和工作岗位的共享(表 2-2-1)。

表 2-2-1　工商企业管理专业学习实训场所

序号	学习实训场所名称	基地所在地	试点专业	合作企业
1	必胜客(双榆树餐厅)	企业	工商企业管理	北京必胜客比萨饼有限公司
2	国家农业信息化工程技术研究中心成果转化部	企业	工商企业管理	农芯科技(北京)有限责任公司

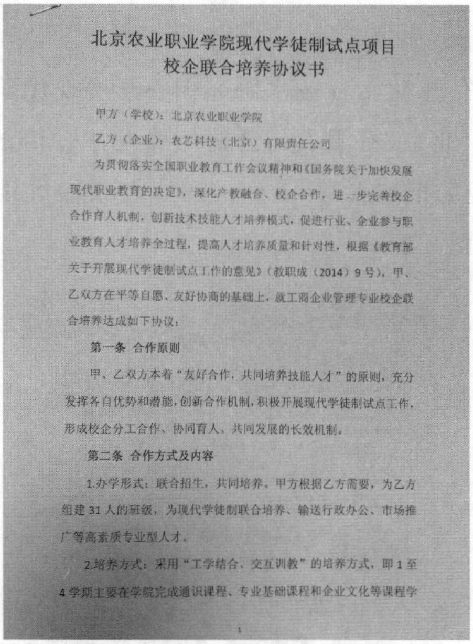

北京农业职业学院现代学徒制试点项目
校企联合培养协议书

甲方（学校）：北京农业职业学院

乙方（企业）：农芯科技（北京）有限责任公司

为贯彻落实全国职业教育工作会议精神和《国务院关于加快发展现代职业教育的决定》，深化产教融合、校企合作，进一步完善校企合作育人机制，创新技术技能人才培养模式，促进行业、企业参与职业教育人才培养全过程，提高人才培养质量和针对性，根据《教育部关于开展现代学徒制试点工作的意见》（教职成（2014）9号），甲、乙双方在平等自愿、友好协商的基础上，就工商企业管理专业校企联合培养达成如下协议：

第一条 合作原则

甲、乙双方本着“友好合作，共同培养技能人才”的原则，充分发挥各自优势和潜能，创新合作机制，积极开展现代学徒制试点工作，形成校企分工合作、协同育人、共同发展的长效机制。

第二条 合作方式及内容

1.办学形式：联合招生，共同培养。甲方根据乙方需要，为乙方组建31人的班级，为现代学徒制联合培养、输送行政办公、市场推广等高素质专业型人才。

2.培养方式：采用“工学结合、交互训教”的培养方式，即1至4学期主要在学院完成通识课程、专业基础课程和企业文化等课程学

1

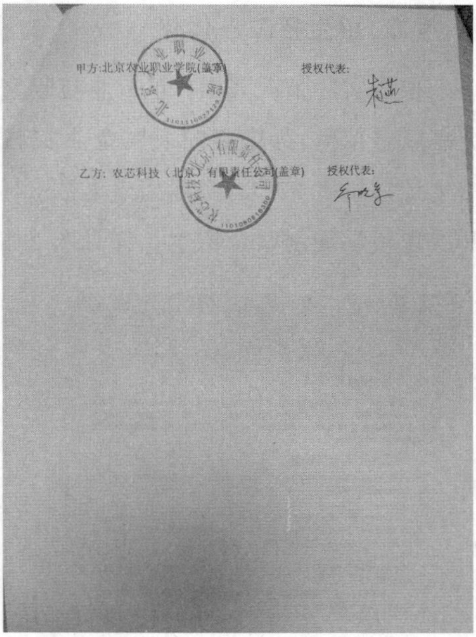

甲方：北京农业职业学院（盖章）　　授权代表：

乙方：农芯科技（北京）有限责任公司（盖章）　　授权代表：

图 2-2-2　与农芯科技签订《现代学徒制联合培养协议书》

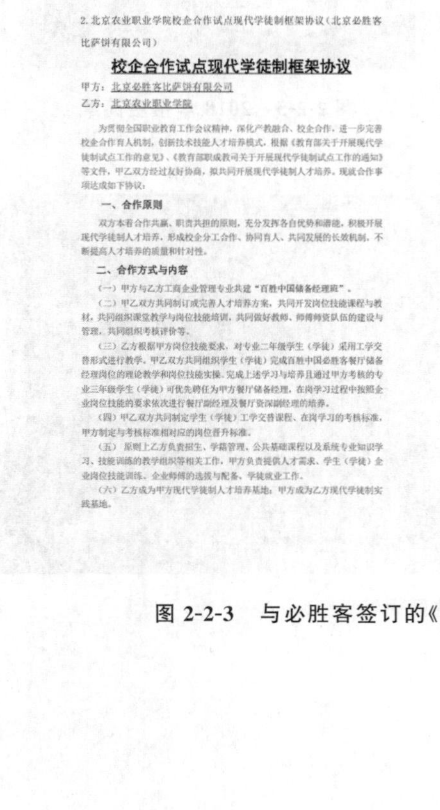

2. 北京农业职业学院校企合作试点现代学徒制框架协议（北京必胜客比萨饼有限公司）

校企合作试点现代学徒制框架协议

甲方：北京必胜客比萨饼有限公司

乙方：北京农业职业学院

为贯彻全国职业教育工作会议精神，深化产教融合、校企合作，进一步完善校企合作育人机制，创新技术技能人才培养模式，根据《教育部关于开展现代学徒制试点工作的意见》、《教育部职成教司关于开展现代学徒制试点工作的通知》等文件，甲乙双方经过友好协商，拟共同开展现代学徒制人才培养，现就合作事项达成如下协议：

一、合作原则

双方本着合作共赢、职责共担的原则，充分发挥各自优势和潜能，积极开展现代学徒制人才培养，形成校企分工合作、协同育人、共同发展的长效机制，不断提高人才培养的质量和针对性。

二、合作方式与内容

（一）甲方与乙方工商企业管理专业共建“百胜中国储备经理班”。

（二）甲乙双方共同制订或完善人才培养方案，共同开发岗位技能课程与教材，共同组织课堂教学与岗位技能培训，共同做好教师、师傅师资队伍的建设与管理，共同组织考核评价等。

（三）乙方根据甲方岗位技能要求，对专业二年级学生（学徒）采用工学交替形式进行教学。甲乙双方共同组织学生（学徒）完成百胜中国必胜客餐厅储备经理岗位的理论教学和岗位技能实操。完成上述学习与培养且通过甲方考核的专业三年级学生（学徒）可优先聘任为甲方餐厅储备经理，在岗学习过程中按照企业岗位技能的要求依次进行餐厅副经理及餐厅资深副经理的培养。

（四）甲乙双方共同制定学生（学徒）工学交替课程、在岗学习的考核标准，甲方制定与考核标准相对应的岗位晋升标准。

（五）原则上乙方负责招生、学籍管理、公共基础课程以及系统专业知识学习、技能训练的教学组织等相关工作，甲方负责提供人才需求、学生（学徒）企业岗位技能训练、企业师傅的选拔与配备、学徒就业工作。

（六）乙方成为甲方现代学徒制人才培养基地；甲方成为乙方现代学徒制实践基地。

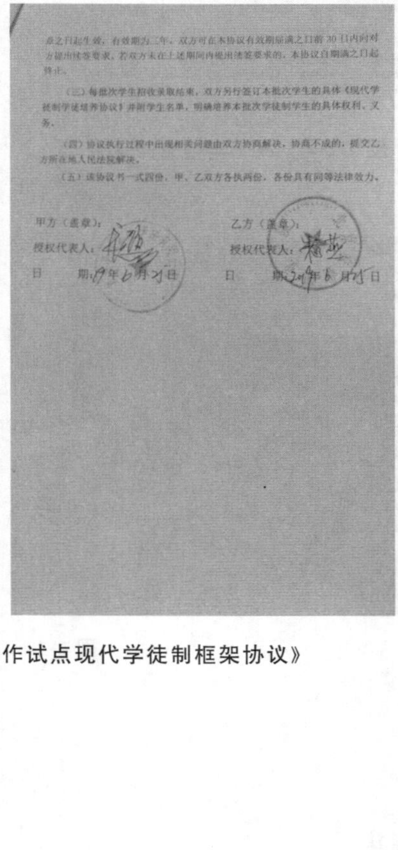

章之日起生效，有效期为三年。双方可在本协议有效期届满之日前30日内向对方提出续签要求，若双方未在上述期间内提出续签要求的，本协议自期满之日起终止。

（三）每批次学生招收录取结束，双方另行签订本批次学生的具体《现代学徒制学徒培养协议》并附学生名单，明确培养本批次学徒制学生的具体权利、义务。

（四）协议执行过程中出现相关问题由双方协商解决，协商不成的，提交乙方所在地人民法院解决。

（五）该协议书一式四份，甲、乙双方各执两份，各份具有同等法律效力。

甲方（盖章）：　　乙方（盖章）：

授权代表人：　　授权代表人：

日　　期：　年　月　日　　日　　期：　年　月　日

图 2-2-3　与必胜客签订的《校企合作试点现代学徒制框架协议》

(二)招生招工一体化

根据实际情况,2017 年专业与国家农业信息化工程技术研究中心开展现代学徒制联合招生,为中心的下属企业农芯科技(北京)有限责任公司培养人才。联合招生计划招生 30 人,实际招生人数 33 人,现场报到人数 31 人。2018 年校企继续开展现代学徒制联合招生。详见图 2-2-4 至图 2-2-6。

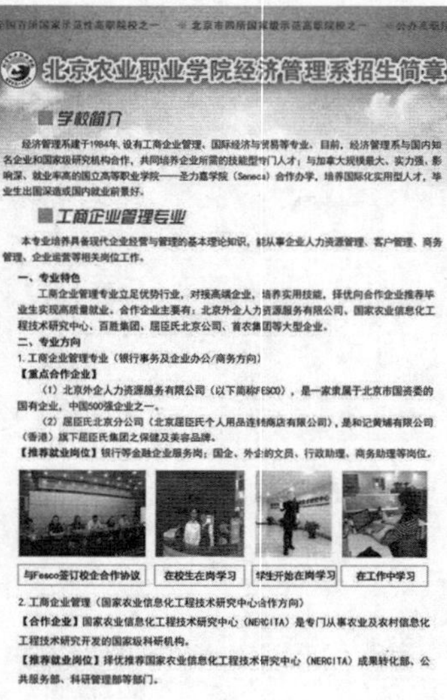

北京农业职业学院经济管理系招生简章

学校简介

经济管理系建于1984年,设有工商企业管理、国际经济与贸易等专业。目前,经济管理系与国内知名企业和国家级研究机构合作,共同培养企业所需的技能型专门人才;与加拿大规模最大、实力强、影响深、就业率高的国立高等职业学院——圣力嘉学院(Seneca)合作办学,培养国际化实用型人才,毕业生出国深造或国内就业前景好。

工商企业管理专业

本专业培养具备现代企业经营与管理的基本理论知识,能从事企业人力资源管理、客户管理、商务管理、企业运营等相关岗位工作。

一、专业特色

工商企业管理专业立足优势行业,对接高端企业,培养实用技能,择优向合作企业推荐毕业生实现高质量就业。合作企业主要有:北京外企人力资源服务有限公司、国家农业信息化工程技术研究中心、百胜集团、屈臣氏北京公司、首农集团等大型企业。

二、专业方向

1. 工商企业管理专业(银行事务及企业办公/商务方向)

【重点合作企业】

(1)北京外企人力资源服务有限公司(以下简称FESCO),是一家隶属于北京市国资委的国有企业,中国500强企业之一。

(2)屈臣氏北京分公司(北京屈臣氏个人用品连锁商店有限公司),是和记黄埔有限公司(香港)旗下屈臣氏集团之保健及美容品牌。

【推荐就业岗位】银行等金融企业服务岗;国企、外企的文员、行政助理、商务助理等岗位。

2. 工商企业管理(国家农业信息化工程技术研究中心合作方向)

【合作企业】国家农业信息化工程技术研究中心(NERCITA)是专门从事农业及农村信息化工程技术研究开发的国家级科研机构。

【推荐就业岗位】择优推荐国家农业信息化工程技术研究中心(NERCITA)成果转化部、公共服务部、科研管理部等部门。

图 2-2-4　2017 年招生简章

图 2-2-5　2018 年招生简章

图 2-2-6　校企共同面试

经过与农芯科技（北京）有限责任公司多次座谈，校企共同制定了《现代学徒制三方协议》（图 2-2-7），明确了校企双方权益、学生（学徒）在岗具体岗位、在岗权益保障、保险及待遇落实情况等内容。学院根据自身专业特点，又拓展北京必胜客比萨饼有限公司为现代学徒制合作企业，采用“先招生后招工”的方式，进行现代学徒制人才培养试点（图 2-2-8）。

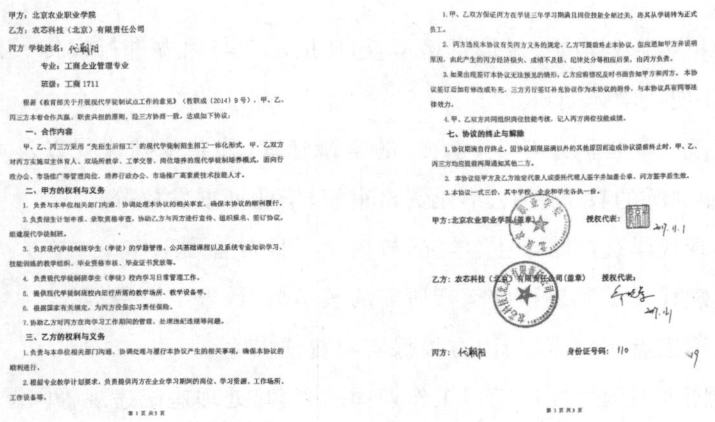

甲方：北京农业职业学院

乙方：农芯科技（北京）有限责任公司

丙方 学徒姓名：

专业：工商企业管理专业

班级：工商 1711

根据《教育部关于开展现代学徒制试点工作的意见》（教职成〔2014〕9 号），甲、乙、丙三方本着合作共赢、职责共担的原则，经三方协商一致，达成如下协议：

一、合作内容

甲、乙、丙三方采用“先招生后招工”的现代学徒制招生招工一体化形式，甲、乙双方对丙方实施双主体育人、双场所教学、工学交替、岗位培养的现代学徒制培养模式，面向行政办公、市场推广等管理岗位，培养行政办公、市场推广高素质技术技能人才。

二、甲方的权利与义务

1. 负责与本单位相关部门沟通，协调处理本协议的相关事宜，确保本协议的顺利履行。

2. 负责招生计划申报、录取资格审查，协助乙方与丙方进行宣传、组织报名、签订协议，组建现代学徒制班。

3. 负责现代学徒制班学生（学徒）的学籍管理、公共基础课程以及系统专业知识学习、技能训练的教学组织、毕业资格审核、毕业证书发放等。

4. 负责现代学徒制班学生（学徒）校内学习日常管理工作。

5. 提供现代学徒制班校内运行所需的教学场所、教学设备等。

6. 根据国家有关规定，为丙方投保实习责任保险。

7. 协助乙方对丙方在岗学习工作期间的管理、处理违纪违规等问题。

三、乙方的权利与义务

1. 负责与本单位相关部门沟通、协调处理与履行本协议产生的相关事项，确保本协议的顺利进行。

2. 根据专业教学计划要求，负责提供丙方在企业学习期间的岗位、学习资源、工作场所、工作设备等。

第 1 页 共 3 页

1. 甲、乙双方保证丙方在学徒三年学习期满且岗位技能全部过关，将其从学徒转为正式员工。

2. 丙方违反本协议有关丙方义务的规定，乙方可提前终止本协议，但应通知甲方并说明原因，由此产生的丙方经济损失、成绩不及格、纪律处分等相应后果，由丙方负责。

3. 如果出现签订本协议无法预见的情形，乙方应将情况及时书面告知甲方和丙方。本协议签订后如有修改或补充，三方另行签订补充协议作为本协议的附件，与本协议具有同等法律效力。

4. 甲、乙双方共同组织岗位技能考核，记入丙方岗位技能成绩。

七、协议的终止与解除

1. 协议期满自行终止。因协议期限届满以外的其他原因而造成协议提前终止时，甲、乙、丙三方均应提前两周通知其他二方。

2. 本协议经甲方及乙方法定代表人或委托代理人签字并加盖公章、丙方签字后生效。

3. 本协议一式三份，其中学校、企业和学生各执一份。

甲方：北京农业职业学院（盖章）　　授权代表：

乙方：农芯科技（北京）有限责任公司（盖章）　　授权代表：

丙方：　　身份证号码：

第 3 页 共 3 页

图 2-2-7　《现代学徒制三方协议》（农芯科技）

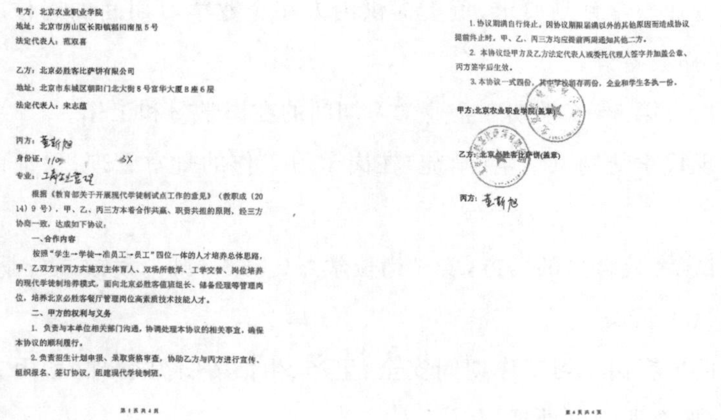

甲方：北京农业职业学院

地址：北京市房山区长阳镇稻田南里 5 号

法定代表人：范双喜

乙方：北京必胜客比萨饼有限公司

地址：北京市东城区朝阳门北大街 8 号富华大厦 B 座 6 层

法定代表人：宋志蕴

丙方：

身份证：

专业：

根据《教育部关于开展现代学徒制试点工作的意见》（教职成〔2014〕9 号），甲、乙、丙三方本着合作共赢、职责共担的原则，经三方协商一致，达成如下协议：

一、合作内容

按照“学生→学徒→准员工→员工”四位一体的人才培养总体思路，甲、乙双方对丙方实施双主体育人、双场所教学、工学交替、岗位培养的现代学徒制培养模式，面向北京必胜客值班组长、储备经理等管理岗位，培养北京必胜客餐厅管理岗位高素质技术技能人才。

二、甲方的权利与义务

1. 负责与本单位相关部门沟通，协调处理本协议的相关事宜，确保本协议的顺利履行。

2. 负责招生计划申报、录取资格审查，协助乙方与丙方进行宣传、组织报名、签订协议，组建现代学徒制班。

第 1 页 共 4 页

1. 协议期满自行终止。因协议期限届满以外的其他原因而造成协议提前终止时，甲、乙、丙三方均应提前两周通知其他二方。

2. 本协议经甲方及乙方法定代表人或委托代理人签字并加盖公章、丙方签字后生效。

3. 本协议一式四份，其中学校留存两份，企业和学生各执一份。

甲方：北京农业职业学院（盖章）

乙方：北京必胜客比萨饼（盖章）

丙方：

第 4 页 共 4 页

图 2-2-8　《现代学徒制三方协议》（必胜客）

1. 明确了校企双方权益

学校与两家合作企业签订《现代学徒制三方协议》时，对校企双方权益都做了明确规定，以农芯科技（北京）有限责任公司签订的三方协议为例：

(1)校方权利与义务

①负责与本单位相关部门沟通，协调处理本协议的相关事宜，确保本协议的顺利履行。

②负责招生计划申报、录取资格审查，协助乙方与丙方进行宣传、组织报名、签订协议，组建现代学徒制班。

③负责现代学徒制班学生（学徒）的学籍管理、公共基础课程以及系统专业知识学习、技能训练的教学组织、毕业资格审核、毕业证书发放等。

④负责现代学徒制班学生（学徒）校内学习日常管理工作。

⑤提供现代学徒制班校内运行所需的教学场所、教学设备等。

⑥根据国家有关规定，为丙方投保实习责任保险。

⑦协助乙方对丙方在岗学习工作期间的管理、处理违纪违规等问题。

(2)企业方权利与义务

①负责与本单位相关部门沟通、协调处理与履行本协议产生的相关事项，确保本协议的顺利进行。

②根据专业教学计划要求，负责提供丙方在企业学习期间的岗位、学习资源、工作场所、工作设备等。

③负责丙方第5～6学期在企业学习期间的在岗学习和工作。

④负责现代学徒制班学生（学徒）在岗学习工作的日常管理，保证丙方在岗工作学习时间。

⑤经面试、考核合格的丙方，安排岗位学习（正式拜师），发放岗位学习津贴（每月不低于1 200元）。

⑥负责丙方在岗学习工作期间安全、生产、生活等日常管理，若丙方不服从管理，乙方有权按企业制度处理。

2. 确定了学生（学徒）在岗典型工作任务

学校与农芯科技（北京）有限责任公司、北京必胜客比萨饼有限公司共同确定了学生（学徒）在岗位的典型工作任务（表 2-2-2）。

表 2-2-2　合作企业主要工作岗位任务表

工作部门		工作岗位	工作任务描述
农芯科技（北京）有限责任公司	行政部	行政文员	1. 熟悉各种票据的粘贴、财务报销等； 2. 接听、转接外部电话，或主动进行电话联系； 3. 负责与工作内容相关的各类文件的归档管理； 4. 负责后勤保障工作，包括发放办公用品、办理餐卡、订票、复印、邮寄等事务； 5. 植保机产品演示 PPT 制作； 6. 办公室 Office 软件运用，各种表格、文件的制作和填写
		行政助理	1. 协调各部门及时完成相关文件的流程审核和盖章； 2. 会务接待； 3. 参与中心举办的各类展会、培训会； 4. 植保机产品演示 PPT 制作； 5. 完成领导交付的各项任务
	市场部	市场推广助理	1. 全国农业类展会信息收集； 2. 展会现场产品展示及销售； 3. 植保机产品功能讲解； 4. 潜在客户的电话沟通、上门拜访，协助团队完成项目可行性分析； 5. 初步掌握制作项目投标书； 6. 参与中心举办的各类展会、培训会
		市场推广专员	1. 参展前期准备、展会现场产品展示及销售、展会后期参展产品妥善运回； 2. 中心展厅内所有产品功能讲解； 3. 潜在客户的电话沟通、上门拜访，根据客户需求提供项目可行性分析； 4. 根据客户需求，协调中心各部门资源为客户提供解决方案； 5. 熟练掌握制作项目投标书； 6. 项目后期跟踪； 7. 客户提供产品使用技术培训； 8. 负责筹备中心举办的各类展会、培训会

续表 2-2-2

工作部门		工作岗位	工作任务描述
北京必胜客比萨饼有限公司	销售部/运营部	外场服务员岗	1.熟悉必胜客欢乐餐厅菜品,掌握清理传菜岗位标准并执行标准,通过检定; 2.熟悉接待岗位标准,清晰引领顾客入座、菜单介绍等相关话术,通过检定; 3.熟练掌握服务岗服务及收银岗位标准,跟进并为顾客提供好的用餐体验,通过岗位检定; 4.除高峰期岗位执行标准外,清晰开店打烊外场服务区工作内容,具备独立开店打烊工作岗位能力; 5.熟悉设备清洁标准,能理解 PM 维养计划并执行清洁任务
		内场服务员岗	1.熟练生产区岗位所涵盖产品的制作和奉客标准(面团制作 3 款、制饼 34 款、水吧 35 款、烤制炸制 22 款、炒制 15 款、切饼 71 款),并通过岗位检定,具备独立岗位操作能力; 2.掌握内场开店打烊工作内容,能独立完成开店打烊工作; 3.熟练掌握内场设施设备清洁相关工作标准,并能按照 PM 维养安排执行; 4.通过训练标准学习,掌握内场工作站带训要求并执行带训工作,经过训练检定
		值班组长/领班	1.学习服务区及生产区管理工作; 2.了解餐厅运营人员、设备、物料、设施等方面的管理标准; 3.了解餐厅运营全方位值班管理的工作流程和标准; 4.具备人员辅导、标准执行、KPI 追踪等一系列值班管理能力; 5.掌握值班组长工作流程和标准,能够独立值班
		储备经理	1.独立承担门店值班管理工作; 2.学习企业卓越值班管理课程

3.确定了学生(学徒)在岗的权益保障

①享有学院学生所有权利。

②按照甲、乙两方共同制定的《人才培养方案》及教学计划的要求,刻苦学习,

勤奋钻研，修完全部课程并取得规定的成绩，达到毕业要求，获全日制大专毕业证书。

③按照国家规定休息、休假的权利。

④按照国家规定获得劳动保护的权利。

⑤第 5～6 学期，享受岗位学习津贴（不少于 1 200 元/月）。

⑥岗位学习（完成第六学期学习）期满，丙方选择继续在乙方岗位工作（就业），经乙方考核合格，转为乙方正式员工，享受乙方正式员工相应岗位工资待遇和福利。

4.校企共同制定了《北京农业职业学院现代学徒制招生招工一体化管理办法》（试行）

校企协商共同制定了《北京农业职业学院现代学徒制招生招工一体化管理办法》（试行），明确了校企双方的权利和义务，切实保证了学生入学即入工，既是学校学生又是企业学徒的“双身份”。

（三）人才培养制度和标准的建设

1.专业教学标准的制定

根据对近几年毕业生就业情况的跟踪调查，大部分毕业生集中在现代服务行业的中基层管理岗位。学校通过聘请行业、企业专家和现代学徒制合作企业专家召开职业能力分析会，提炼典型工作任务，对照高等职业学校工商企业管理专业教学标准，制定了现代学徒制工商企业管理专业教学标准。

2.专业人才培养方案制定

在人才培养标准建设上，工商企业管理专业与农芯科技（北京）有限责任公司、北京必胜客比萨饼有限公司工作岗位需求对接，按照“双主体、双身份、工学交替”等现代学徒制人才培养的特点重构人才培养方案，形成了两大模块课程，即公共基础课程、专业课程，其中，专业课程又分为专业技术技能课程、学生（学徒）岗位能力课程和专业拓展课程（图 2-2-9）。

3.课程标准制定

专业开发校企融通教材 1 部（《商务谈判实务》），完成了 6 门课程标准建设，分别是门店管理与经营、人力资源管理、需求调研与市场分析、商务管理实务、客户关

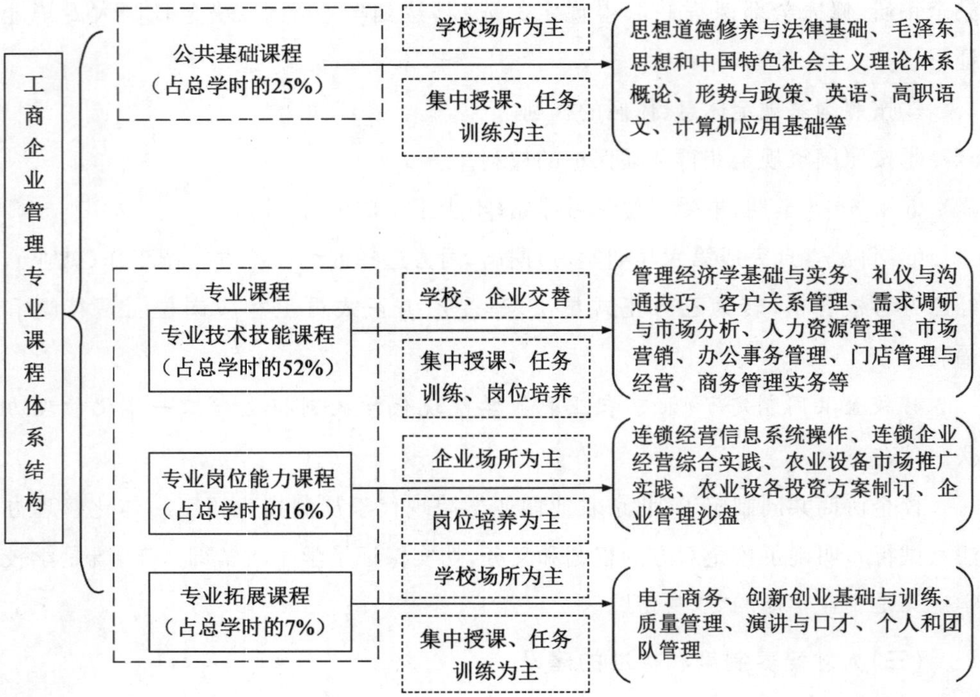

图 2-2-9　工商企业管理专业课程体系结构图

系管理、市场营销。

4.人才培养制度建设

(1)制定企业导师(师傅)标准

校企共同制定了《农芯科技(北京)有限责任公司师傅带学徒管理办法》和企业导师(师傅)标准,明确师傅选拔要求和标准,具体如下:

①具备良好的职业道德,强烈的工作责任心。

②具有三年或以上工作经验,且年龄25周岁及以上,工作经验丰富,专业技能娴熟。

③工作作风优良,行为规范,表达能力强。

④原则上应具有大专及以上学历或中级及以上职业技术资格等级。

(2)质量监控标准制定及实施方案

学校分别对学生(学徒)、学校(企业)双导师制定了相应的质量监控标准,如制定了《北京农业职业学院现代学徒制教师教学质量监控管理办法》。此外，学校制定了多主体教学质量评价体系，督导、教务、系部、专业指导委员会、学生开展对学校（企业）教师的教学质量评价。针对学生在岗学习，学校制定了《北京农业职业学院学徒在岗学习考核制度》，由学校（企业）导师对学生理论、技能进行全面考核。相关文件如图 2-2-10 至图 2-2-13 所示。

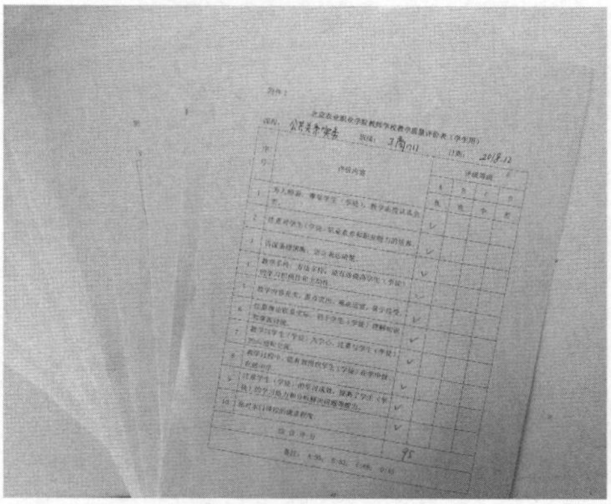

图 2-2-10　教学质量评价表（教务用）

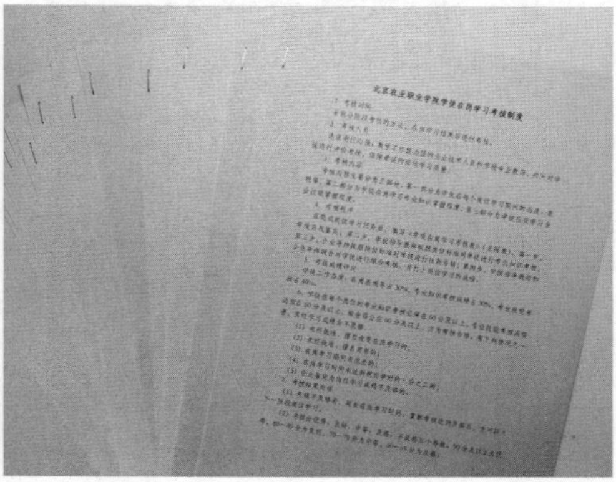

图 2-2-11　岗位学习考核制度

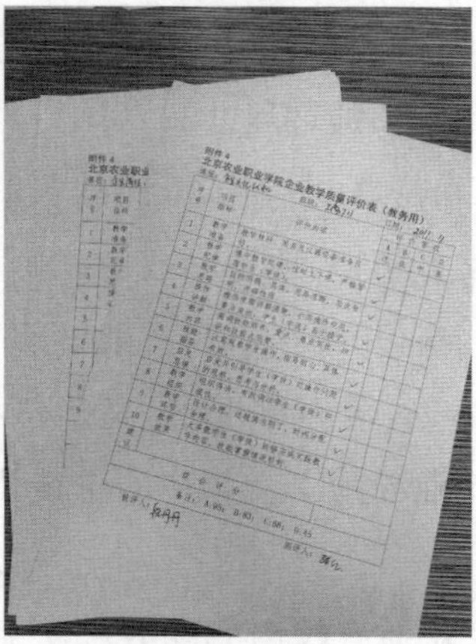

图 2-2-12　教学质量评价表（学生用）

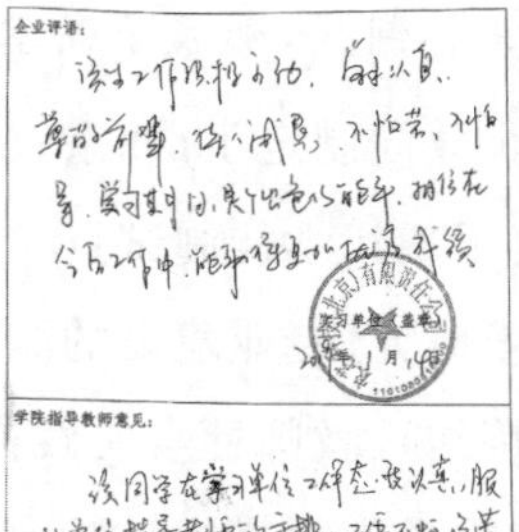
企业评语：

学院指导教师意见：

教师签字

图 2-2-13　学徒岗位学习考核表

（3）企业制定了《农芯科技（北京）有限责任公司师傅带学徒管理办法》

《农芯科技（北京）有限责任公司师傅带学徒管理办法》（图 2-2-14）从企业现代

学徒制管理小组职责、师傅资格要求和责任、学徒的要求和责任、学徒培养流程、激励措施等各方面做了明确要求，极大地调动了企业师傅带徒的积极性。

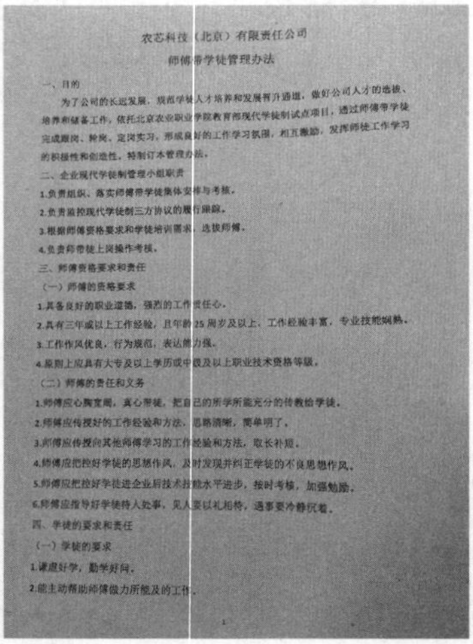
农芯科技（北京）有限责任公司

师傅带学徒管理办法

一、目的

为了公司的长远发展，规范学徒人才培养和发展晋升通道，做好公司人才的选拔、培养和储备工作，依托北京农业职业学院教育部现代学徒制试点项目，通过师傅带学徒完成跟岗、轮岗、定岗实习，形成良好的工作学习氛围，相互激励，发挥师徒工作学习的积极性和创造性，特制订本管理办法。

二、企业现代学徒制管理小组职责

1.负责组织、落实师傅带学徒集体安排与考核。

2.负责监控现代学徒制三方协议的履行跟踪。

3.根据师傅资格要求和学徒培训需求，选拔师傅。

4.负责师带徒上岗操作考核。

三、师傅资格要求和责任

（一）师傅的资格要求

1.具备良好的职业道德，强烈的工作责任心。

2.具有三年或以上工作经验，且年龄25周岁及以上，工作经验丰富，专业技能娴熟。

3.工作作风优良，行为规范，表达能力强。

4.原则上应具有大专及以上学历或中级及以上职业技术资格等级。

（二）师傅的责任和义务

1.师傅应心胸宽阔，真心带徒，把自己的所学所能充分的传教给学徒。

2.师傅应传授好的工作经验和方法，思路清晰，简单明了。

3.师傅应传授向其他师傅学习的工作经验和方法，取长补短。

4.师傅应把控好学徒的思想作风，及时发现并纠正学徒的不良思想作风。

5.师傅应把控好学徒进企业后技术技能水平进步，按时考核，加强勉励。

6.师傅应指导好学徒待人处事，见人要以礼相待，遇事要冷静沉着。

四、学徒的要求和责任

（一）学徒的要求

1.谦虚好学，勤学好问。

2.能主动帮助师傅做力所能及的工作。

1

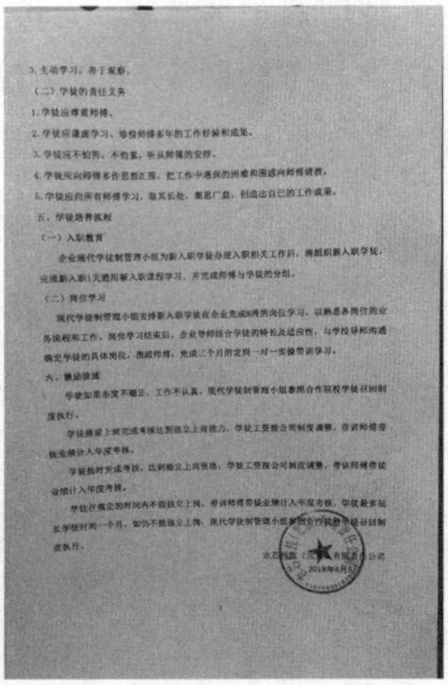
3.主动学习，善于观察。

（二）学徒的责任义务

1.学徒应尊重师傅。

2.学徒应谦虚学习、珍惜师傅多年的工作经验和成果。

3.学徒应不怕苦、不怕累，听从师傅的安排。

4.学徒应向师傅多作思想汇报，把工作中遇到的困难和困惑向师傅请教。

5.学徒应向所有师傅学习，取其长处，集思广益，创造出自己的工作成果。

五、学徒培养流程

（一）入职教育

企业现代学徒制管理小组为新入职学徒办理入职相关工作后，将组织新入职学徒，完成新入职1天通用新入职课程学习，并完成师傅与学徒的分组。

（二）岗位学习

现代学徒制管理小组安排新入职学徒在企业完成8周的岗位学习，以熟悉各岗位的业务流程和工作。岗位学习结束后，企业导师结合学徒的特长及适应性，与学校导师沟通确定学徒的具体岗位，指派师傅，完成三个月的定岗一对一实操带训学习。

六、激励措施

学徒如果态度不端正、工作不认真，现代学徒制管理小组参照合作院校学徒召回制度执行。

学徒提前上岗完成考核达到独立上岗能力，学徒工资按公司制度调整，带训师傅带徒业绩计入年度考核。

学徒按时完成考核，达到独立上岗资格，学徒工资按公司制度调整，带训师傅带徒业绩计入年度考核。

学徒在规定的时间内不能独立上岗，带训师傅带徒业绩计入年度考核，学徒最多延长学徒时间一个月，如仍不能独立上岗，现代学徒制管理小组参照合作院校学徒召回制度执行。

农芯科技（北京）有限责任公司

2018年6月5日

2

图 2-2-14　农芯科技师傅带学徒管理办法

（四）双导师队伍建设

1. 完善制度，形成了高水平的“双导师”队伍

校企共同制定了《北京农业职业学院现代学徒制双导师管理办法》（试行）等办法，确定了现代学徒制试点工作导师标准，明确责任和待遇，明确了双向挂职锻炼、联合技术研究、专业建设的激励制度和考核奖惩制度。第一，明确学校将教师企业挂职锻炼纳入教师社会实践内容，安排校内导师到企业开展挂职和实践锻炼。第二，鼓励校企导师横向联合研发，锻炼师资队伍。第三，落实制度，提高队伍积极性。企业导师承担的教学任务纳入企业工作内容，企业导师享受相应的带徒津贴；学院导师在企业的实践和服务纳入教师绩效考核。

“双导师”队伍水平明显提升。工商企业管理专业拥有校内专职教师 7 名，都具有在乡镇或企业挂职锻炼经历，其中 6 名教师具有“双师”资格（图 2-2-15），3 名副教授，4 名讲师（图 2-2-16）。企业兼职教师（其中企业导师 3 名）6 名，其中 2 名拥有高级职称，1 名拥有中级职称，3 名为企业技术骨干（图 2-2-17、图 2-2-18）。

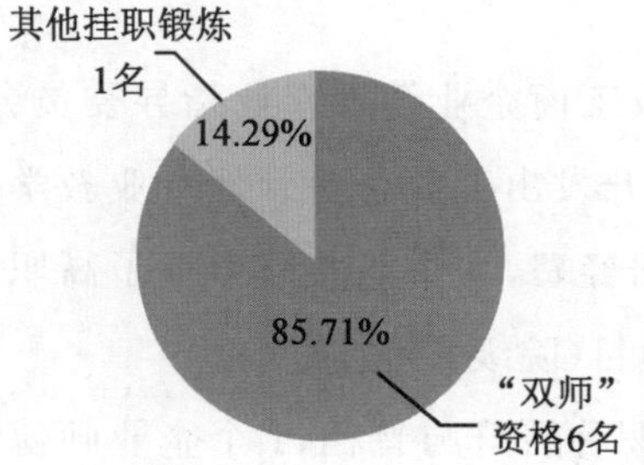

图 2-2-15　学校教师“双师”比例图

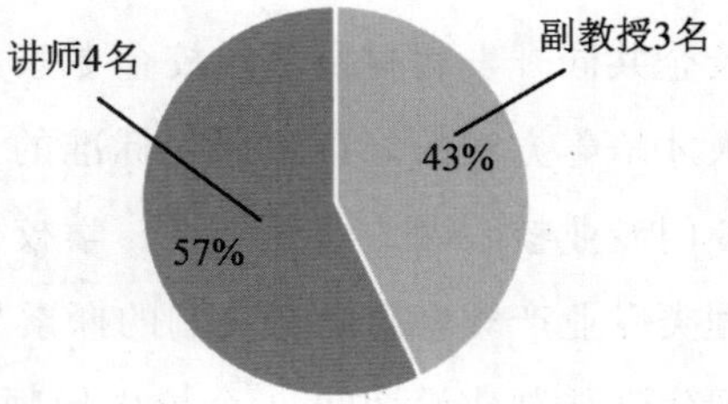

图 2-2-16　学校教师队伍职称构成图

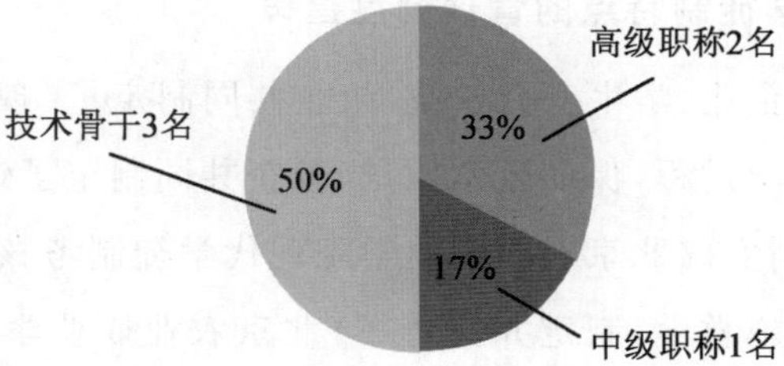

图 2-2-17　企业兼职教师（含企业导师）职称构成图

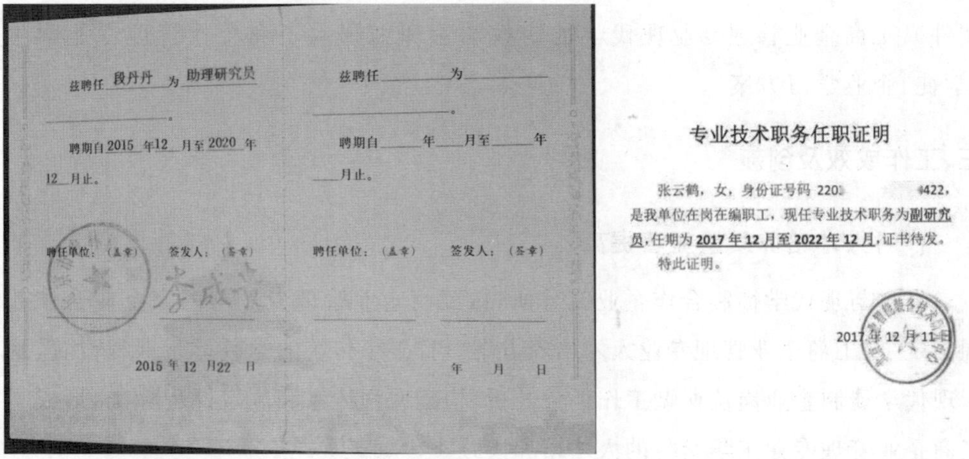

专业技术职务任职证明

张云鹤，女，身份证号码 220　　4422，是我单位在岗在编职工，现任专业技术职务为副研究员，任期为 2017 年 12 月至 2022 年 12 月，证书待发。

特此证明。

2017 年 12 月 11 日

图 2-2-18　企业导师技术职称（左图：助理研究员，右图：副研究员）

2.横向联合研发

校企共同开发教材一部。校企专家共同组成工商企业管理专业指导委员会，指导人才培养方案的修订和课程标准的开发，已开发出工商企业管理专业教学标准和6门专业核心课的课程标准。学校依托科研经费，与企业共同申报了高职工商管理类专业产教融合运行机制的探索与实践项目（院级，待立项）。

现代学徒制建设期间，1个校内导师实现了职称晋升与晋档，1个企业师傅实现了薪酬递增。专业教师在教改课题申报、教学能力大赛、指导学生技能大赛等方面取得了丰硕成果，共获得各级各类奖项8项，发表论文11篇，完成课题2项。

（五）体现现代学徒制特点的管理制度建设

为了保证学校、企业、学生三方权益，校企共同制定了《现代学徒制学习三方协议》。为了监督教学过程，保证教学质量，校企共同制定了《北京农业职业学院学徒在岗学习考核制度》《北京农业职业学院现代学徒制考核评价及监督管理办法》等。校企联合实施教学，制定并完善了《北京农业职业学院现代学徒制教学管理办法》。校企双方共同制定了《北京农业职业学院现代学徒制教师教学质量监控管理办法》。为了保证企业导师带徒的权益，校企共同制定了《农芯科技（北京）有限责任公司师傅带学徒管理办法》《工商企业管理专业指导委员会及相关文件》《工商企业管理专业现代学徒制教学管理细则》《工商企业管理专业学生（学徒）企业学习方案》。

三、工作成效及创新

（一）人才培养质量显著提高

经过与现代学徒制合作企业充分研讨，工商企业管理专业与两家企业合作共同制定了《工商企业管理专业人才培养方案》，打破了传统的学科体系课程设置，基于现代学徒制企业岗位典型工作任务分析，构建课程体系和制定课程标准，形成了工商企业管理专业工学交替的人才培养模式。

2017级工商企业管理专业31名学生已与农芯科技（北京）有限责任公司签订了《现代学徒制三方协议》，按照现代学徒的培养方式与企业共同培养（图2-2-19、图2-2-20）。

图 2-2-19 工商 1711 班学生在农芯科技行政办公岗位学习

图 2-2-20 工商 1711 班学生在农芯科技市场推广岗位学习

通过校企双主体的人才培养方案的完善,学生的职业能力素质显著提升,工商1711班学生共获得全国行业性大奖三等奖1项,北京市教委职业技能比赛二等奖3项,三等奖2项,学生共计获奖21人次。工商1611班学生获全国行业性大奖三等奖1项,北京市教委职业技能比赛一等奖1项,二等奖1项,三等奖1项,学生共计获奖15人次,如图2-2-21和表2-2-3所示。

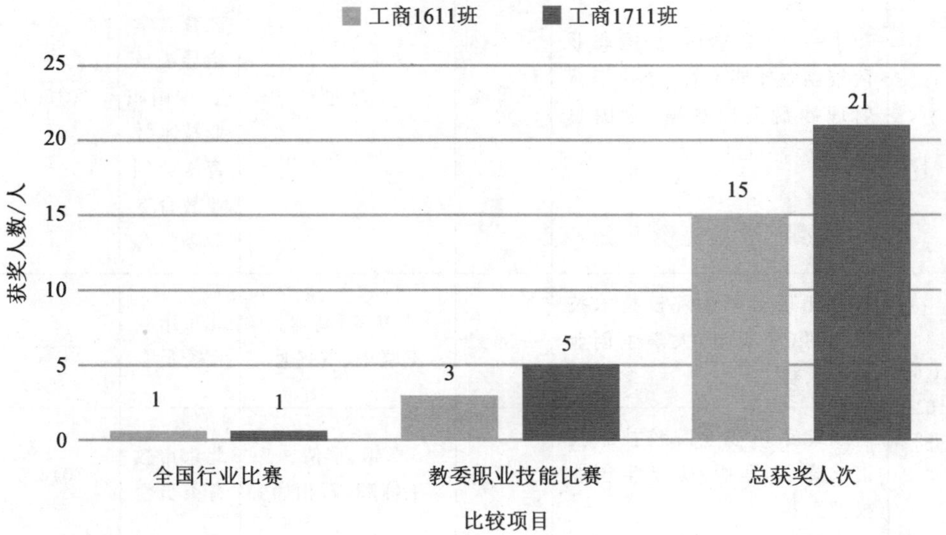

图 2-2-21 试点班级(工商1711班)和工商1611班学生技能大赛获奖情况对比

表 2-2-3　工商 1711 班、工商 1611 班学生技能大赛获奖情况列表

序号	大赛项目名称	名次	获奖学生	发奖机构	获奖时间
工商1711班	第二届北京市职业院校技术技能比赛（高职组）大学生创业模拟大赛	二等奖	白万祥、代朝阳、靳佳佳、黄婉盈	北京市教育委员会	2019.6
	第二届北京市职业院校技术技能比赛（高职组）大学生创业模拟大赛	二等奖	余强、黄小雪、韩荣荣、张冰源	北京市教育委员会	2019.6
	第五届中国大学生互联网＋创新创业大赛（北京赛区）	三等奖	白万祥、黄婉盈、张冰源、靳佳佳	北京市教育委员会	2019.6
	第二届北京市高职院校技能大赛“互联网＋人力资本技能”大赛	三等奖	韩荣荣、白万祥、黄婉盈	北京市教育委员会	2019.4
	第二届北京市高职院校技能大赛“ERP 沙盘模拟企业经营”大赛	二等奖	白万祥、黄婉盈、国赢懿、黄翱岚、韩荣荣	北京市教育委员会	2019.5
	第十一届“畅享杯”全国职业院校创业技能大赛“企业经营管理沙盘模拟赛项”全国总决赛	三等奖	赵冲	全国电子商务职业教育教学指导委员会/中国职业技术教育学会创业教育专业委员会	2018.12
工商1611班	首届北京市职业院校技术技能比赛（高职组）大学生创业模拟大赛	一等奖	王梦梦、高珍、王晓华、卞兴月	北京市教育委员会	2018.5
	首届北京市职业院校技术技能比赛（高职组）大学生创业模拟大赛	二等奖	卓越、李倩、王钰鹏、石相楠	北京市教育委员会	2018.5

续表 2-2-3

序号	大赛项目名称	名次	获奖学生	发奖机构	获奖时间
工商1611班	第一届北京市高职院校技能大赛“ERP 沙盘模拟企业经营”大赛	三等奖	卓越、王钰鹏、李倩、李韵、王蒙蒙	北京市教育委员会	2018.5
	第十一届“畅享杯”全国职业院校创业技能大赛“企业经营管理沙盘模拟赛项”全国总决赛	三等奖	卓越、王钰鹏、石相楠	全国电子商务职业教育教学指导委员会/中国职业技术教育学会创业教育专业委员会	2018.12

(二)搭建了校企协同育人平台

工商企业管理专业分别与农芯科技(北京)有限责任公司和北京必胜客比萨饼有限公司签订了《北京农业职业学院现代学徒制试点项目校企联合培养协议书》和《校企合作试点现代学徒制框架协议》。校企按照“学生—学徒—准员工—员工”四位一体的人才培养路径，发挥双主体地位，共同研讨、修订工商 2017 级人才培养方案。企业参与专业人才培养的全过程。学校为农芯科技(北京)有限责任公司和北京必胜客比萨饼有限公司培养行政办公、市场推广、餐厅储备经理等岗位的管理人才。

(三)探索出具有特色的工商企业管理专业的现代学徒制人才培养模式

工商企业管理专业在现代学徒制试点期间，大胆进行现代学徒制人才培养模式的创新。专业根据自身特点和企业管理类岗位需求数量相对较少的实际情况，从 1 家合作企业拓展为 2 家合作企业，针对每家企业的岗位设置相应能力模块课程进行培养，既培养了学生的岗位技能，又能提高学生适应不同企业环境的综合应用能力，提升就业竞争力。同时，专业探索出具有特色的工商企业管理专业“宽平台，双对接”人才培养模式(图 2-2-22)：专业技术技能课程占总学时的 52%，构建了专业技能宽平台；岗位培养与两家合作企业对接，即双对接。该模式解决了岗位需求数量少的问题，促进了人才培养质量提升。

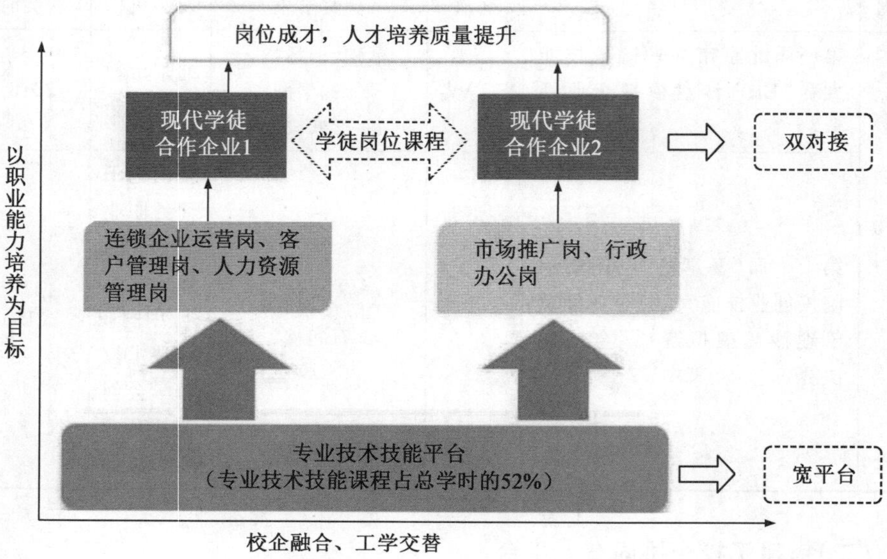

图 2-2-22　“宽平台，双对接”人才培养模式

（四）借鉴现代学徒制“双导师”人才培养方式，提升专业在校生人才培养质量

工商企业管理专业作为教育部现代学徒制试点专业之一，本着先试先行、不断总结经验的思想，不仅针对工商 2017 级学生开展现代学徒制培养，而且对接企业需求，将企业的优势资源共享到工商 1511 班和工商 1611 班，使学生通过在岗学习进入农芯科技。按照现代学徒制双导师指导要求，专业为在岗学生配备学校导师和企业导师。最终，有 2 名学生留在企业成为正式员工（图 2-2-23）。工商 1611 班张向宇同学毕业后就成为企业的技术骨干，岗位津贴达到 4 000 元/月。

（五）双导师队伍建设成效显著

校企组建了综合实力强的双导师队伍结构：校内导师 7 名，其中副教授 3 人，讲师 4 人；企业导师 6 名，其中 2 名高级职称，1 名中级职称，3 名企业技术骨干。校企导师通过横向课题研究、双向交流，师资水平得到了很大的提升。试点期间，校内导师在科研课题、论文、教材出版、技能大赛上成果丰硕（表 2-2-4），1 名校内导师实现了职称晋升，1 名企业导师实现了薪酬待遇的增长。

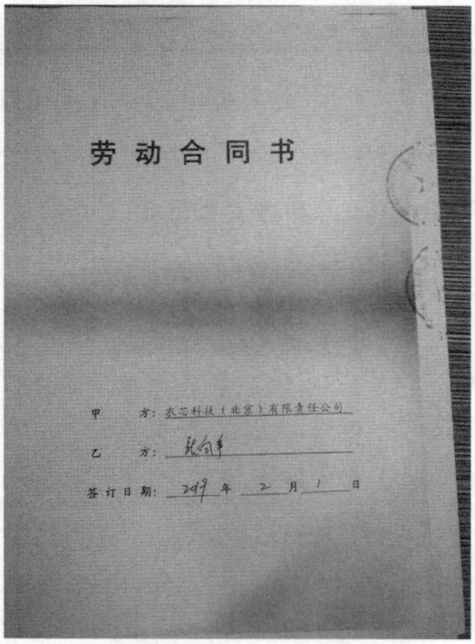

劳动合同书

甲　　方：农芯科技（北京）有限责任公司

乙　　方：

签订日期：　　年　2　月　1　日

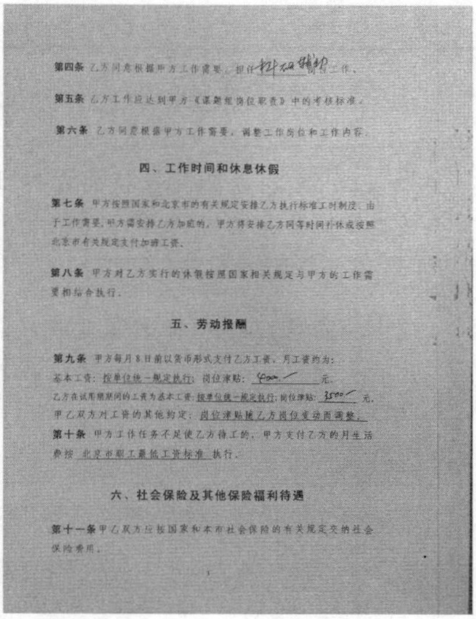

第四条 乙方同意根据甲方工作需要，担任　　　　　　工作。

第五条 乙方工作应达到甲方《课题组岗位职责》中的考核标准。

第六条 乙方同意根据甲方工作需要，调整工作岗位和工作内容。

四、工作时间和休息休假

第七条 甲方按照国家和北京市的有关规定安排乙方执行标准工时制度。由于工作需要，甲方需安排乙方加班的，甲方将安排乙方同等时间补休或按照北京市有关规定支付加班工资。

第八条 甲方对乙方实行的休假按照国家相关规定与甲方的工作需要相结合执行。

五、劳动报酬

第九条 甲方每月8日前以货币形式支付乙方工资，月工资约为：

基本工资：按单位统一规定执行；岗位津贴：4000 元。

乙方在试用期期间的工资为基本工资：按单位统一规定执行；岗位津贴：3500 元。

甲乙双方对工资的其他约定：岗位津贴随乙方岗位变动而调整。

第十条 甲方工作任务不足使乙方待工的，甲方支付乙方的月生活费按 北京市职工最低工资标准 执行。

六、社会保险及其他保险福利待遇

第十一条 甲乙双方应按国家和本市社会保险的有关规定交纳社会保险费用。

图 2-2-23　在岗学生成为正式员工

表 2-2-4　工商企业管理专业教师获奖情况

序号	获奖名称	指导教师（获奖人）	发奖机构	获奖时间
1	首届北京市职业院校技术技能比赛（高职组）大学生创业模拟大赛一等奖	车红莉、汪海燕	北京市教育委员会	2018.5
2	首届北京市职业院校技术技能比赛（高职组）大学生创业模拟大赛二等奖	车红莉、汪海燕	北京市教育委员会	2018.5
3	第二届北京市职业院校技术技能比赛（高职组）大学生创业模拟大赛二等奖	车红莉、汪海燕	北京市教育委员会	2018.6
4	第五届中国大学生“互联网＋”创新创业大赛（北京赛区）三等奖	汪海燕、车红莉	北京市教育委员会	2019.6
5	第二届北京市高职院校技能大赛“互联网＋人力资本技能”大赛三等奖	关晓飞	北京市教育委员会	2019.4
6	第二届北京市高职院校技能大赛“ERP沙盘模拟企业经营”大赛二等奖	关晓飞	北京市教育委员会	2019.5

续表 2-2-4

序号	获奖名称	指导教师（获奖人）	发奖机构	获奖时间
7	第一届北京市高职院校技能大赛“ERP沙盘模拟企业经营”大赛三等奖	关晓飞	北京市教育委员会	2018.5
8	第十一届“畅享杯”全国职业院校创业技能大赛“企业经营管理沙盘模拟赛项”全国总决赛三等奖	关晓飞、朱京燕	全国电子商务职业教育教学指导委员会/中国职业技术教育学会创业教育专业委员会	2018.12

附件 2-1
试点专业职业能力分析报告

物流管理专业职业能力分析报告

一、职业能力分析的目的和意义

(一)开展物流管理专业职业能力分析的必要性

随着我国经济的高速发展,现代物流业也得到迅猛发展,物流业已成为我国国民经济的重要组成部分,吸纳的就业人数持续增加。物流业的迅猛发展需要物流管理专业的学生具备更高的职业能力与素质要求,进而具备社会竞争力。我院积极调研,与企业岗位需求准确对接,深入分析、研究职业能力的内涵构成要素,培养企业所需的高技能复合型人才,突出学生岗位能力的培养,做到与时俱进。为了准确定位人才培养目标,制定科学的、切实可行的人才培养方案,前期需要校企双方共同研讨,进行职业能力分析,为课程体系构建和课程内容开发奠定基础。

(二)职业能力分析的目的和意义

为了进一步明确物流管理专业就业及发展岗位的主要工作项目、每个工作项目所对应的工作任务,以及具体工作任务所需要具备的职业能力,借鉴广东省高等教育研究院的研究方法与标准模板,我院物流管理专业项目组先后进行企业岗位专家访谈、网络数据收集、企业访谈问卷,通过对工作岗位及岗位群的职业活动和工作任务进行分析,得到各工作岗位所需的知识点、技能点和素质点。在此基础上,我院确定了相应的职业岗位所需的知识、能力和素养,形成了物流管理专业的职业能力分析表,为编制专业教学标准、课程标准奠定基础。

二、职业能力分析的组织与实施

(一)职业能力分析的基本方法

物流管理专业主要采用了企业调研法、专家咨询法、头脑风暴法、大数据分析法、文献研究法等方法来进行各有关工作岗位的职业能力分析。

1.企业调研法

项目组在职业能力分析之前,对本专业校企育人深度合作企业——北京物美商业集团股份有限公司进行现场访谈调研,调研对象涉及人力资源经理、相关技术部门主管/骨干,主要采集企业培养物流管理专业学生相关就业岗位的工作任务、需具备的知识/技能/素养、任职资格等,为总结岗位能力提供参考和依据。

2.专家咨询法

项目组在进行企业调研与召开职业能力分析会之前,咨询现代学徒制方面的专家,请教和学习企业访谈和职业能力分析实施的具体步骤、方法和注意事项,为职业能力分析的开展积累经验,形成职业能力分析的指导性建议。

3.头脑风暴法

头脑风暴是一种提高创造能力的集体训练法,由小组人员在正常、融洽和不受任何限制的气氛中以会议形式进行讨论、座谈,打破常规,积极思考,畅所欲言,充分发表看法。

项目组组织召开职业能力分析头脑风暴会议,邀请了北京物美商业集团股份有限公司的企业岗位专家共8名。在主持人的引导下,专家们结合自身工作岗位对日常的工作项目、工作任务和应具备的职业能力进行了研讨。

4.大数据分析法

项目组在职业能力分析过程中,通过对毕业生的就业情况及大型互联网招聘平台的人才需求情况进行信息采集,分析物流管理专业学生的就业岗位、职业晋升岗位及年限、招聘平台对岗位的需求分布、能力要求、岗位职责要求等。

5.文献研究法

项目组通过对职业能力分析的资料整理和归纳,结合文献查询和网络搜索的方法，丰富和完善了物流管理专业相关岗位的职业能力要求。本次文献研究主要对物流管理专业目标培养岗位（店长、运输经理、仓储经理、配送经理、供应链主管、销售员、单证员岗位）的国家标准和招聘要求进行了分析。

（二）职业能力分析会的组织

1.前期准备

通过咨询专家，项目组成员理解并掌握了职业能力分析会的流程、内容、要求、注意事项和重点、难点。在专家的指导下，项目组成员于会前确定分析岗位、邀请企业专家、筹备会议现场工具及设备、布置会场。

2.召开会议

分析岗位：营业员、店长助理、店长、调度员、调度主管、运输经理、仓管员、仓储主管、仓储经理、配送员、配送主管、配送经理、物流助理、供应链主管、销售助理、销售员、单证助理、单证员

时间：2018 年 8 月 24 日

地点：物美集团发展学院

会议采用头脑风暴法，主持人向企业专家介绍职业能力分析会的有关技术，包括每个岗位的工作项目、工作步骤和能力要求，并用明确规范的词语表达出来。此后的步骤如下：(1)明确工作项目；(2)确定工作任务；(3)确定职业能力分析表。

通过分析会议，项目组最终确认了门店运营、运输、仓储、配送、供应链、货代 6 类岗位群的工作项目、工作任务以及具体的职业能力。每个岗位的工作任务都经过了专家们热烈的讨论，凝聚了与会企业专家的智慧，文字表达清晰、准确，充分反映了企业人员对岗位的认识和分析。

（三）职业能力分析表的制定

项目组将广东省教育研究院统一制定推荐的职业能力分析表作为模板，制定物流管理专业职业能力分析表。该表由工作项目、工作任务、职业能力（包括知识、技能、要求、方法、工具等）三大部分构成，除了专业能力外，还包括职业素养（通用能力或关键能力）。此外，该表对每个工作岗位进行等级评价，对每一项职业能力进行重要程度标识。

物流管理专业职业能力分析表的制定可分为以下5个步骤：

(1)项目组将职业能力分析会上企业专家的语言记录下来，然后运用规范的职业能力术语对专家的语言进行修正，形成初步的分岗位的职业能力分析表。

(2)项目组会后与企业专家继续丰富和完善职业能力分析表并进行汇总，形成“物流管理专业职业能力分析表(汇总版)”。

(3)项目组将整理出来的“物流管理专业职业能力分析表(汇总版)”发给与会的企业专家进行确认并提出修改完善意见。

(4)项目组开会讨论，分析各专家意见，修改完善“物流管理专业职业能力分析表(汇总版)”。

(5)项目组对汇总的职业能力分析表进行合并、归类和编号，最终形成完整的“物流管理专业职业能力分析表”，并撰写职业能力分析报告。

三、职业能力分析的结论与成效

(一)职业能力分析表的基本内容

通过制定职业能力分析表，项目组整理出物流管理专业的18个工作岗位的63个工作项目，185个工作任务，631条职业能力。职业能力共分9个层级，面向不同的学历。

(二)职业岗位群及职业能力分布汇总表

1.职业岗位群、职业发展路径以及目标培养岗位

项目组在职业能力分析前期对物流管理专业人才需求进行调研，根据调研结果将物流管理专业的岗位群分为6类：门店运营、运输、仓储、配送、供应链、货代。从6类中分析了面向本专业的18个岗位：营业员、店长助理、店长、调度员、调度主管、运输经理、仓管员、仓储主管、仓储经理、配送员、配送主管、配送经理、物流助理、供应链主管、销售助理、销售员、单证助理、单证员，并得出本专业毕业生的职业生涯发展路径，见附表2-1-1。

附表 2-1-1　物流管理专业毕业生的职业生涯发展路径表

发展层级	就业岗位							一般发展年限		
	门店运营	运输	仓储	配送	供应链	货代		中职	高职	本科
Ⅵ	总经理							/	10～15 年	8～12 年
Ⅴ	运营总监	物流总监			供应链总监	销售总监	操作总监	/	6～10 年	5～8 年
Ⅳ	区域督导	物流经理			供应链经理	销售经理	操作经理	6～10 年	3～6 年	2～5 年
Ⅲ	店长	运输经理	仓储经理	配送经理	项目经理	销售主管	操作主管	3～6 年	2～3 年	2 年
Ⅱ	店长助理	调度主管	仓储主管	配送主管	供应链主管	销售员	单证员	2～3 年	0.5～1 年	0～1 年
Ⅰ	营业员	调度员	仓管员	配送员	物流助理	销售助理	单证助理	0～1 年	0～0.5 年	/

注：高职培养的入职岗位是第Ⅰ、Ⅱ、Ⅲ发展层级的岗位。

2.职业能力分布汇总表

物流管理专业岗位群及职业能力分布汇总表，见附表 2-1-2。

附表 2-1-2　物流管理专业岗位群及职业能力分布汇总表

发展层级	岗位项目及任务数（项目数，任务数）						
	门店运营	运输	仓储	配送	供应链	货代	
Ⅲ	店长（8，24）	运输经理（13，37）	仓储经理（12，49）	配送经理（4，23）	/	/	/
Ⅱ	店长助理（4，11）	调度主管（9，25）	仓储主管（9，35）	配送主管（3，21）	供应链主管（10，29）	销售员（12，36）	单证员（12，37）
Ⅰ	营业员（3，10）	调度员（5，15）	仓管员（6，20）	配送员（3，18）	物流助理（4，13）	销售助理（5，17）	单证助理（6，22）

注：1.本表与职业生涯发展路径表的“发展层级”“就业岗位”对应。

2.每一类岗位的“项目及任务数”是指每一类岗位对应“职业能力分析表”中的工作项目和工作任务的数量。

（三）职业能力分析的效果

通过职业能力分析过程，项目组制定了物流管理专业职业能力分析表，主要取得以下成效：

(1)项目组分析了18个核心岗位(营业员、店长助理、店长、调度员、调度主管、运输经理、仓管员、仓储主管、仓储经理、配送员、配送主管、配送经理、物流助理、供应链主管、销售助理、销售员、单证助理、单证员)的工作项目、工作任务、职业能力和关键能力,理清了各职业能力的重要程度,形成了物流管理专业职业能力分析表。

(2)学校的专业教师走到企业的第一线,更加明确企业的岗位设置,以及各岗位的工作流程、工作任务和能力要求。专业教师对人才培养的目的和所具备的能力更加清晰。

工商企业管理专业职业能力分析报告

一、职业能力分析的目的和意义

(一)开展工商企业管理专业职业能力分析的必要性

随着企业宏观环境的持续优化,在"互联网+"经济和新时期大众创业、万众创新的热潮之下,民营经济、外资、国企将被彻底激活,企业总量将呈几何级数增加,需要大量工商企业管理人才。工商企业管理人才的职业能力与素质的内涵应与时俱进。职业院校需要与企业岗位需求准确对接,深入分析、研究职业能力的内涵构成要素,人才培养才能做到有的放矢,才能提升毕业生的就业能力、工作能力、职业转换能力以及创业能力。学习新型工商企业管理方式方法,才能提升毕业生的社会竞争力。在高职院校的专业建设过程中,职业能力分析是人才培养方案制定的关键环节,是构建课程体系化的前提,是职业教育课程的源头,也是专业教学标准研制的主要成果之一。

(二)职业能力分析的目的和意义

为了进一步明确工商企业管理专业就业及发展岗位的主要工作项目、每个工作项目所对应的工作任务,以及具体工作任务所需要具备的职业能力,借鉴广东省高等教育研究院的研究方法与标准模板,我院工商企业管理专业项目组先后进行企业岗位专家访谈、网络数据收集、企业访谈问卷,通过对工作岗位及岗位群的职业活动和工作任务进行分析,得到各工作岗位所需的知识点、技能点和素质点。在此基础上，我院确定了相应的职业岗位所需的知识、能力和素养，形成了工商企业管理专业的职业能力分析表，为编制专业教学标准、课程标准奠定基础。

二、职业能力分析的组织与实施

(一)职业能力分析的基本方法

工商企业管理专业主要采用了企业调研法、专家咨询法、头脑风暴法、大数据分析法、文献研究法等方法来进行各有关工作岗位的职业能力分析。

1. 企业调研法

项目组在职业能力分析之前，对本专业校企育人深度合作企业——农芯科技(北京)有限责任公司、北京必胜客比萨饼有限公司进行现场访谈调研，调研对象涉及人力资源经理、相关技术部门主管/骨干，主要采集企业培养工商企业管理专业学生相关就业岗位的工作任务、需具备的知识/技能/素养、任职资格等，为总结岗位能力提供参考和依据。

2. 专家咨询法

项目组在进行企业调研与召开职业能力分析会之前，咨询现代学徒制方面的专家，请教和学习企业访谈和职业能力分析实施的具体步骤、方法和注意事项，为职业能力分析的开展积累经验，形成职业能力分析的指导性建议。

3. 头脑风暴法

头脑风暴是一种创造能力的集体训练法，由小组人员在正常、融洽和不受任何限制的气氛中以会议形式进行讨论、座谈，打破常规，积极思考，畅所欲言，充分发表看法。

项目组组织召开职业能力分析头脑风暴会议，邀请农芯科技(北京)有限责任公司、北京必胜客比萨饼有限公司等企业岗位专家共 8 名。在主持人的引导下，专家们结合自身工作岗位对日常的工作项目、工作任务和应具备的职业能力进行了研讨。

4. 大数据分析法

项目组在职业能力分析过程中，通过对毕业生的就业情况及大型互联网招聘平台的人才需求情况进行信息采集，分析工商企业管理专业学生的就业岗位、职业晋升岗位及年限、招聘平台对岗位的需求分布、能力要求、岗位职责要求等。

5. 文献研究法

项目组通过对职业能力分析的资料整理和归纳，结合文献查询和网络搜索的方法，丰富和完善了工商企业管理专业相关岗位的职业能力要求。本次文献研究主要对营业员、服务员、市场推广专员、行政专员、文秘、人力资源专员、培训专员、库管专员、物流专员岗位的国家标准和招聘要求进行了分析。

(二)职业能力分析会的组织

1. 前期准备

通过咨询专家，项目组成员理解并掌握了职业能力分析会的流程、内容、要求、注意事项和重点、难点。在专家的指导下，项目组成员在会前确定分析岗位、邀请企业专家、筹备会议现场工具及设备、布置会场。

2. 召开会议

分析岗位：营业员、店长助理、店长、服务员、领班、餐厅经理、市场推广专员、市场主管、行政专员、文秘、行政主管、人力资源专员、培训专员、人力资源主管、库管专员、物流专员、物流主管

时间：2018 年 8 月 19 日

地点：北京农业职业学院北校区 201 会议室

会议采用头脑风暴法，主持人向企业专家介绍职业能力分析会的有关技术，包括每个岗位的工作项目、工作步骤和能力要求，并用明确规范的词语表达出来。然后，会议按照以下 3 个步骤进行：(1)明确工作项目；(2)确定工作任务；(3)确定职业能力分析表。

通过分析会议，项目组最终确认了销售、市场、行政、人资、仓储物流 5 类岗位群的工作项目、工作任务以及具体的职业能力。每个岗位的工作任务都经过了专家们热烈的讨论，凝聚了与会企业专家的智慧，文字表达清晰、准确，充分反映了企业人员对岗位的认识和分析。

(三)职业能力分析表的制定

项目组将广东省教育研究院统一制定推荐的职业能力分析表作为模板，制定工商企业管理专业职业能力分析表。该表由工作项目、工作任务、职业能力(包括

知识、技能、要求、方法、工具等）三大部分构成，除了专业能力外，还包括职业素养（通用能力或关键能力）。此外，该表对每个工作岗位进行等级评价，对每一项职业能力进行重要程度标识。

工商企业管理专业职业能力分析表的制定可分为以下 5 个步骤：

(1)项目组将职业能力分析会上企业专家的语言记录下来，然后运用规范的职业能力术语对专家的语言进行修正，形成初步的分岗位的职业能力分析表。

(2)项目组会后与企业专家继续丰富和完善职业能力分析表并进行汇总，形成“工商企业管理专业职业能力分析表(汇总版)”。

(3)项目组将整理出来的“工商企业管理专业职业能力分析表(汇总版)”发给与会的企业专家进行确认并提出修改完善意见。

(4)项目组开会讨论，分析各专家意见，修改完善“工商企业管理专业职业能力分析表(汇总版)”。

(5)项目组对汇总的职业能力分析表进行合并、归类和编号，最终形成完整的“工商企业管理专业职业能力分析表”，并撰写职业能力分析报告。

三、职业能力分析的结论与成效

(一)职业能力分析表的基本内容

通过制定职业能力分析表，项目组整理出工商企业管理专业的 17 个工作岗位的 41 个工作项目、162 个工作任务、498 条职业能力。职业能力共分 9 个层级，面向不同的学历。

(二)职业岗位群及职业能力分布汇总表

1.职业岗位群、职业发展路径以及目标培养岗位

项目组在职业能力分析前期对工商企业管理专业人才需求进行调研，根据调研结果将工商企业管理专业的岗位群分为 5 类：销售、市场、行政、人资、仓储物流。从 5 类中分析了面向本专业的 17 个核心岗位：营业员、店长助理、店长、服务员、领班、餐厅经理、市场推广专员、市场主管、行政专员、文秘、行政主管、人力资源专员（人资专员）、培训专员、人力资源主管（人资主管）、库管专员、物流专员、物流主管，并得出本专业毕业生的职业生涯发展路径，见附表 2-1-3。

附表 2-1-3　工商企业管理专业毕业生的职业生涯发展路径表

<table>
<tr><td rowspan="2">发展层级</td><td colspan="6">就业岗位</td><td>一般发展年限</td></tr>
<tr><td colspan="2">销售</td><td>市场</td><td>行政</td><td>人资</td><td>仓储物流</td><td>高职/本科</td></tr>
<tr><td>Ⅵ</td><td colspan="6">总经理</td><td>10 年以上</td></tr>
<tr><td>Ⅴ</td><td colspan="2">运营总监</td><td>市场总监</td><td>行政总监</td><td>人资总监</td><td>物流总监</td><td>7 年以上</td></tr>
<tr><td>Ⅳ</td><td colspan="2">区域运营经理</td><td>市场经理</td><td>行政经理</td><td>人资经理</td><td>物流经理</td><td>5 年以上</td></tr>
<tr><td>Ⅲ</td><td>店长</td><td>餐厅经理</td><td>市场主管</td><td rowspan="2">行政主管</td><td rowspan="2">人资主管</td><td rowspan="2">物流主管</td><td>2～5 年</td></tr>
<tr><td>Ⅱ</td><td>店长助理</td><td>领班</td><td rowspan="2">市场推广专员</td><td>1～2 年</td></tr>
<tr><td>Ⅰ</td><td>营业员</td><td>服务员</td><td>行政专员/文秘</td><td>人资专员/培训专员</td><td>库管专员/物流专员</td><td>0～1 年</td></tr>
</table>

注：高职培养的入职岗位是第Ⅰ、Ⅱ、Ⅲ发展层级的岗位。

2. 职业能力分布汇总表

工商企业管理专业岗位群及职业能力分布汇总表，见附表 2-1-4。

附表 2-1-4　工商企业管理专业岗位群及职业能力分布汇总表

<table>
<tr><td rowspan="2">发展层级</td><td colspan="6">岗位项目及任务数(项目数，任务数)</td></tr>
<tr><td colspan="2">销售</td><td>市场</td><td>行政</td><td>人资</td><td>仓储物流</td></tr>
<tr><td>Ⅲ</td><td>店长
(11,36)</td><td>餐厅经理
(7,34)</td><td>市场主管
(6,20)</td><td rowspan="2">行政主管
(7,29)</td><td rowspan="2">人资主管
(10,57)</td><td rowspan="2">物流主管
(15,56)</td></tr>
<tr><td>Ⅱ</td><td>店长助理
(9,31)</td><td>领班
(7,32)</td><td rowspan="2">市场推广专员
(5,17)</td></tr>
<tr><td>Ⅰ</td><td>营业员
(7,27)</td><td>服务员
(6,26)</td><td>行政专员/文秘
(5,23)</td><td>人资专员/培训专员
(8,47)</td><td>库管专员/物流专员
(7,35)</td></tr>
</table>

注：1. 本表与职业生涯发展路径表的“发展层级”“就业岗位”对应。

2. 每一类岗位的“项目及任务数”是指每一类岗位对应“职业能力分析表”中的工作项目和工作任务的数量。

(三)职业能力分析的效果

通过职业能力分析过程，项目组制定了工商企业管理专业职业能力分析表，主要取得以下成效：

(1)项目组分析了 17 个核心岗位(营业员、店长助理、店长、服务员、领班、餐厅经理、市场推广专员、市场主管、行政专员、文秘、行政主管、人力资源专员、培训专员、人力资源主管、库管专员、物流专员、物流主管)的工作项目、工作任务、职业能力和关键能力,理清了各职业能力的重要程度,形成了工商企业管理专业职业能力分析表。

(2)学校的专业教师走到企业的第一线,更加明确企业的岗位设置,以及各岗位的工作流程、工作任务和能力要求。专业教师对人才培养的目的和所具备的能力更加清晰。

附件 2-2
试点专业教学标准

物流管理专业教学标准

一、专业名称(专业代码)

物流管理(630903)

二、入学要求

普通中学毕业或具备同等学力

三、基本修业年限

五年

四、职业面向

1.就业领域

主要面向流通部门、流通企业、综合物流企业、农产品加工园区等涉及农产品物流的企业,从事采购及供应、门店运营管理、仓储管理、配送组织与管理、运输接单及调度、信息采集与处理、国际货运代理及报关业务的中基层管理工作。

2.初始岗位群

企业流通部门或物流企业仓管员、调度员、配送员、营业员、物流助理、销售助理、单证助理等。

3.发展岗位群

企业流通部门或物流企业仓储经理、运输经理、配送经理、门店店长、物流经理等。

五、培养目标

以流通部门、流通企业、综合物流企业、农产品加工园区等涉及农产品物流的企业人才需求为依据，确定专业人才培养目标：培养德、智、体、美、劳等全面发展，具有良好的职业道德和综合职业能力，掌握现代化农产品物流知识和技能，具有扎实的市场营销、物流政策法规理解、仓储管理、成本控制、运输组织、配送管理、信息处理等专业能力，能够在流通部门或企业一线从事采购及供应、门店运营管理、仓储管理、配送组织与管理、运输接单及调度、信息采集与处理、国际货运代理及报关业务的复合型人才。

六、培养规格

根据专业人才培养目标，毕业生在流通部门或企业所从事的工作岗位及岗位职业能力分析，确定物流管理专业人才培养规格。

（一）知识要求

（1）一定的阅读和写作能力，正确的就业理念。

（2）较熟练掌握计算机科学理论和软硬件基础知识。

（3）掌握流通涉及的经济、管理、统计、心理、金融、会计、财务等基本知识和理论。

（4）根据流通工作中的统计、物流信息处理、仓储与配送决策、成本控制等要求，能够运用现代化仓储与配送技术对涉及的采购环节、仓储环节和配送环节进行科学管理、合理组织。

（5）能够熟练操作仓储、运输、货代等相关管理信息系统。

（6）掌握营销、采购、仓储、配送、客服、人力资源管理的知识。

（7）掌握运输、供应链管理、经济地理、连锁经营、农产品储运、货运代理的知识。

（二）能力要求

（1）具有一定的英语应用能力，一定的听、说、读、写能力。

（2）能够较顺畅地阅读和书写本专业岗位所涉及的英文信息和相关技术资料。

(3)具有较强的计算机应用及基本操作能力。

(4)具有收集二手资料、设计市场调查问卷及进行抽样调查的基本能力。

(5)掌握农产品仓储业务流程与操作技能,具有仓库布局规划能力。

(6)具有配送方案的设计能力。

(7)具有仓储规划决策、库存控制决策、流通加工作业排序决策、运输路线决策、物流设施选址决策及物流项目管理决策能力。

(8)掌握货运代理及报关报检的相关技能。

(9)掌握进出口业务流程及要求,具有农产品外贸运作能力。

(10)能够在商务场景中的使用英语语言知识和商务知识、技巧,处理国际商务事宜。

(11)具有生鲜营运能力,能够进行应急事件处理。

(12)具有生鲜、杂百采销业务管理的基本能力。

(13)掌握各类农产品鉴别与等级评定方法,具有农产品市场信息采集与分析的能力。

(14)具有店铺选址与规划的能力。

(15)具有连锁门店运营管理的能力。

(三)素质要求

(1)坚定拥护中国共产党领导和我国社会主义制度,在习近平新时代中国特色社会主义思想指引下,践行社会主义核心价值观,具有深厚的爱国情感和中华民族自豪感。

(2)崇尚宪法、遵法守纪、崇德向善、诚实守信,尊重生命、热爱劳动,履行道德准则和行为规范,具有社会责任感和社会参与意识。

(3)具有质量意识、环保意识、安全意识,信息素养,工匠精神,创新思维。

(4)勇于奋斗、乐观向上,具有自我管理能力、职业生涯规划的意识,有较强的集体意识和团队合作精神。

(5)具有健康的体魄、心理和健全的人格,掌握基本运动知识和一两项运动技能,养成良好的健身与卫生习惯及良好的行为习惯。

(6)具有一定的审美和人文素养,能够形成一两项艺术特长或爱好。

七、典型工作任务及职业能力分析

根据门店店长、运输经理、仓储经理、配送经理、供应链主管、销售员、单证员目标岗位，运用头脑风暴、文献研究、咨询专家、问卷调查、电话访谈等方法，开展职业能力分析行业企业专家研讨会，获得 10 项典型工作任务，以及 63 个工作项目，185 个工作任务，631 条职业能力点。附表 2-2-1 是典型工作任务与能力要求的对接表。

附表 2-2-1 典型工作任务与能力要求对接

序号	典型工作任务	工作任务及职业能力要求
1	物流门店运营	01,03,08,09
2	物流市场营销	04,05,06,07,10,11,12
3	物流企业管理	45,46,48,49,56
4	物料采购与管理	29,30,31
5	仓储管理	32,33,34,37,38,39,41,42,48
6	运输与配送	17,20,21,25,26,27,43,44,50,51,52
7	物流财务管理	36,41-02,41-03-02,44-03-01,48-05-05
8	国际物流实务	18,22
9	报关业务管理	13,14,15,16
10	供应链管理	57,58,59

注：工作任务及职业能力要求编号与职业能力分析表对应。

八、职业资格证书

高级仓管员；

叉车操作证（自愿）。

九、毕业条件

学生在学院规定年限内，达到以下要求，准予毕业，由学院颁发毕业证书：

(1)修完本专业人才培养方案规定的课程，取得 173 学分；

(2)在岗学习通过企业实操考核或答辩；

(3)原则上取得一个(含)以上本专业人才培养方案规定的职业资格证书；

(4)符合学院其他相关规定。

十、课程设置及学时安排

(一)总学时及课程模块构成

课程模块分为公共基础课程和专业课程两个模块，专业课程分为专业技术技能课程、学徒岗位能力课程、专业拓展课程三类。公共基础课程是根据教育部有关规定安排，专业课程根据物流管理就业岗位群能力要求设置。专业技术技能课程依据不同就业岗位方向共同需要的职业能力要求设置，学徒岗位课程依据学徒目标培养岗位特定要求设置，专业拓展课程为学徒适应其他企业的岗位的能力要求而设置。课程体系结构见附表 2-2-2。

附表 2-2-2　课程体系结构

课程模块	序号	课　　程	课程性质
公共基础课程	1	数学	必修课
	2	语文	必修课
	3	英语	必修课
	4	计算机应用基础	必修课
	5	思想政治理论	必修课
	6	思想道德修养与法律基础	必修课
	7	体育	必修课
	8	形势与政策	必修课
	9	军训(3 周)	必修课
	10	就业指导	必修课

续附表 2-2-2

课程模块		序号	课　　程	课程性质
专业课程	专业技术技能课程	11	物流行业与业务认知	必修课
		12	物流企业管理	必修课
		13	物流法律与法规	必修课
		14	公共关系	必修课
		15	客户服务	必修课
		16	物流财务管理	必修课
		17	统计基础与实务	必修课
		18	物流信息技术	必修课
		19	物流经济地理	必修课
		20	仓储与配送决策技术★	必修课
		21	物流成本管理★	必修课
		22	供应链管理	必修课
		23	连锁经营与管理★	必修课
		24	国际物流与货运代理	必修课
		25	物流市场营销★	必修课
		26	运输业务与管理	必修课
		27	采购业务与管理	必修课
		28	仓储与配送管理★	必修课
	学徒岗位能力课程	29	物流设备操作技能	必修课
		30	电子商务基础与实务	必修课
		31	农产品认知与管理	必修课
		32	物流市场调研与分析	必修课
		33	物流客户管理★	必修课
		34	礼仪与沟通技巧	必修课
	专业拓展课程	35	商务英语	选修课
		36	基础会计	选修课
		37	金融基础与实务	选修课

注：★标注课程为专业核心课。

(二)课程基本内容及要求

1.公共基础课程(附表 2-2-3)

附表 2-2-3　物流管理专业公共基础课程

序号	课程名称	主要教学内容和要求	参考学时
1	数学	讲授代数、几何、微积分等数学知识,使学生具备基本的数学运用能力	276
2	语文	通过汉语读、写训练,使学生具备较高的文字表达能力	276
3	英语	英语精读、听说和写作。通过听、说、读、写基本训练,使学生获得英语基础知识,具有阅读英语资料和一般写作能力	338
4	计算机应用基础	通过本课程的学习,让学生了解计算机系统的软硬件组成,中英文录入、操作系统使用(Windows)、常用办公软件(Word、Excel、PowerPoint)的应用,计算机网络与 Internet 应用以及常用工具软件的使用。通过该课程的学习,学生具有一定的计算机理论知识和操作技能,能够应用计算机进行日常办公,为今后进一步学习计算机有关知识奠定基础	276
5	思想政治理论	通过本课程的学习,使学生全面理解我国处于社会主义初级阶段的基本国情及党在社会主义初级阶段的基本路线和基本纲领,理解建设有中国特色的社会主义的经济、政治和文化的有关理论观点,提高运用马克思主义立场、观点、方法分析现实问题的能力	60
6	思想道德修养与法律基础	以马列主义、毛泽东思想和中国特色社会主义理论为指导,以高校培养目标为依据,按照"依法治国""以德治国""德法并举"的时代新要求,以大学生成人、成才为目标,教育大学生加强自身思想道德修养和法律修养。通过学习,要求学生掌握道德(社会公德、家庭美德、职业道德)、理想信念、爱国主义、人生价值、民族精神道德传统、法制观念、法律基本知识等道德与法的基本概念、基本原理和基本知识	30

续附表 2-2-3

序号	课程名称	主要教学内容和要求	参考学时
7	体育	课程遵循《学校体育工作条例》《全国普通高等学校体育课程教学指导纲要》及《关于进一步加强学校体育工作的若干意见》等文件要求，坚持“健康第一”的指导思想，结合我院教学条件设计，着力提高学生身体素质，培养学生的体育爱好、运动兴趣和技能特长，并着重培养学生的意志品质、合作精神和交往能力，使学生掌握科学锻炼的基础知识、基本技能和有效方法。教学中差别对待不同层次学生，使每个学生毕业时掌握至少两项终身受益的体育锻炼项目，养成良好的体育锻炼习惯和健康生活方式，终身受益	200
8	形势与政策	本课程帮助学生全面正确地认识党和国家面临的形势和任务，拥护党的路线、方针和政策，增强实现改革开放和社会主义现代化建设宏伟目标的信心和社会责任感，提高当代大学生投身于国家经济建设事业的自觉性和态度，明确自身的人生定位和奋斗目标。同时，使学生基本掌握该课程的基础理论知识、基本理论观点、分析问题的基本方法，并能够运用这些知识和方法去分析现实生活中的一些问题，把理论渗透到实践中，指导自己的行为	15
9	军训(3 周)	课程以《中华人民共和国国防法》《中华人民共和国兵役法》《中华人民共和国国防教育法》《中共中央国务院关于深化教育改革全面推进素质教育的决定》(中发〔1999〕9 号)以及《国务院办公厅中央军委办公厅转发教育部总参谋部总政治部关于在普通高等学校和高级中学开展学生军事训练工作意见的通知》(国办发〔2001〕48 号)精神为依据，深入贯彻落实《普通高等学校军事课教学大纲》。按照教育要面向世界、面向未来、面向现代化的要求，努力提高学生的思想政治觉悟，激发爱国热情，增强国防观念和国家安全意识；进行爱国主义、集体主义和革命英雄主义教育，增强学生的组织性、纪律性，培养艰苦奋斗的作风，提高学生的综合素质；使学生掌握基本军事知识和技能，为中国人民解放军培养后备兵员和预备役军官，为国家培养社会主义事业的建设者和接班人	56
10	就业指导	通过教学，培养学生树立正确的人生观、价值观；增强就业主体意识及职业生涯发展的责任意识；引导学生客观自我评估，树立合理的职业目标；理性认识就业形势，把握就业政策，了解就业和创业流程，掌握求职方法与技巧，为顺利就业打下基础	24

2. 专业技术技能课程(附表 2-2-4)

附表 2-2-4　物流管理专业技术技能课程

序号	课程名称	主要教学内容和要求	参考学时
1	物流行业与业务认知	学习物流在现代经济中的作用,了解物流经营管理中采购、仓储、运输、包装、配送的主要环节,为后续具体掌握物流活动经营管理的方法和技能奠定基础	72
2	物流企业管理	学习管理学的基本理论和方法,包括决策、组织、控制、协调和创新等基本职能,企业经营目标与经营战略的制定、经营决策的方法以及企业生产经营要素的管理。掌握企业管理的原理和应用这些原理解决企业管理中问题的方法和手段;让学生应用所学的原理,处理生活、学习中的问题,学会学习方法、生活方法,提高学生素质,促进学生就业	216
3	物流法律与法规	学习《中华人民共和国食品安全法》《中华人民共和国公司法》《中华人民共和国合同法》《中华人民共和国票据法》及各类运输法规等与农产品流通活动密切相关的法律规定及典型案例	72
4	公共关系	帮助学生掌握公共关系的内涵、基本理论和技能,使学生认识公共关系在现代管理中的性质、意义和作用,并能在工作中运用公关方法和技能	72
5	客户服务	帮助学生了解客户服务的内涵,掌握客户开发管理、客户沟通管理、客户满意度管理、客户忠诚度管理、客户互动管理、客户保持与客户流失管理、客户关系管理和客户服务质量管理的内容	72
6	物流财务管理	学习物流财务管理,掌握资金的筹集、资金的运用、资金的回收与分配过程	108
7	统计基础与实务	通过学习使学生掌握统计调查的程序、原则与方法,具备基本的统计计算和分析能力,并能运用统计方法指导物流管理工作	72
8	物流信息技术	学习物流信息系统的基础知识、条形码、数据库、物流管理信息系统、物流企业网络技术、物流 EDI、GPS 以及 GIS 技术的基本理论与应用	108
9	物流经济地理	通过对经济活动区位及其影响因素、区位论、产业布局、经济区划、区域发展规划、经济活动全球化等内容的学习,要求学生掌握经济地理学的基本理论、基本原理,能够分析和评价特定区域的产业布局条件,科学选择主导产业,制定区域经济发展战略和布局模式	72

续附表 2-2-4

序号	课程名称	主要教学内容和要求	参考学时
10	仓储与配送决策技术	主要讲解仓储决策：仓储规划决策、库存控制决策、流通加工作业排序决策；运输路线决策：两点间直送式运输路线决策、单回路分送式运输路线决策、多回路分送式运输路线决策、最小费用最大流的路线决策；货物调运及配装决策：多点间货物调运决策、运输工具货物配装决策；物流设施选址决策：单一设施连续点选址决策、多个设施连续点选址决策、离散点选址决策；物流项目管理决策：物流项目决策（物流企业内部网络布线、风险性项目决策、设备更新、项目资金分配、物流投资项目可行性）、项目任务指派	108
11	物流成本管理	学习物流成本的预测、预算、计算、控制与分析的基本方法	54
12	供应链管理	认识供应链管理的基本理论，了解当前供应链管理在国内外发展的最新趋势和现状，了解供应链管理的基本技术和手段。引导学生理论与实践相结合，用新的理念、新的视点对供应链管理进行认识，培养学生的创新意识，培养学生理论和实践相结合的能力	72
13	连锁经营与管理	学习连锁经营模式的基本知识及管理的基本方法，重点是了解连锁企业的采购、库存、门店管理	54
14	国际物流与货运代理	国际物流部分，使学生了解和掌握国际物流的基础知识，包括国际物流系统与网络，国际货物运输与保险，海关监管与货物通关，国际物流服务与管理等，同时特别强调学生对国际物流业务流程和作业的技能掌握，注重理论联系实际。货运代理部分，让学生了解货运代理的基本概念，掌握货代的主要环节和各种操作过程	54
15	物流市场营销	现代市场营销的基本理论，帮助学生掌握市场、市场细分、市场定位的内涵，策划物流市场营销活动，制定营销方案	72
16	运输业务与管理	掌握常用运输工具的特点与选择、各种运输业务的办理，以及运输合理化方案的制定与实施	54
17	采购业务与管理	掌握采购及采购管理的概念、采购运作的流程、采购谈判、采购合同及国际化采购的知识和方法；能够根据采购的需求制定企业采购计划	54
18	仓储与配送管理	帮助学生掌握仓储作业的基本内容（入库、出库、盘点、分拣、包装、装卸搬运等技能）；掌握仓库的业务流程；掌握仓库相关人员的岗位职责及制度；掌握仓库布局规划能力；培养学生配送方案设计的能力	108

3. 学徒岗位能力课程(附表 2-2-5)

附表 2-2-5　物流管理专业学徒岗位能力课程

序号	课程名称	主要教学内容和要求	参考学时
1	物流设备操作技能	掌握常用装卸搬运设备、集装化技术、仓储设施与设备、包装设备的使用与操作	54
2	电子商务基础与实务	电子商务模拟软件使用,掌握 B2B、B2C 流程	72
3	农产品认知与管理	重点介绍商品学、质量安全、农产品贸易等。掌握各类农产品的贮藏技术及其对储运的要求,掌握农产品储运业务流程与操作技能	108
4	物流市场调研与分析	帮助学生掌握物流市场调研的内容、程序、方法,制定调研方案,开展主题调研活动,完成调研分析,形成调研报告	54
5	物流客户管理	了解客户关系管理的基本意义,掌握客户开发、客户谈判、客户的维护与管理、客户的跟踪调研、客户的投诉处理	108
6	礼仪与沟通技巧	帮助学生掌握基本的社交礼仪、工作礼仪、服务礼仪等知识;掌握常用的沟通技巧,学会性格分析,掌控人性,自我提升	72

(三)教学安排(附表 2-2-6)

附表 2-2-6 物流管理(现代学徒制)专业教学进程表

课程类别		课程	学分	总学时	各学期周数、学时分配										学习方式学时分配			考核方式(笔试/面试/任务考核)
					1	2	3	4	5	6	7	8	9	10	集中授课	任务训练	岗位培养	
					18	18	18	18	18	18	15	18	18	18				
公共基础课程	必修课	数学	15	276	4	4	4	4							276	0	0	①
		语文	15	276	4	4	4	4							200	76	0	①
		英语	19	338	4	4	4	4	2	2					188	150	0	①
		计算机应用基础	15	276	4	4	4	4							138	138	0	①
		思想政治理论	3	60		2					2				60	0	0	①
		思想道德修养与法律基础	2	30	2										30	0	0	①
		体育	11	200	2	2	2	2	2	2					2	198	0	①③
		形势与政策	1	15	1										10	5	0	①③
		军训(3 周)	3	56											56	0	0	①③
		就业指导	1	24									2		8	16	0	①③
		……																
		小计	85	1 551											968	583	0	

续附表 2-2-6

课程类别		课程	学分	总学时	各学期周数、学时分配										学习方式学时分配			考核方式（笔试/面试/任务考核）
					1	2	3	4	5	6	7	8	9	10	集中授课	任务训练	岗位培养	
					18	18	18	18	18	18	15	18	18	18				
专业课程	专业技术技能课程	物流行业与业务认知	4	72			4								30	30	12	①
		物流企业管理	12	216	4	4	4								72	72	72	①③
		物流法律与法规	4	72					4						50	22	0	①
		公共关系	4	72				4							40	32	0	①
		客户服务	4	72							4				32	22	18	①③
		物流财务管理	6	108					4	4					48	24	36	①③
		统计基础与实务	4	72								4			40	32	0	①③
		物流信息技术	6	108						6					34	38	36	①③
		物流经济地理	4	72					4						36	36	0	①③
		仓储与配送决策技术★	6	108							4	4			56	52	0	①③
		物流成本管理★	3	54									4		24	12	18	①③
		供应链管理	4	72									4		36	18	18	①③
		连锁经营与管理★	3	54									4		24	12	18	①③
		国际物流与货运代理	3	54									4		36	18	0	①③
		物流市场营销★	4	72				4							36	12	24	①③
		运输业务与管理	3	54						4					36	18	0	①③
		采购业务与管理	3	54						4					36	18	0	①③
		仓储与配送管理★	6	108						4	4				40	32	36	①③
		……																
		小计	83	1 494											706	500	288	

续附表 2-2-6

课程类别		课程	学分	总学时	各学期周数、学时分配										学习方式学时分配			考核方式（笔试/面试/任务考核）
					1	2	3	4	5	6	7	8	9	10	集中授课	任务训练	岗位培养	
					18	18	18	18	18	18	15	18	18	18				
专业课程	学徒岗位能力课程	物流设备操作技能	3	54						4					18	0	36	①③
		电子商务基础与实务	4	72					4						36	0	36	①③
		农产品认知与管理	6	108							4	4			54	0	54	①③
		物流市场调研与分析	3	54								4			18	0	36	①③
		物流客户管理★	6	108								4	4		36	36	36	①③
		礼仪与沟通技巧	4	72							4				18	18	36	①③
		……																
		小计	26	468											180	54	234	
	专业拓展课程	商务英语	3	54									4		36	18	0	①③
		基础会计	4	72					4						54	18	0	①③
		金融基础与实务	4	72								4			54	18	0	①③
		……																
		小计	11	198											144	54	0	
		毕业设计	6	180										30			180	②③
		总计	211	3 891	25	24	26	26	24	30	22	24	26	30	1 998	1 191	702	

注：“……”表示可弹性调整的课程。★标注课程为专业核心课。

十一、教学基本条件

实施校企联合培养，一体化育人，必备的基本条件：一是学校、企业、学生（家长）三方协同育人协议；二是协同育人的基本工作制度；三是企业有足够的学徒学习的工作岗位和必需的课程教学基本条件。

（一）学校条件

1. 学校导师条件

（1）学院的现任教师，工作经历满 3 年，25 周岁及以上，身心健康，具有大学本科及以上学历或中级及以上专业技术职务，具有相应的职业资格证书。

（2）学院的现任教师，具有良好的职业道德和协作意识，遵守学院和企业的各项规章制度，积极参与现代学徒制工作，责任心强。

（3）学院的现任教师，具有企业实践经历，业务基础扎实，熟悉所任教课程涉及的岗位对知识、技能和基本素质的要求，教学水平高，且具有一定的课题研究、课程开发与实施能力。

2. 校内实训室

校内实训主要通过培训导师的专业实践能力，满足学徒岗位能力提升及专业拓展实践教学要求。校内实训室主要包括物流综合实训室，仓储实训室和超市连锁实训室（附表 2-2-7）。

附表 2-2-7　校内实训室基本情况一览表

实训室名称	基本设备设施	实验实训主要内容	培养主要能力
物流综合实训室	计算机、服务器配套桌椅等	仓储管理系统；运输管理系统；物流客户服务；供应链管理系统等	物流相关信息平台的操作、使用能力；跨境采购业务的综合运用能力等
仓储实训室	货架、叉车、托盘、服务器、手持等	物流设备操作技能；仓储与配送管理任务训练	熟悉仓储工作中的计划管理、入库、出库、在库等各环节操作；培养学生叉车等设备的操作能力
超市连锁实训室	流利货架、周转笼、登高拣选车	物流财务；连锁经营与管理任务训练	超市门店日常业务管理和组织能力

（二）企业条件

1. 企业导师条件

（1）从事本行业工龄 3 年及以上且年龄 25 周岁及以上的企业正式员工，原则上具有大专及以上学历或中级及以上职业技术资格等级。

（2）具有良好的职业道德和协作意识，工作积极，具有奉献精神，能服从学院和企业的管理，遵守企业和学院的各项教学规章制度。

（3）在行业中有一定的影响力，有较丰富的岗位教学与管理经验，优先考虑企业高级技术人员。

2. 岗位培养条件

企业组织架构完整，管理制度健全，岗位管理规范；能按人才培养要求提供学徒岗位，且岗位培养的设施设备条件与学徒人数匹配，基本能满足学徒岗位培养要求。

十二、质量保障

（一）教学要求

公共基础课程要符合教育部有关教学的基本要求，重在培养学生的文化素养、服务学生专业学习和终身发展，突出"以学生为中心"的理念，强调学以致用，为学生综合素质的提高、自我学习能力的提升、职业素质的形成和可持续发展奠定基础。

专业课程的教学按职业岗位群的能力要求，充分体现双主体育人、双场所教学、校企一体化的现代学徒制特征。教学借鉴胡格模式教学法，采用案例分析、任务驱动、模拟教学、任务训练、角色扮演等教学方法，教学内容与安排遵循学徒认知规律及适合学徒工学交替的学习形式要求，能发挥校企导师各自的教学优势。通过课程教学、基本技能训练、岗位培养，试点专业可以不断提高学生的专业能力和综合素质，以满足企业岗位需求。在教学过程中，老师可通过数字化资源、教学资源的开发与利用，结合岗位工作案例，提高课堂教学效果。

（二）教学组织形式

在中职阶段 3 年中，试点班学生主要在校集中学习公共基础课程、部分专业课程，通过任务训练、专业实践、企业参观形成岗位认知，为在岗学习储备知识、技能；在高职阶段2年中，根据校企岗位培养条件，试点班采取“工学交替”的教学组织形式，学生累计到企业进行至少6个月的在岗学习。学生在学校期间的教学任务安排以学校导师为主，在企业学习期间的教学任务安排以企业导师为主。学生在从学校到企业到岗位的过程中完成了由学徒员工到实习员工到正式员工的角色转换。

（三）学业评价

双导师共同制定考核评价标准，形成学生、学校、企业共同评价的考核评价体系。公共基础课程及专业技术技能课程基础知识考核主要由学生出勤（10%）、课程实践考核（30%～50%）、理论知识考核（40%～60%）等几方面构成。专业技术技能课程基本技能及学徒岗位课程的考核主要包括学徒自我鉴定、学校指导教师的专业知识考核、企业导师的技能考核，以及学校指导教师和企业导师的联合考核。考核成绩的构成中，学徒工作态度、在岗表现等占30%，专业知识考核成绩占30%，专业技能考核占40%。

考核评价方式有笔试、口试、任务考核、竞赛等。根据课程的不同，每门课程采取以上一种或多种方式相结合的形式进行考核，考核成绩的比重由“双导师”团队依据课程目标自行设计。

（四）教学管理

教学管理实行双主体三级负责制。在学校，学校是教学管理的主体。在分管校长的领导下，学校（教务、督导）、二级学院（系、部）、教研室（专业指导委员会）对人才培养质量诸要素和教学过程各环节进行管理监控、检查、评价及反馈和调整。在企业，企业是教学管理的主体。企业负责人、人力资源部、训练部或企业现代学徒制管理小组对学徒学习过程的各环节进行监控、考核评价及反馈。

学校和企业通过“责任到人、分工协作”，加强教学过程管理的效果。学校负责在校教学的学校导师、场所、设备以及集中讲授教学安排等；企业负责岗位学习的企业导师、场所、设备、集中培训、任务训练及在岗培养计划等。双导师负责课堂和岗位学习管理及考核评价；学徒双身份既遵守学校学生管理规定，又执行企业员工管理制度。

（五）质量监控

建立科学的质量管理体系，学生必须按照要求修完规定的课程才能毕业。教学质量监控纳入学校督导管理系统及企业员工培训考核管理体系。

(1)校企共同组建现代学徒制试点工作领导小组，配合教务处、二级学院（系部）对日常教学运行及课程建设进行管理和监控，及时解决教学中出现的问题。

(2)教务处、督导室不定期组织人员到教学现场听课，组织学生座谈，查阅教学文件和相关记录，开展评教评学活动。

(3)企业进行定期和不定期的岗位巡视，检查学徒学习情况，及时反馈教学中出现的问题。

十三、其他

现代学徒制是教育界与产业界的“双向跨界”教育。“校企合作、工学结合、产教融合”“做中学、学中做”是职业教育“跨界教育”的鲜明表现形式。基于协同发展，校企一体，共同推进实施现代学徒制试点。无论是“先招工后招生”，还是“先招生后招工”，校企首先要让学生充分了解现代学徒制培养模式，了解合作企业文化、职业岗位及职业生涯规划；在了解的基础上，在学生与企业彼此认可的情况下，学校、企业、学生签订三方协议，明确三方的责权。

工商企业管理专业教学标准

一、专业名称（专业代码）

工商企业管理(630601)

二、入学要求

普通高级中学毕业、中等职业学校毕业或具备同等学力。

三、基本修业年限

三年

四、职业面向

1.就业领域

企事业单位的人力资源管理、客户管理、商务办公管理、运营管理、市场推广等管理部门工作或自主创业。

2.初始岗位群

企事业单位人事专员、客户管理专员、行政专员、市场推广专员、连锁企业储备店长或自主创业等。

3.发展岗位群

企事业单位人事经理、客户管理经理、行政经理、市场推广经理、连锁企业店长或自主创业等。

五、培养目标

培养德、智、体、美、劳等全面发展,具有良好职业道德和综合职业能力,具备从事现代企业经营与管理的基本理论知识,掌握企业人力资源管理、客户管理、商务办公管理、运营管理、推广策划等专业技能,适应企业人力资源、客户管理、办公室、运营管理、推广策划等部门一线管理岗位、连锁企业门店店长或自主创业的高素质技能型专门人才。

六、培养规格

本专业毕业生应在知识、能力和素质等方面达到以下要求。

(一)知识要求

(1)掌握一定的人文社会科学知识。

(2)掌握本专业必备的自然科学基础知识。

(3)掌握必备的英语、计算机及其应用的基础知识。

(4)掌握本专业必备的经济学、管理学等基本知识。

(5)掌握本专业必需的财务、人力资源、客户管理、商务办公管理、推广策划、连锁企业门店管理与经营等方面的专业知识。

(6)具有基本的经济法律知识。

(7)掌握马列主义、毛泽东思想的基本原理和中国特色社会主义理论知识。

(二)能力要求

(1)具有基本的英语应用和计算机应用能力。

(2)具有一定的批判性思维能力以及初步的管理科学研究和综合管理工作能力。

(3)具备人员选拔与配置、团队沟通、绩效管理和有效激励等团队组建及成员激励能力。

(4)具备识别客户、开发客户、维系客户、客户互动设计的能力。

(5)具备 Office 办公软件应用能力、办公文件写作能力、会议日程安排和组织的能力。

(6)具备活动的策划、组织和实施能力。

(7)具备数据意识和管理数据分析应用能力。

(8)具备商业连锁企业门店的店面运营管理能力。

(三)素质要求

(1)具有探究学习、终身学习、分析问题和解决问题的能力。

(2)具有良好的语言、文字表达能力、沟通能力和谈判能力。

(3)具有创业精神、创新意识和良好的职业道德。

(4)具有健全的心理和健康的体魄。

(5)具有团队合作精神以及较强的抗压能力。

七、典型工作任务及职业能力分析

根据店长、餐厅经理、市场主管、行政主管、人资主管、物流主管目标岗位,运用头脑风暴、文献研究、咨询专家、问卷调查、电话访谈等方法,开展职业能力分析行业企业专家研讨会,获得 13 项典型工作任务,以及 41 个工作项目,162 个工作任务,498 条职业能力点。附表 2-2-8 是典型工作任务与能力要求的对接表。

附表 2-2-8　典型工作任务与能力要求对接

序号	典型工作任务	工作任务及职业能力要求
1	办公事务管理	18
2	行政事务管理	15,16,17
3	人力资源管理	19,20,21,22,23,24,25
4	餐厅与门店服务	02,03,04,05,06,11,12,13
5	门店管理与经营	07,08,09,10,14
6	商品管理	05-02,26,27,28,33
7	货物及物资盘点	05-03,14-06
8	财务及账务管理	10-02,13-04,14-03,23-03,35
9	需求调研与市场分析	20,38,40-01
10	成本管控	10-04-01,14-03-06,25-02-02
11	盈利分析	10-04
12	客户关系开拓、管理与维护	04-03,08-02-06,08-02-07,17-01-02
13	市场营销策划	39,40,17-01-01,38-01

注：工作任务及职业能力要求编号与职业能力分析表对应。

八、职业资格证书

商务管理师；

助理人力资源管理师(国家职业资格四级)证书；

助理营销师(三级)；

助理经营师证书。

九、毕业条件

学生在学院规定年限内，达到以下要求，准予毕业，由学院颁发毕业证书：

(1)修完本专业人才培养方案规定的课程，取得 133 学分；

(2)取得一个(含)以上本专业人才培养方案规定的职业资格证书；

(3)符合学院其他相关规定。

十、课程设置及学时安排

(一)总学时及课程模块构成

总学时在 2 600～2 800 学时,课程模块分为公共基础课程和专业课程两个模块,专业课程分为专业技术技能课程、学徒岗位能力课程、专业拓展课程三类。公共基础课程是根据教育部有关规定安排,专业课程根据工商企业管理就业岗位群能力要求设置。专业技术技能课程依据不同就业岗位方向共同需要的职业能力要求设置,学徒岗位课程依据学徒目标培养岗位特定要求设置,专业拓展课程为学徒适应其他企业的岗位或创业的能力要求而设置。课程体系结构见附表 2-2-9。

附表 2-2-9 课程体系结构

课程模块	序号	课　　程	课程性质
公共基础课程	1	思想道德修养与法律基础	必修课
	2	毛泽东思想和中国特色社会主义理论体系概论	必修课
	3	形势与政策 1	必修课
	4	形势与政策 2	必修课
	5	英语 1	必修课
	6	英语 2	必修课
	7	体育 1	必修课
	8	体育 2	必修课
	9	体育 3	必修课
	10	高职语文 1	必修课
	11	高职语文 2	必修课
	12	计算机应用基础	必修课
	13	职业生涯规划与就业指导 1	必修课
	14	职业生涯规划与就业指导 2	必修课
	15	大学生心理	必修课
	16	军训	必修课

续附表 2-2-9

<table>
<tr><th colspan="3">课程模块</th><th>序号</th><th>课　　程</th><th>课程性质</th></tr>
<tr><td rowspan="24">专业课程</td><td colspan="2" rowspan="14">专业技术技能课程</td><td>17</td><td>管理经济学基础与实务</td><td>必修课</td></tr>
<tr><td>18</td><td>礼仪与沟通技巧</td><td>必修课</td></tr>
<tr><td>19</td><td>服务行业企业认知</td><td>必修课</td></tr>
<tr><td>20</td><td>客户关系管理★</td><td>必修课</td></tr>
<tr><td>21</td><td>需求调研与市场分析★</td><td>必修课</td></tr>
<tr><td>22</td><td>市场营销★</td><td>必修课</td></tr>
<tr><td>23</td><td>办公事务管理</td><td>必修课</td></tr>
<tr><td>24</td><td>门店管理与经营★</td><td>必修课</td></tr>
<tr><td>25</td><td>人力资源管理★</td><td>必修课</td></tr>
<tr><td>26</td><td>商务管理实务★</td><td>必修课</td></tr>
<tr><td>27</td><td>连锁门店商品管理</td><td>必修课</td></tr>
<tr><td>28</td><td>公共关系实务</td><td>必修课</td></tr>
<tr><td>29</td><td>财务管理</td><td>必修课</td></tr>
<tr><td>30</td><td>毕业设计</td><td>必修课</td></tr>
<tr><td rowspan="5">学徒岗位能力课程</td><td rowspan="2">企业 1</td><td>31</td><td>连锁经营信息系统操作</td><td>限选课</td></tr>
<tr><td>32</td><td>连锁企业经营综合实践</td><td>限选课</td></tr>
<tr><td rowspan="3">企业 2</td><td>33</td><td>农业设备市场推广实践</td><td>限选课</td></tr>
<tr><td>34</td><td>农业设备投标方案制订</td><td>限选课</td></tr>
<tr><td>35</td><td>企业管理沙盘</td><td>必修课</td></tr>
<tr><td colspan="2" rowspan="5">专业拓展课程</td><td>36</td><td>电子商务</td><td>必修课</td></tr>
<tr><td>37</td><td>创新创业基础与训练</td><td>必修课</td></tr>
<tr><td>38</td><td>质量管理</td><td>选修课</td></tr>
<tr><td>39</td><td>演讲与口才</td><td>选修课</td></tr>
<tr><td>40</td><td>个人和团队管理</td><td>选修课</td></tr>
</table>

注：(1)“★”课程为专业核心能力课程。(2)企业 1、企业 2 指现代学徒培养合作企业。

(二)课程基本内容及要求

根据本专业的培养目标,专业的核心课为客户关系管理、需求调研与市场分析、门店管理与经营、人力资源管理、商务管理实务、市场营销,学生可以考取助理人力资源管理师、商务管理师、品类管理师、助理营销师等证书。

1.公共基础课程(附表 2-2-10)

附表 2-2-10　工商企业管理专业高职学段公共基础课程

序号	课程名称	主要教学内容和要求	参考学时
1	思想道德修养与法律基础	本课程是以马列主义、毛泽东思想和中国特色社会主义理论为指导,以高校培养目标为依据,按照“依法治国”“以德治国”“德法并举”的时代新要求,以大学生成人、成才为目标,教育大学生加强自身思想道德修养和法律修养的一门课程。通过学习,要求学生掌握道德(社会公德、家庭美德、职业道德)、理想信念、爱国主义、人生价值、民族精神道德传统、法制观念、法律基本知识等道德与法的基本概念、基本原理和基本知识	60
2	毛泽东思想和中国特色社会主义理论体系概论	本课程是进行中国特色社会主义理论与实践教育的必修课,让学生正确理解毛泽东思想、中国特色社会主义理论的科学体系、精神实质和立场、观点、方法,树立建设中国特色社会主义的坚定信念,培养学生运用马克思主义的立场、观点和方法分析和解决问题的能力,自觉执行党的基本路线和基本纲领,爱岗敬业	54
3	形势与政策	本课程是高校思想教育的必修课,可采取在线教学等方式。通过本课程的学习,学生能了解国际、国内形势,全面正确认识党和国家面临的形势和任务,正确理解并拥护党的路线、方针和政策,增加学生的爱国主义责任感和使命感,增强实现社会主义现代化建设宏伟目标的信心和社会责任感,自觉自愿投身于国家经济建设事业,明确自身的人生定位和奋斗目标	33
4	英语	本课程以行业发展需求为导向,结合职业岗位要求,以培养学生具备运用英语交流沟通的基本能力为目标,侧重职场环境下使用英语进行交流与沟通的能力培养,以网络教学、集中面授等方式,增强学生的学习兴趣和自主学习能力,为提升学生的就业竞争力及未来的可持续发展打下必要的基础	132
5	体育	本课程培养学生的体育爱好、运动兴趣和技能特长,并重培养学生的意志品质、合作精神和交往能力,使学生掌握科学锻炼的基础知识、基本技能和有效方法,提高学生身体素质	102

续附表 2-2-10

序号	课程名称	主要教学内容和要求	参考学时
6	高职语文	本课程让学生感受、领悟祖国语言文字的巨大魅力，激发学生的想象力与创造力，倡导学生的独立精神与合作意识，培育和滋养其健全的人格与社会关怀意识以及社会责任感；使学生掌握常用应用文种的格式和方法，提高写作技能，为其将来参加工作、满足社会对应用文写作日益迫切的需求做准备，同时促进学生各类专业课程的学习	81
7	计算机应用基础	本课程让学生了解计算机系统的软硬件组成，中英文录入、操作系统使用（Windows）、常用办公软件（Word、Excel、PowerPoint）的应用，计算机网络与 Internet 应用以及常用工具软件的使用。通过该课程的学习，学生具有一定的计算机理论知识和操作技能，能够应用计算机进行日常办公、家庭娱乐，并为今后进一步学习计算机有关知识奠定基础。课程结束后，学生达到全国计算机等级考试一级水平	60
8	职业生涯规划与就业指导	本课程内容与企业员工职业生涯发展规划相融合，运用职业目标、职业意识、职业岗位要求和创业准备等教学案例，培养学生的社会能力和方法能力，提高其岗位适应能力；让学生理解职业与成才的关系，理解职业生涯设计的意义和基本内容；让学生学会认识自己和社会，了解企业的行为规范，形成职业意识及职业生涯设计	51
9	大学生心理	本课程宣传和普及心理保健知识，帮助学生认识健康心理对成长成才的重要意义；指导学生树立心理保健意识，认识心理活动的规律和自身个性的特点；掌握心理健康知识和心理调适方法，学会化解心理困扰；培养健全人格，促进全面发展。本课程主要学习内容包括心理健康的认识；情绪的管理；气质与性格的自我认知；恋爱心理与爱的能力的培养	15
10	军训	本课程按照教育要面向世界、面向未来、面向现代化的要求，努力提高学生的思想政治觉悟，激发爱国热情，增强国防观念和国家安全意识；进行爱国主义、集体主义和革命英雄主义教育，增强学生的组织性、纪律性，培养艰苦奋斗的作风，提高学生的综合素质；使学生掌握基本军事知识和技能，为中国人民解放军培养后备兵员和预备役军官，为国家培养社会主义事业的建设者和接班人	90

2. 专业技术技能课程(附表 2-2-11)

附表 2-2-11　工商企业管理专业高职学段专业技术技能课程

序号	课程名称	主要教学内容和要求	参考学时
1	管理经济学基础与实务	本课程主要教学内容包括管理学基本原理、经济学基本理论与方法、企业案例分析等。掌握计划、组织、指挥、协调、控制等管理学的基本理论和知识,能够发现管理问题、分析原因、制定解决方案,运用 PDCA 管理优化工具等持续改进管理,熟悉宏观经济和微观经济环境分析方法,分析和解决企业经营过程中的经济和管理问题	90
2	礼仪与沟通技巧	本课程主要教学内容包括仪容仪表、服务礼仪、接受预定、安排座位、迎送宾客、接待等。能够按企业仪容仪表标准进行着装、发型(标准)、妆容、配饰,掌握站、坐、行等与行业相关的服务礼仪,掌握基本服务用语及接待服务流程,掌握咨客沟通话术及技巧	90
3	服务行业企业认知	本课程主要教学内容包括服务行业认知、企业认知、公司制度等。了解服务行业发展趋势、服务行业企业文化,熟悉合作企业的公司制度、产品知识	36
4	客户关系管理★	本课程主要教学内容包括识别客户、建立客户关系、提高客户满意度和忠诚度、客户服务、客户关系管理系统应用等。具备主动留档意识(客户信息、购买记录),做好后期跟进维护,掌握开发新客户的方法(老带新,深度挖掘客户资源等),掌握拜访、电话、微信联系客户的技巧与礼仪,掌握基本的危机处理能力(突发事件处理、投诉等),根据 VIP 接待标准准备 VIP 接待工作及安排,能主动跟进 VIP 服务(确保满意度),能根据餐厅或门店顾客信息管理标准维护顾客数据库	108
5	需求调研与市场分析★	本课程主要教学内容包括产品认知、制定市场调查方案和市场调查方法、组织实施市场调查、分析市场调查资料、编写市场调查报告等。掌握影响消费者购买行为的因素和调查问卷设计的原则和要求,能用相关原理制订市场调查计划,能设计所在行业消费者需求调查问卷,能撰写市场调查报告,并根据市场调查结论,选定市场策划主题	108
6	市场营销★	本课程主要的教学内容包括市场分析、市场战略、市场组合策略和营销计划、执行、组织与控制。掌握市场细分的依据及方法,理解产品整体概念和产品组合,了解相关行业定价的基本理论依据,掌握企业定价的基本方法和策略,能用促销组合原理提供出简单的、具有可操作性的促销策划,能编制营销策划书	90

续附表 2-2-11

序号	课程名称	主要教学内容和要求	参考学时
7	办公事务管理	本课程主要的教学内容包括办公室环境管理、办公室接待、信息管理、公文管理、会务与活动管理、日常事务管理等。熟悉公司内、外部各类公关、宣传、演示、文体等活动的规章制度及流程，熟悉国家及地方对各类企业相关证照的相关规定及办理流程(营业执照、开户行证明等)，掌握公司内部事务性安排内容、注意事项等	90
8	门店管理与经营★	本课程主要的教学内容包括清理传菜、产品制作，接待、服务、外场开店打烊，设备清洁，收银、成本核算，订货，餐厅营销，软件系统操作等。熟知产品的特点、价位、规格、卖点、功能、销售政策；熟悉各种材质的器具清洁方法及标准；能够对员工进行日常管理(排班、考勤、纪律)；能够审核店面账目；熟知对账流程；熟练使用公司所使用的系统查询库存、销量；能够定期统计数据、做好销售分析，制订下一步的销售计划	144
9	人力资源管理★	本课程主要的教学内容包括工作分析、人力资源规划、人员招聘与甄选、人员培训、薪酬管理、绩效管理、劳动关系管理等。熟悉公司的招聘渠道及流程、面试流程和话术，了解社保、公积金申请流程和办理手续，能制作薪酬福利方案，熟悉国家对人资领域的相关政策(社保、劳动法、用工风险、劳动纠纷等)，熟悉公司的离职流程、相关表格填写	108
10	商务管理实务★	本课程主要的教学内容包括法务管理、商务合同管理、招标与投标、商务公关专题活动策划、商务公共关系危机处理等。掌握公司企业文化，能制定公司制度文件，能审查法务文书，根据国家法定节假日规定，结合公司实际情况，建立和完善公司节假日制度，熟悉公司各类行政事务流程及规定，掌握几种常见商务文书的写作，如投标书制作	108
11	连锁门店商品管理	本课程主要的教学内容包括商品分类、商品采购管理、商品货架管理、商品仓储管理等。能根据产品代码、名称、外包装，快速识别货品；能够按货物类别进行分区整理、按照门店陈列标准进行产品陈列；了解进销存，并填写相关单据；能根据破损率制订采购计划	90
12	公共关系实务	本课程主要的教学内容包括公共关系的职能、主体、客体、手段，公共关系的工作程序、公共关系活动步骤、公共关系的危机管理、外围关系处理等。具备外部链接与服务能力(接待、行业交流、商务谈判、辅助市场销售)	90

续附表 2-2-11

序号	课程名称	主要教学内容和要求	参考学时
13	财务管理	本课程主要的教学内容包括财务及账务管理、成本管控、盈利分析等。能够做好月度账务盘点及数据的汇总(月度进销存);熟知发票开具流程与规则;按照国家税法规定规范操作,规避财务风险;根据餐厅或门店运营情况控制成本(食品、饮料、人员、装饰、推广等)	90
14	毕业设计		180

注:"★"课程为专业核心能力课程。

3.学徒岗位能力课程(附表 2-2-12)

附表 2-2-12 工商企业管理专业高职学段学徒岗位能力课程

序号	课程名称	主要教学内容和要求	参考学时
1	连锁经营信息系统操作	本课程主要与合作企业"北京必胜客比萨饼有限公司"餐厅储备经理岗位工作任务对接,主要内容为必胜客餐厅信息系统操作,包括收银、盘点、理货、票据出具、客户预定、登记客情、点单、结账等,以师带徒、岗位培养方式,熟悉信息系统各项操作,灵活运用系统的各项功能提高工作效率	72
2	连锁企业经营综合实践	本课程主要与合作企业"北京必胜客比萨饼有限公司"餐厅储备经理岗位工作任务对接,主要内容为储备经理岗位涉及的各项工作,包括辅助餐厅经理工作、门店经营、咨客服务、餐厅服务、收银等,以师带徒、岗位培养方式,熟练掌握连锁餐饮/门店的管理与经营	108
3	农业设备市场推广实践	本课程主要与合作企业农芯科技市场推广岗位工作任务对接,主要内容为植保机的市场调查与分析,以师带徒、岗位培养方式,熟悉农业设备产品特点、客户需求调研、开发产品市场推广途径等,提高企业产品市场推广效果	90
4	农业设备投标方案制订	本课程主要与合作企业农芯科技市场推广岗位工作任务对接,主要内容为植保机项目投标书制订,以师带徒、岗位培养方式,熟悉企业项目投标流程,并制定项目投标文件	90
5	企业管理沙盘	本课程运用物理沙盘、电子沙盘模拟企业经营过程,使学生熟悉企业的经营过程,提高学生在人、财、物等方面的综合管理能力	72

(三)教学安排(附表 2-2-13)

附表 2-2-13　教学安排

课程类别		课　程	学分	总学时	各学期周数、学时分配						学时分配			考核方式(笔试/面试/任务考核)
					1	2	3	4	5	6	集中授课	任务训练	岗位培养	
					18	18	18	18	18	18				
公共基础课程	必修课	思想道德修养与法律基础	3.5	60	4						60	0	0	①
		毛泽东思想和中国特色社会主义理论体系概论	3	54		3					54	0	0	①
		形势与政策 1	1	15	1						15	0	0	①
		形势与政策 2	1	18		1					18	0	0	①
		英语 1	3.5	60	4						60	0	0	①
		英语 2	4	72		4					72	0	0	①
		体育 1	1.5	30	2						30	0	0	③
		体育 2	2	36		2					36	0	0	③
		体育 3	2	36			2				36	0	0	③
		高职语文 1	2.5	45	3						45	0	0	①
		高职语文 2	2	36			2				36	0	0	①
		计算机应用基础	3.5	60		4					60	0	0	①
		职业生涯规划与就业指导 1	1	15	1						0	15	0	②
		职业生涯规划与就业指导 2	2	36				2			18	18	0	①②
		大学生心理	1	15	1						15	0	0	①
		已安排课程小计	33.5	588	16	14	4	2			555	33	0	
		……												
		小计		680										

续附表 2-2-13

课程类别		课　程	学分	总学时	各学期周数、学时分配						学时分配			考核方式(笔试/面试/任务考核)
					1	2	3	4	5	6	集中授课	任务训练	岗位培养	
					18	18	18	18	18	18				
专业课程	专业技术技能课程	管理经济学基础与实务	5	90	6						36	54	0	①③
		礼仪与沟通技巧	5	90		5					18	18	54	①②
		服务行业企业认知	2	36	3						6	0	30	①③
		客户关系管理★	6	108				4	2		54	10	44	①③
		需求调研与市场分析★	6	108				4	2		36	36	36	①③
		市场营销★	5	90		3		2			36	18	36	①③
		办公事务管理	5	90			3		2		27	36	27	①③
		门店管理与经营★	8	144			4	4			72	36	36	①③
		人力资源管理★	6	108			4		2		36	18	54	①③
		商务管理实务★	6	108				4		2	54	0	54	①③
		连锁门店商品管理	5	90			3		2		36	18	36	①③
		公共关系实务	5	90			3		2		36	10	44	①③
		财务管理	5	90			3		2		54	0	36	①③
		毕业设计	6	180						6周	0	0	180	③
		已安排课程小计	75	1 422	9	8	20	18	14	2	501	254	667	
		……												
		小计		1 480										

续附表 2-2-13

课程类别		课　程	学分	总学时	各学期周数、学时分配						学时分配			考核方式（笔试/面试/任务考核）
					1	2	3	4	5	6	集中授课	任务训练	岗位培养	
					18	18	18	18	18	18				
学徒岗位能力课程	企业1	连锁经营信息系统操作	4	72					2	3	0	36	36	②③
		连锁企业经营综合实践	6	108					2	6	0	18	90	②③
	企业2	农业设备市场推广实践	5	90					2	5	0	36	54	②③
		农业设备投标方案制订	5	90						8	0	36	54	②③
		企业管理沙盘	4	72					4		0	72	0	③
		已安排课程小计	24	432					10	22	0	198	234	
		……												
		小计		500										
专业拓展课程（含任意选修课）		……		200～300										
总　计			不低于120	2 500～2 800	22～26	22～26	22～26	22～26	22～26	22～26				

注：(1)高职学段总学时数为 2 500～2 800 学时，专业技术技能课程和学徒岗位能力课程占 1 600～1 800 学时。(2)考核方式：①笔试；②面试；③任务考核。(3)总学分不低于 120 学分，含军训及入学教育、在岗培养、社会实践、毕业教育等活动的学分。(4)"……"表示由各院校自行安排的必修课程、选修课程。★为专业核心课。(5)企业 1、企业 2 对应现代学徒培养合作企业。

十一、教学基本条件

实施校企联合培养，一体化育人，必备的基本条件：一是学校、企业、学生（家长）三方协同育人协议；二是协同育人的基本工作制度；三是企业有足够的学徒学习的工作岗位和必需的课程教学基本条件。

(一)学校条件

1.学校导师条件

(1)学院的现任教师,工作经历满 3 年,25 周岁及以上,身心健康,具有大学本科及以上学历或中级及以上专业技术职务,具有相应的职业资格证书。

(2)具有良好的职业道德和协作意识,遵守学院和企业的各项规章制度,积极参与现代学徒制工作,责任心强。

(3)具有企业实践经历,业务基础扎实,熟悉所任教课程涉及的岗位对知识、技能和基本素质的要求。教学水平高,且具有一定的课题研究、课程开发与实施能力。

2.校内实训室

学院是全国高职示范校,拥有一流的教学配套设施及实验室,校内实训基地实景化,实现了教学实训和职业岗位的零距离,为教学提供了很优越的教学环境(附表 2-2-14)。

附表 2-2-14　实验实训概况

实验实训室名称	基本设备设施	实验实训主要内容	培养主要能力
工商管理综合实训室	计算机、商品陈列设计软件、卖场管理信息系统、客户关系管理软件、人力资源管理软件、Office 办公软件、企管沙盘软件	门店经营管理实操、客户关系管理、商品陈列、人力资源管理实操、商务办公软件操作、企业沙盘模拟实训	门店经营管理能力 客户关系管理能力 门店销售策划能力 人力资源管理能力 商务办公软件应用能力 企业综合管理能力
营销实训室	计算机、商务谈判软件、SPSS 数据统计分析软件	模拟商务谈判、市场调查数据统计分析	商务谈判与沟通能力 数据统计分析能力
电商实训室	计算机、电子商务相关软件	电子商务实训	推广策划能力

(二)企业条件

1.企业导师条件

(1)从事本行业工龄 3 年及以上且年龄 25 周岁及以上的企业正式员工,原则上具有大专及以上学历或中级及以上职业技术资格等级。

(2)具有良好的职业道德和协作意识,工作积极,具有奉献精神,能服从学院和企业的管理，遵守企业和学院的各项教学规章制度。

(3)在行业中具有一定的影响力，有较丰富的岗位教学与管理经验，优先考虑企业高级技术人员。

2. 岗位培养条件

企业组织架构完整，管理制度健全，岗位管理规范；能按人才培养要求提供学徒岗位，且岗位培养的设施设备条件与学徒人数匹配，基本能满足学徒岗位培养要求。

十二、质量保障

(一)教学要求

公共基础课程要符合教育部有关教学的基本要求，重在培养学生的文化素养、服务学生专业学习和终身发展，突出“以学生为中心”的理念，强调学以致用，为学生综合素质的提高、自我学习能力的提升、职业素质的形成和可持续发展奠定基础。

专业课程的教学按职业岗位群的能力要求，充分体现双主体育人、双场所教学、校企一体化的现代学徒制特征。教学采用案例分析、任务驱动、模拟教学、任务训练、角色扮演等教学法，内容与安排遵循学徒认知规律及适合学徒工学交替的学习形式要求，发挥校企导师各自的教学优势，通过课程教学、基本技能训练、岗位培养，不断提高学生的专业能力和综合素质，以满足企业岗位需求。在教学过程中，导师可通过数字化资源、教学资源的开发与利用，结合岗位工作案例，提高课堂教学效果。

(二)教学组织形式

根据校企岗位培养条件，采取“1 + 1 + 1”教学组织形式。“1 + 1 + 1”形式：第 1 学年在学校学习公共基础课程及专业技术技能课程基础知识，第 2 学年在学校和企业教学点学习专业技术技能课程基础知识及基本技能，第 3 学年在企业学习学徒岗位课程。学生在学校期间的教学任务安排以学校导师为主，在企业学习期间的教学任务安排以企业导师为主。学生在从学校到企业到岗位的过程中，完成了由学徒员工到实习员工到正式员工的角色转换。

（三）学业评价

双导师共同制定考核评价标准，形成学生、学校、企业共同评价的考核评价体系。校内集中授课课程按照学院校内课程考核标准进行考核，工学交替课程在岗学习考核原则上按学徒工作态度、在岗学习表现等占 30%，专业知识考核占 30%，专业技能考核占 40%。

考核评价方式有笔试、面试、任务考核等。根据课程的不同，每门课程采取以上一种或多种考核方式相结合的形式进行考核，考核成绩的比重由“双导师”团队依据课程目标自行设计。

（四）教学管理

教师教育教学质量评价考核由学生评价、教务评价、试点专业专家指导委员会评价、系部评价四部分组成，主要对教学态度、职业道德、教学水平、教学效果、双师素质、教学投入、教学改革等进行评价。

学校负责在校教学的学校导师、场所、设备以及集中讲授教学安排等，企业负责岗位学习的企业导师、场所、设备、集中培训、任务训练及在岗培养计划等。双导师负责课堂和岗位学习管理及考核评价；学徒双身份既遵守学校学生管理规定，又执行企业员工管理制度。

（五）质量监控

学院成立校企领导共同参与的现代学徒制试点工作领导小组，教务处、督导室、专业指导委员会在领导小组指导下，开展质量评价和监控工作。

附件 2-3
试点专业核心课程标准

物流管理专业核心课程标准

物流市场营销课程标准

一、课程基本信息

课程学时	72	课程类别	专业核心课
课程类型	专业技术技能课程	课程性质	必修课
修读学期	第 4 学期	适用专业	物流管理专业
合作开发企业	北京物美商业集团股份有限公司		
执笔人	张天琪	审核人	

二、适用专业及面向岗位

本课程标准适用于高职物流管理专业，面向营销、促销等岗位。

三、课程性质

本课程是高职学校物流类专业群的一门专业技术技能课程，是学习物流市场调研、市场营销策划、推销技巧、商务谈判等专业课程的基础。其功能在于让学生能够感悟营销，进行物流商情调查、商机分析、商计策划、商务实战，从而使学生具备从事物流市场营销及企业管理的基本职业能力，并为后续学习专门化课程做前期准备。

四、课程设计

(一) 设计思路

根据现代学徒制试点要求，学院开始对物流管理专业的物流市场营销课程进行课程改革。通过走访物美等企业开展市场调研，并对市场上物流管理专业所对应的工作岗位进行分析，学院确定了物流管理专业培养目标。现代学徒制试点培养的毕业生可直接进入物美合作企业总部的重要部门任职，或作为门店储备店长重点培养，也可以自主选择其他企业就业，主要面向生产、加工及销售行业，如流通中心、物流园区、第三方物流、经营进口的电商平台、实体精品超市等。因此，物流市场营销课程是依据物流管理中的“物流商品管理和经营能力”培养目标，打破原有课程体系，重新组织课程内容，创设新的教学项目，构建新的课程框架，强化实践、实训项目，突出职业技能的培养，体现双主体育人，双导师、双环境授课特色，着力打造物流管理专业(现代学徒制)店长经营管理、商品市场营销的核心能力(附图 2-3-1)。

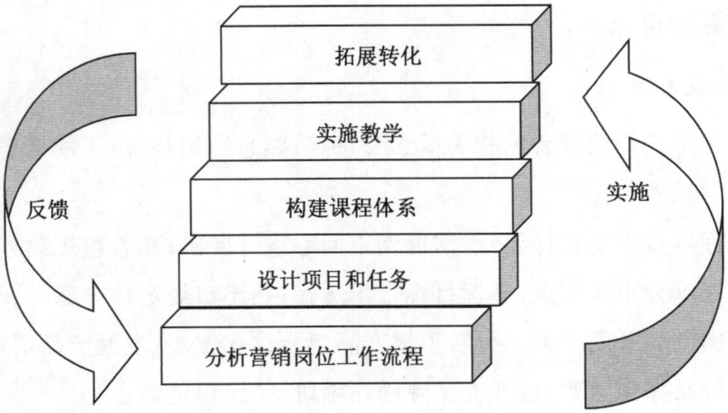

附图 2-3-1　物流市场营销课程设计思路

(二) 内容组织

本课程以就业为导向，彻底打破原有课程的理论教学体系，突出学徒制课程的应用性和操作性。课程注重学生职业能力的培养，以社会、企业实际营销岗位及岗位群要求的工作任务和职业能力分析为依据，按照营销岗位的工作流程把课程内容整合成物流营销环境分析、市场细分、目标市场策略、产品策略、价格策略、分销渠道、促销策略、网络营销策略——相互关联的八个学习情景，工作项目下又设计了具体的操作步骤，即一个个更为具体的工作任务，构建了集理论、方法、实践操作为一体的教学内容体系。

五、课程目标

（一）总体目标

本课程以培养高素质、高技能、创新型人才为目标，通过以情境化、项目制为特色的实践教学，将课程专业知识系统地融于实践全过程。教学内容按市场营销活动的规律划分为相互关联的若干学习情境，并结合社会、企业需要解决的实际项目，把上述学习情境中的一个个项目转换成相对独立的工作任务，交予学生独立完成，从而培养学生独立与协作工作的能力，提升学生自主学习的兴趣，锻炼学生通过自主学习掌握工作思路与方法的能力，切实提高学生的职业技能和处理实际问题的综合素质。

（二）具体目标

1.专业认知目标

(1)掌握市场与消费者的相关概念及特点；熟悉营销环境；了解营销宏观环境、营销微观环境。

(2)掌握调查方案设计要素；掌握调查问卷设计要求；熟悉组织调查实施要求。

(3)掌握细分市场要点；掌握目标市场选择；熟悉市场定位步骤。

(4)掌握产品开发依据、途径；了解产品组合优化方法；掌握产品定价方法。

(5)了解品牌创建要点；掌握品牌创建手段；了解包装创意。

(6)掌握营销渠道选择路径；了解营销渠道模式。

(7)掌握各促销手段的基本特点、选择依据；了解促销策略、促销手段分类。

(8)了解网络营销特点；掌握简单的网络营销方法。

2.专业能力目标

(1)能根据实际任务，了解营销的基本要素和基本过程、企业的经营理念。

(2)能根据市场营销环境分析及营销战略的有关理论和市场信息的有关知识

组织商情调查,实施顾客调查,撰写调研报告。

(3)能从事市场细分、目标市场选择及市场定位工作。

(4)能运用一定的营销组合策略知识设计市场推广计划。

(5)能运用一定的推销技巧实施产品和服务的实战营销。

3.职业素质目标

(1)具有良好的职业道德修养,遵守职业道德规范。

(2)具有物流管理的专业思想及爱岗敬业的精神。

(3)具有吃苦耐劳、积极进取和踏实肯干的工作作风。

(4)具有良好的人际交往能力和团队合作的精神。

(5)具有正确的就业观和一定的创业能力。

(6)具有实事求是、勇于创新、开拓进取、勇于创业的意识和能力。

4.方法能力和社会能力目标

(1)通过课程操作和理论学习,能够从参考书、专业文献和专业网站等收集相关信息。

(2)学会调研报告和操作规程的写作,条理清楚,内容准确,符合调研报告的写作规范。

(3)具有自主学习能力,主动地拓展个人知识结构。

(4)学会和人协作共事,具有较好的沟通和组织能力,具有团队意识和服从意识。

(5)能够正确地评价自己和他人。

六、参考学时与学分

本课程参考学时 72 学时,其中,集中授课 36 学时,任务训练 12 学时,在岗学习 24 学时;参考学分 4 学分。

七、课程结构

(一)在校课程任务及标准(附表 2-3-1)

物流市场营销在物流管理专业(现代学徒制试点)开设,因此,设计任务时,需要注意梯度和层次。全体学生完成基础目标对应的任务，学有所想的学生继续完成下一个需要努力才能完成的中级目标对应的任务，学有所创的学生继续完成后面高级目标的任务。一个任务涉及的知识点不宜太多，规模不宜太大。

附表 2-3-1　物流市场营销课程教学任务及其标准

序号	专题任务	教学内容	教学标准		教学活动设计	重点和难点
			知识标准	技能标准		
1	专题一　分析物流营销环境	市场与消费者、认识营销环境、营销宏观环境、营销微观环境	1.掌握市场与消费者的相关概念及特点 2.熟悉营销环境 3.了解营销宏观环境、营销微观环境	能够根据资料分析物流宏观环境、营销微观环境	任务训练 岗位培养	宏观环境、营销微观环境分析
2	专题二　开展物流市场调查	拟定调查方案、设计调查问卷、组织调查实施	1.掌握调查方案设计要素 2.掌握调查问卷设计要求 3.熟悉组织调查实施要求	能够设计调查问卷;能够开展调研	任务训练 岗位培养	问卷设计、市场调研
3	专题三　物流市场细分与目标市场策略	细分市场、选择目标市场、市场定位	1.掌握细分市场要点 2.掌握目标市场选择 3.熟悉市场定位步骤	能从事物流市场细分、目标市场选择及市场定位工作	任务训练 岗位培养	市场定位
4	专题四　物流价格策略	开发、组合优化、制定价格	1.掌握开发依据、途径 2.了解组合优化方法 3.掌握定价方法	能够选择定价方法	任务训练 岗位培养	企业定价的方法以及定价的策略
5	专题五　物流产品策略	产品品牌及包装等策略，进行新产品创意活动	1.了解品牌创建要点 2.掌握品牌创建手段 3.了解包装创意	能够进行简单的包装设计	任务训练 岗位培养	产品品牌及包装等策略
6	专题六　分销渠道与管理	营销渠道选择、营销渠道模式等	1.掌握营销渠道选择路径 2.了解营销渠道模式	能够运用一定的知识进行营销渠道选择	任务训练 岗位培养	分销渠道设计
7	专题七　促销策略	促销手段 促销策略	1.了解促销策略、促销手段分类 2.掌握各自的基本特点、选择依据	能够根据企业情况选择促销手段	任务训练 岗位培养	促销策划方案
8	专题八　网络营销策略	网络营销 营销策略	1.了解网络营销特点 2.掌握简单的网络营销方法	能够进行简单的网络促销设计(微信等)	任务训练 岗位培养	网络推广

（二）课程内容及学时安排（附表 2-3-2）

学习方式学时分配：集中授课 36 课时、任务训练 12 课时、岗位培养 24 课时。

附表 2-3-2　课程内容及学时安排

序号	工作任务	开设学期	技能等级	授课总学时
1	专题一　分析物流营销环境	4	一般	8
2	专题二　开展物流市场调查	4	一般	10
3	专题三　物流市场细分与目标市场策略	4	重点	10
4	专题四　物流价格策略	4	重点	10
5	专题五　物流产品策略	4	一般	8
6	专题六　分销渠道与管理	4	重点	8
7	专题七　促销策略	4	重点	8
8	专题八　网络营销策略	4	重点	8
9	总复习	4	一般	2
总计				72

（三）企业实践课程

课程根据营销岗位任务，增加物美营销环境分析、物美商品价格策略、物美营销战略、物美多点线上网络营销、物美节气促销等专题内容。

八、资源开发及利用

（一）教材编写及使用

教材：《市场营销基础与案例分析》（高等职业教育“十三五”规划教材），孙建、胡海婧主编，中国轻工业出版社，2016。

参考书：

（1）《市场营销学》，张云起主编，高等教育出版社，2018。

（2）《市场营销：原理与实践（第 16 版）》，菲利普·科特勒主编，中国人民大学出版社，2015。

(二) 数字化资源开发与利用

校企共同开发和利用网络教学平台及网络课程资源。课堂教学课件、操作培训视频、实训软件、考核标准、任务训练等教学资源利用现代学徒制在线学习平台,由学校和企业发布,学徒采取线上、线下学习相结合的方式,更灵活地完成课程的学习任务。利用蓝墨云班课程,导师也可以发布非课程任务的辅导材料,用于学徒碎片化学习阅读,拓展相关知识点。利用现代学徒制在线交流互动平台或微信、邮箱等工具,学徒和导师之间进行在线交流。

(三) 企业岗位培养资源的开发与利用

本课程将利用物美集团营销的相关业务资料组织课程实训,并在实际岗位中采用课堂所学方法进行物美营销环境分析、物美商品价格策略、物美营销战略、物美多点线上网络营销、物美节气促销等在岗学习。

九、教学建议

校企合作完成课程教学任务。教学采用集中授课、在岗培养、任务训练等形式。学校导师集中讲授项目理论知识,让学生知道操作原理。企业导师以任务训练、在岗培养等形式让学生进行项目操作技术技能训练及岗位实践,让学生学会操作并符合上岗要求,教学过程突出"做中学、学中做"。校内以课堂教学与课外训练相结合为主要训练手段,岗位实践以工学交替形式进行专业技术综合能力培养和职业素质培养。

另外,本课程在教学实施过程中还要注意以下问题:

(1)教师要从营销岗位实际任务出发来讲解任务实施过程,通过分析营销实际任务,直接教会学生解决问题的方法步骤。

(2)授课教师重点是要讲解市场营销管理决策内容,在教学中应加强实践指导,针对不同学生操作的不同问题提出个性化的指导意见,帮助学生提高操作水平。

(3)在教学手段上,教师以德国胡格教学模式为主,主要采用任务驱动法,为学生提供体验实践和感悟问题的情境,围绕任务展开学习,以任务的完成结果检验和总结学习过程,改变传统课堂学生被动的学习状态,使学生主动探究、实践、思考、解决市场营销实际问题，提高营销能力。任课教师融合任务驱动、讲授、工学结合、角色扮演、案例教学等教学方式，利用微信群、蓝墨云班课 App，根据学生自学的具体情况进行必要的线上实时指导。

(4)课程应加强学生创业能力的培养。结合项目教学，教师应在学生中树立能力意识与自主学习、自主式发展的意识。项目教学的成果应是学生的职业能力得到较高提升，由此带来的是自主就业能力的提升，并出现若干能进行自主创业的学生。

(5)课程应培养学生的团队精神和效益意识。在项目教学的实施过程中，学生以小组为单位组建模拟公司及营销组织，完成教师布置或企业委托的工作任务，既可以培养学生能完成实际工作任务的职业能力，同时，为顺利完成工作任务，又十分强调团队成员之间的默契配合，有利于培养学生的合作精神。

十、课程实施条件

课程实施体现“双主体”“双环境”特色。实施条件一方面是在校教师师资情况和学校教学环境，另一方面是企业导师师资情况和企业真实在岗学习环境。

1. 校企双方师资条件

任课教师必须具有高尚的人格和良好的职业道德，还需要具有坚实的理论基础和丰富的实践操作能力，能够讲解相关技术和知识，并解决上课过程中存在的问题。任课教师需要能够围绕物流管理专业人才培养模式建设，通过与物美集团校企合作的方式，构建基于企业典型工作任务的课程体系。教师通过挂职服务、企业实践、产学研合作和校企互聘等方式，了解企业运营中存在的实际问题，能在同类专业中具有引领作用，在课程建设、企业实训等方面，在同类院校具有引领示范作用。完善企业导师选拔、培养、考核、激励制度等，为现代学徒制培养“德技双施”、具有绝技绝艺的技术技能型企业导师。

2. 学校教学环境起始条件

本课程属于专业基础课，但实践性很强。因此，为保证教学，本课程除了需要有一个常规教室之外，还需要能够上网的机房，便于网上查找资料。

3. 合作企业真实实训环境起始条件

为保证市场营销教学，企业积极改善环境，为学徒制营造“生产环境的任务式培养模式”,使学生能够在企业同时进行操作训练。企业根据本课程教学内容能够提供大部分的实际教学情境,基本条件要满足课程实训要求。合作企业导师需要具有较高的思想品德,专业素养高,能够为学生讲解相关实际操作,建立“企业为主、学院参与、共建双赢”的管理运行机制,实现现代学徒制校企双方的深度结合。

十一、教学评价

本课程按照现代学徒制要求,由学校教师和企业师傅共同对学生进行考核。

考核采用百分制。成绩考核 = 笔试(30%) + 岗位培养(50%) + 任务考核(20%)。

企业岗位评价将根据学生在实际岗位操作过程中完成任务成果的质量、在岗期间的工作态度、操作熟练程度等方面由企业导师和学院导师分别进行评价。

仓储与配送管理课程标准

一、课程基本信息

课程学时	108	课程类别	专业核心课
课程类型	专业技术技能课程	课程性质	必修课
修读学期	第6、7学期	适用专业	物流管理专业
合作开发企业	北京物美商业集团股份有限公司		
执笔人	卢桂芬	审核人	

二、适用专业及面向岗位

本课程标准适用于高职物流管理专业,面向仓储主管、配送主管、物流经理等岗位。

三、课程性质

仓储与配送管理课程是物流管理专业的一门核心专业课程,其目标是让学生学习并掌握仓储整体规划、库内作业、库存控制、配送业务等方面的基础理论和实践技能。相关配套课程还有采购业务与管理、运输业务与管理、仓储配送决策技术、物流客户管理等。本课程也可作为职业培训和在职员工培训的参考内容。

四、课程设计

(一)设计思路

本课程根据物流管理专业相关行业的特点,围绕物流企业的职业岗位需求,以物流企业工作任务中的业务流程为主线构建"工学交替"的课程内容,实现理论实践教学一体化和教学、生产的有机融合,强化学生综合素质与职业能力培养。教学形式以实训操作为主,尽可能把知识和技能融入实际操作中,同时辅以理论教学。

(二)内容组织

课程内容以仓库规划设计、入库流程、出库流程、在库保管流程、配送流程等关键技能为主线,将仓储整体规划设计、仓库控制、绩效评价、管理制度、仓库相关岗位职责融为一体,统一到仓储与配送管理一门课程中来,为学生进行熟练的技能训练提供了时间保障。教学内容充分体现了物流企业的需求特点。

本课程在教学方法上以仓储与配送的典型工作任务为教学基本单元,以学生完成整个工作过程为学习的主要形式。本课程要求学生在课程考核合格的基础上,按照物流行业未来的发展需求,有选择地通过高级仓管员等资格认证,能够从事物流管理专业相关的工作,达到企业用工的要求。

五、课程教学目标

(一)总体目标

仓储与配送管理课程通过学习情境的设计,让学生在校企双导师的指导下,运用"任务驱动教学法"进行仓储配送规划方案的制定、修改、确定、实施,并能够对仓储配送活动进行检查与评估,能熟练进行物资入库、出库、在库保管、配送业务管理等操作,学会进行业务流程创新、管理制度和岗位职责完善,并能结合物流企业的实际情况,解决物流实际业务的常见问题和突发问题。

课程培养学生具有完成典型工作任务的能力，学会自主学习，有良好的学习迁移能力；培养学生采集信息、整理资料、分析与解决问题的能力；培养学生甘于奉献、爱岗敬业的职业道德，热爱本专业、保护环境的职业情感，有良好的社会责任感和吃苦耐劳精神，学会与人交往，有良好的团队合作与沟通能力。

（二）具体目标

1.专业认知目标

（1）学习仓储与配送的相关标准，了解仓储配送业务规范操作。

（2）学习仓储与配送合同，熟悉仓储合同范本。

（3）学习仓库平面规划，了解常见仓库平面规划，如何分区，分多少区，各区所占面积，如何布局。

（4）学习库内作业，了解入库、出库、在库保管的相关作业流程、岗位职责、管理制度。

（5）学习库存控制方法，了解常见物资对温湿度、防虫、防腐等的相关要求。

（6）学习配送业务的相关知识，了解其具体流程的操作方法。

（7）学习仓储绩效方法，学会如何对仓储进行绩效评价。

（8）使学生了解物流行业的国内外最新发展动态及有关知识获取途径。

2.专业能力目标

（1）明确仓储服务合同的内容；面对内容的疏漏和越界，能及时处理，明确责任。

（2）能够对仓库进行选址及库内作业规划。

（3）能够按照仓储作业流程，完成入库作业、验收理货、商品养护、盘点、出库作业。

（4）能够明确每个岗位的岗位职责和管理制度，并能够修订和完善岗位职责及管理制度。

（5）能够熟练应用ABC、JIT等方法，对库存货品进行控制。

（6）能够对仓储成本进行统计、计算和控制。

（7）能够采用绩效评价指标，对仓储人员进行绩效考核，对仓储作业进行绩效评价。

(8)能够按照配送流程完成配送分拣作业。

(9)能够根据客户的分布,合理派车,安排配送路线。

(10)能够利用所学专业知识,进行最优配送路线规划。

3.职业素质目标

(1) 具有敬业爱岗、忠于职守,奉公守法、维护消费者权益,遵守操作规程、确保工作质量,勤于思考、善于观察,精益求精、不断创新,团结互助、积极协作的良好职业道德。

(2)具有学物流爱物流的专业思想及爱岗敬业的精神。

(3)具有吃苦耐劳、积极进取和踏实肯干的工作作风。

(4)具有良好的人际交往能力和团队合作的精神。

(5)具有正确的就业观和一定的创业能力。

(6)具有实事求是、勇于创新、开拓进取、勇于创业的意识和能力。

4.方法能力和社会能力目标

(1)通过课程操作和理论学习,能够从参考书、专业文献和专业网站等收集相关信息。

(2)学会技术报告和操作规程的写作,条理清楚,内容准确,符合技术报告的写作规范。

(3)具有自主学习能力,主动地拓展个人知识结构。

(4)学会和人协作共事,具有较好的沟通和组织能力,具有团队意识和服从意识。

(5)能够正确地评价自己和他人。

六、参考学时与学分

本课程参考学时 108 学时,其中,集中授课 40 学时,岗位培养 32 学时,任务训练 36 学时;参考学分 6 学分。

七、课程结构

（一）在校课程任务及标准（附表 2-3-3）

本课程的工作任务单元都是由学习目标描述的主题学习单元，是按照物流管理专业职业任务和职业行动过程而设计的。每个单元都包括由能力描述的学习目标和任务陈述的学习内容，根据高职教育的要求，还适当增加了相关的理论知识，方便学生拓展知识。本课程根据仓储配送实际业务流程，提炼出典型工作任务，确定完成工作任务所需要的核心能力，每一种核心能力都是基于工作过程系统化来完成的。课程内容将突出仓储配送典型工作任务描述、技能要点、技术要求、相关理论知识、学习目标等方面。工作与学习内容主要包括仓储配送工作对象、工具材料、工作方法、劳动组织、任务要求等，突出学生职业岗位能力的培养。课程依据仓储配送典型工作任务，进行学习领域转化，构建核心操作能力，设计与之相对应的学习情境，完成对学生职业岗位能力的培养。

附表 2-3-3 仓储与配送管理课程教学任务及其标准

序号	工作任务	教学内容	教学标准		教学活动设计	重点和难点
			技能标准	知识标准		
1	仓储与仓储管理认知	仓储与仓储管理概念、分类功能；仓储组织结构	对仓储感性的认知；绘制仓储组织结构图	传统仓储与现代仓储的区别；仓储的发展趋势；不同组织结构图的优缺点	任务训练岗位培养	不同仓储组织结构图的区别
2	仓储经营管理能力	仓储市场调研；仓储经营方法；仓储业务客户开发招投标；仓储合同管理	市场调研能力；经营方法的选择；如何开发仓储业务客户；招投标；仓储合同文书处理	仓储经营方法；仓储合同格式	任务训练岗位培养	招投标；仓储合同

续附表 2-3-3

序号	工作任务	教学内容	教学标准		教学活动设计	重点和难点
			技能标准	知识标准		
3	仓库选址布局规划能力	仓库选址；仓库布局规划；库房存储规划	掌握仓库选址因素分析；学会仓库平面规划图绘制；库房物资分类、划区、编号、堆码	仓库选址方法；仓库平面规划方法；库房存储规划方法	任务训练岗位培养	根据普库、立库、冷库特点与客户分布选择不同方法
4	库内作业能力	入库作业；出库作业；在库保管作业	物资入库验收能力；组托能力；出库分拣能力；复核能力；包装能力；盘点能力等	包装各种标识；物资入库验收方法；组托方法；分拣方法；复核方法；包装方法；盘点方法等	任务训练岗位培养	复核、验收
5	库存控制能力	ABC 分类；经济批量；MRP 库存控制；定量定期订货；牛鞭效应	ABC 控制能力；经济批量库存控制能力；MRP 库存控制能力；定量定期订货库存控制能力；牛鞭效应库存控制能力	ABC 分类方法；经济批量计算方法；MRP 库存控制方法；定量订货定期订货计算方法；牛鞭效应原理	任务训练岗位培养	ABC 分类
6	保税仓库	保税仓库；保税物流中心	熟悉保税仓库货物日常管理控制能力	保税仓库与普通仓库区别	任务训练岗位培养	保税仓库控制
7	仓储成本	仓储成本构成；仓储成本计算；仓储成本分析	了解仓储成本的构成；学会仓储成本的计算；根据计算结果进行分析，找出存在问题，并提出改进建议	自主查阅、学习现有物资对环境条件的要求	任务训练岗位培养	仓储成本计算
8	绩效评价	绩效评价的认知；绩效评价相关指标；绩效评价方法和步骤	仓储绩效评价能力	绩效评价方法；绩效评价指标	任务训练岗位培养	绩效评价指标分析
9	货物配送组织能力	配送中心选址；调度；配送车辆积载；配送路线优化	配送中心选址能力；学会派车、配送方案制定	影响配送中心选址的因素；路线优化	任务训练岗位培养	车辆积载；路线优化

（二）课程内容及学时安排（附表 2-3-4）

学习方式学时分配：集中授课 40 课时、任务训练 32 课时、岗位培养 36 课时。

附表 2-3-4　课程内容及学时安排

序号	工作任务	开设学期	技能等级	授课总学时
1	仓储与仓储管理认知	6	一般	8
2	仓储经营管理能力	6	一般	10
3	仓库选址布局规划能力	6	重点	10
4	库内作业能力	6	重点	12
5	库存控制能力	6	重点	14
6	保税仓库	7	一般	16
7	仓储成本	7	重点	12
8	绩效评价	7	一般	10
9	货物配送组织能力	7	重点	16
总计				108

八、资源开发与利用

（一）教材编写与使用

教材：《仓储与配送实务》，卢桂芬、王海兰主编，中国人民大学出版社，2011。

参考书：

（1）《物流仓储与配送管理（第 2 版）》，梁旭、刘徐方主编，清华大学出版社，2017。

（2）《仓储与配送管理（第二版）》，何庆斌主编，复旦大学出版社，2015。

（二）数字化资源开发与利用

校企共同开发和利用网络教学平台及网络课程资源。课堂教学课件、操作培训视频、实训软件、考核标准、任务训练等教学资源利用现代学徒制在线学习平台，由学校和企业发布，学徒采取线上、线下学习相结合的方式，更灵活地完成课程的学习任务。导师也可以发布非课程任务的辅导材料，用于学徒碎片化学习阅读，拓展相关知识点。利用现代学徒制在线交流互动平台或微信、邮箱等工具，学徒和导师之间进行在线交流。

（三）企业岗位培养资源的开发与利用

本课程将利用物美集团配送中心、门店周转前置仓的相关业务资料组织课程任务训练，并在实际岗位中采用课堂所学方法进行仓储、配送等在岗学习。

九、教学建议

校企合作完成课程教学任务。教学采用集中授课、在岗培养、任务训练等形式。学校导师集中讲授项目理论知识，让学生知道操作原理。企业导师以任务训练、在岗培养等形式让学生进行项目操作技术技能训练及岗位实践，让学生学会操作并符合上岗要求，教学过程突出“做中学、学中做”。校内以课堂教学与课外训练相结合为主要训练手段，岗位实践以工学交替形式进行专业技术综合能力培养和职业素质培养。

另外，本课程在教学实施过程中还要注意以下问题：

（1）教师要从仓储、配送岗位实际任务出发来讲解任务实施过程，通过分析仓储、配送实际任务，直接教会学生解决问题的方法和步骤。

（2）在教学中，教师应加强实践指导，针对不同学生操作的不同问题提出个性化的指导意见，帮助学生提高操作水平。

（3）教师在教学手段上，主要采用任务驱动法，为学生提供体验实践和感悟问题的情境，围绕任务展开学习，以任务的完成结果检验和总结学习过程，改变传统课堂学生被动的学习状态，使学生主动探究、实践、思考、解决仓储、配送实际问题。任课教师利用微信群、蓝墨云班课 App，根据学生自学的具体情况进行必要的线上实时指导。

（4）课程应加强学生创业能力的培养。结合项目教学，老师应在学生中树立能力意识与自主学习、自主式发展的意识。项目教学的成果应是学生的职业能力得到较高提升，由此带来的是自主就业能力的提升，并出现若干能进行自主创业的学生。

（5）课程应培养学生团队精神和效益意识。在项目教学的实施过程中，学生以小组为单位组建模拟公司及营销组织，完成教师布置或企业委托的工作任务，既可以培养学生能完成实际工作任务的职业能力，同时，为顺利完成工作任务，又十分强调团队成员之间的默契配合，有利于培养学生的合作精神。

十、课程实施条件

1. 校企双方师资条件

课程教学需要具备专业水平及职业培训能力的“双导师”。导师必须具有高尚的人格和良好的职业道德，具有坚实的理论基础和丰富的实践操作能力，能够讲解相关技术和知识，并解决上课过程中存在的问题。任课导师还需要能够围绕现代服务管理专业群各专业培养方案规定的专业核心能力要求，确定所需的管理基础知识，并能根据各自的专业特色，确定需要的特殊管理知识。企业导师要了解管理中存在的实际问题，能在同类专业中具有引领作用，还要能把现代服务管理专业群建设成具有鲜明现代管理特色的示范专业，在人才培养模式、课程建设、实习实训基地建设等方面具有引领示范作用。上课尽量安排学院导师和企业导师两位共同进行，能够给学生进行具体指导，实现小班教学。

2. 学校教学起始条件

本课程实践性很强。因此，为保证教学，本课程除了需要有一个常规教室之外，还需要能够上网的机房和能够开展仓储、配送任务训练的实训室。

3. 合作企业实训起始条件

企业实训基地是进行该课程教学必要的补充。本课程需要在合作企业的物流配送、人力资源、规划、财务等部门进行在岗实习。合作企业必须具有较高的管理水平，能够提供40人的在岗学习。合作企业的部门相关技术人员专业素养高，能够为学生提供相关的业务背景资料和必要的数据资料。

十一、教学评价

本课程按照现代学徒制要求，由学校教师和企业师傅共同对学生进行考核。

考核采用百分制。成绩考核＝笔试(30%)＋岗位培养(50%)＋任务考核(20%)。

企业岗位评价将根据学生在实际岗位操作过程中完成任务成果的质量、在岗期间的工作态度、操作熟练程度等方面由企业导师和学院导师分别进行评价。

仓储与配送决策技术课程标准

一、课程基本信息

课程学时	108	课程类别	专业核心课
课程类型	专业技术技能课程	课程性质	必修课
修读学期	第7、8学期	适用专业	物流管理专业
合作开发企业	北京物美商业集团股份有限公司		
执笔人	李忠国	审核人	

二、适用专业及面向岗位

本课程标准适用于高职物流管理专业,面向配送运输调度、物流经理等岗位。

三、课程性质

本课程是高职院校物流管理专业的一门专业核心课程,为学生未来从事物流管理工作培养核心技能。课程主要针对物流仓储管理、配送运输调度和物流经理岗位,讲述运筹学在这些岗位的日常核心业务管理定量分析中的应用,从而提高物流服务工作的质量和效率,掌握物流管理的核心技能,提高就业竞争力。本课程同样也适合在职物流业务人员作为工作参考。

四、课程设计

(一)设计思路

物流决策分析技术学科跨度大,涉及物流、计算机、运筹学等领域,一直存在理论难讲、实践操作复杂等特点,因此,本课程的设计思路如下:

首先,抽取出物流企业在仓储、运输、配送、流通加工、项目成本管理等业务管理中遇到的常见定量决策,按照决策内容设置物流决策分析技术认知、仓储决策分析技术、运输路线决策分析技术、货物调运及配装决策分析技术、物流设施选址决策分析技术、物流项目管理决策分析技术 6 个模块,每个模块根据决策问题分别设置课题和项目。

其次,每个项目采用问题驱动方式来组织内容和教学过程,从而实现理实一体化教学。具体来说,就是每个项目首先提出项目要解决的问题,并详细分析该问题的条件和要解决的目标,然后给出解决该问题的方法及其步骤,接下来示范实例,最后学生进行实操练习。

(二)内容组织

本课程的主要任务是培养学生能够根据企业自身的特点,运用运筹学的方法进行合理的物流企业管理决策与方案优化,节约物流作业成本和弥补物流决策分析软件的不足。本课程内容按照配送运输方案的编制、储位分配、任务指派、设施选址、库存优化、加工作业排序、货物配装、资源分配、设备更新、成本项目优化等实际物流管理岗位任务归属的部门来组织,具体包括认识物流决策技术、运输路线选择、物资调运与配装、物流设施选址、库存控制与仓储作业排序、物流项目财务分析与资源分配等模块。

五、课程教学目标

(一)总体目标

课程以培养物流企业业务管理岗位定量决策技能为目标,要求学生理解所授课程的运筹学基础知识与方法,主要培养学生将这些运筹学方法应用到物流仓储与配送企业的仓储、运输、流通加工等部门的选址、路径规划、储位分配、任务指派、库存优化、加工作业排序、货物配装、成本优化等定量分析与决策中去的能力。

(二)具体目标

1.认知目标

仓储与配送决策技术是一门应用型学科,实践性很强。学生首先要明确必备的基本技能的任务要求,在此基础上学习必要的理论知识,通过不断地实践,真正掌握管理的真谛,形成基层管理者必备的素质与技能。在教学中,老师应明确图论、Dijkstra标号算法、逐次逼近法、Floyd算法、最近插入法、奇偶点图上作业法、图上作业法、表上作业法、福特-福克森标号算法、最小生成树法、动态规划、存贮论、排队论、匈牙利法、精确重心法、P-中值模型、覆盖法等方法的适用条件及操作步骤。

2.能力目标

首先,能根据物流企业的具体任务,收集整理物流决策分析所需的各种数据资料;其次,掌握常用的决策分析方法及其使用;最后,编制出既科学又经济的决策方案。

3.情感目标

具有良好的职业道德品质,形成团结协作、分工合作的职业观念,具有对组织企业负责的情感和积极向上的工作态度。

六、参考学时与学分

本课程参考学时 108 学时,其中,集中授课 56 学时,任务训练 52 学时;参考学分 6 学分。

七、课程结构

本课程安排了 6 个学习模块,通过 6 个模块学习情景中的工作任务,掌握运筹学的有关知识和方法,达到掌握这些方法在物流业务管理中应用的要求。学习模块的设计思路是按照问题描述—相关知识—方法步骤—示范—练习的顺序执行的,具体内容见附表 2-3-5。

附表 2-3-5 课程结构

模块	课题	项目	任务简述	知识点	技能点	学时
模块一:物流决策分析技术认识		项目 1:物流决策分析技术的整体认识	通过案例分析(丁谓修宫),了解物流运筹学在现代物流运作中的作用	物流决策分析技术的定义、意义、特点及内容	理解物流决策分析技术的含义及其在物流中的应用	2
		项目 2:图与网络基础知识及其应用	学习图的基本概念,了解图在一些日常业务中的应用	图的基本概念、子图、网络与有向图、图的矩阵表示;路和回路;匹配	1.会利用图的概念与相邻进行储藏室需求分析及比赛顺序安排 2.会计算点的度,并利用奇偶关系判断图是否一笔画成及其在通道与出入口设计中的应用 3.会根据图写出权矩阵或根据矩阵画出图形	6

续附表 2-3-5

模块	课题	项目	任务简述	知识点	技能点	学时
模块二：仓储决策分析技术	课题一：仓库布局规划决策分析	项目 1：仓库不同活动区域关联性分析	对仓库内部的各区域之间各种活动的相互关系及货物流动规模大小进行分析，确定不同活动区域之间的关系，为布局设计提供依据	1. 仓库活动区域构成、仓库布局的含义、基本原则 2. 关联性分析的方法	1. 关联等级的设计 2. 定性关联图与定量从至图的绘制	4
		项目 2：仓库区域布置	根据不同作业区域之间的定性测量值或定量测量值来配置各作业区域之间的相对位置	1. 关联线图法 2. 图形构建法 3. 动线布置法	不同方法的应用	4
	课题二：库存控制决策分析	项目 1：不允许缺货，补充时间极短的存储决策	已知库存商品的单位成本、每天保管费用、每次订购费用、每天的需求量，不允许缺货、随时可进货，求最经济的订货方案	库存维持成本、定量订货模型、订货点与经济订货批量、适用情况	不允许缺货，补充时间极短的进货周期和进货量的确定	2
		项目 2：允许缺货，补充时间较长的存储决策	已知某产品的日产量、每天的供货量、存储费、缺货损失、每次生产准备费用，求最优存储策略	模型假设条件与适用情况及各参数的计算公式	最优存储周期、经济生产批量、缺货不足时间、开始生产时间、结束生产时间、最大存储量、最大缺货量、平均总费用的计算	2
		项目 3：不允许缺货、补充时间较长的存储策略	已知库存商品的月需求量、每件进价、月存储费用、每次订购费、到货周期及速度，求最优存储策略	模型假设条件与适用情况及参数计算公式	存储策略的各参数计算	2
		项目 4：允许缺货、补充时间极短的存储策略	已知某产品的日需求量、单位存储费、缺货损失、每次订购费用，随时能补货，求最优存储策略	模型假设条件与适用情况及参数计算公式	存储策略的各参数计算	2
		项目 5：有价格折扣的批量订货存储策略	已知某产品的日需求量、单位存储费、每次订购费用，不允许缺货及折扣条件，求最优存储策略	模型假设条件与适用情况及参数计算公式	存储策略的各参数计算	2

续附表 2-3-5

模块	课题	项目	任务简述	知识点	技能点	学时
模块二：仓储决策分析技术	课题三：流通加工作业排序决策	项目 1：总逗留时间最少的单道工序的排序方法	已知每道工序或每件业务的作业时间，求总逗留时间最少的单道工序排序	总逗留时间最少的单道工序排序规则	总逗留时间最少的单道工序排序	1
		项目 2：总损失最小的单道工序排序	已知每道工序或每件业务的作业时间及单位逗留时间损失，求总损失最小的单道工序排序	总损失最小的单道工序排序规则	总损失最小的单道工序排序	1
		项目 3：延期交货，总延期量最小的单道工序排序	已知每道工序或每件业务的作业时间及预定交货期，求总延期量最小的单道工序排序	最早预定交货期规则	延期交货，总延期量最小的单道工序排序	0.5
		项目 4：延期交货的对象个数的单道工序排序	已知每道工序或每件业务的作业时间及预定交货期，求总延期量最小的单道工序排序	排序步骤	延期交货的对象个数的单道工序排序	0.5
		项目 5：调整时间最少的单道工序排序	已知加工工件或物流作业相互之间的机器调整等候时间，求总调整时间最少的排序方案	排序步骤	调整时间最少的单道工序排序	0.5
		项目 6：总完工时间最少的两道串接工序的排序	已知每件产品两道串接工序的加工时间，求总完工时间最少的两道串接工序的排序	约翰逊法则	总完工时间最少的两道串接工序的排序	0.5
		项目 7：总损失最小的两道串接工序排序	已知每件产品两道串接工序的加工时间及单位时间损失，求总损失最小的两道串接工序的排序	步骤	总损失最小的两道串接工序排序方法	0.5
		项目 8：特殊情况下的三道工序排序	已知三道工序的加工时间矩阵、第一行或第三行的最小元素大于或等于第二行的最大元素，求总完工时间最短的排序方案	步骤	排序及加工进程图的绘制	0.5
		项目 9：一般情况下多道串接工序总完工时间较少的排序	已知多道工序的加工时间矩阵，求总完工时间最短的排序方案	步骤	排序及加工进程图的绘制	1

续附表 2-3-5

模块	课题	项目	任务简述	知识点	技能点	学时
模块三：运输路线决策分析技术	课题一：两点间直送式运输路线决策	项目1：利用电子地图求解配送中心及客户相互之间的最短路矩阵及路线	已知配送中心和每个客户的具体位置，每个客户的需求量正好够整车运输，利用电子地图求最短运输路径	各免费网站提供的电子地图的使用	利用电子地图求解配送中心及客户相互之间的最短路矩阵及路线	6
		项目2：两点间直送路线求解	已知配送中心和一个客户位置，道路节点之间的距离，每个节点之间的距离为正，求最短送货路线	Dijkstra 标号算法	利用标号算法求解最短路	4
		项目3：指定点到网络中其他点之间的最短运输路线求解	已知配送中心和多个客户位置，道路节点之间的距离，每个节点之间的距离为正，求最短送货路线	逐次逼近法	利用逐次逼近法求解	4
		项目4：任意两点之间的最短路的求解	已知多个点相互之间的距离，求任意两点之间的最短路	Floyd 算法	利用 Floyd 算法求解最短路	4
		项目5：多阶段运输网络最短路求解	已知两点之间的距离可以分为多个阶段，每个阶段每个节点之间的距离已知，求最短路	动态规划	利用动态规划解法求解多阶段运输网络最短路	2
	课题二：单回路分送式运输路线决策		已知车辆从配送中心出发，依次到各需求点送货，各需求点的需求量总和不超过货车载重量，求路径最短的送货顺序及路线	单回路分送式配送运输的条件及目标；最近邻点法；最近插入法；逐次改进法	1.利用最近邻点法编制单回路分送式配送运输方案 2.利用最近插入法编制单回路分送式配送运输方案 3.利用逐次改进法编制单回路分送式配送运输方案	4
	课题三：多回路分送式配送运输路线决策	项目1：对边服务多回路分送式配送路线决策	已知每条街道的位置及长度，求解邮递员的投递路线	欧拉回路的含义、欧拉定理、最优欧拉回路求解步骤	1.图中无奇点的欧拉回路的求解 2.图中有一对奇点的欧拉回路的求解 3.一般连通网络欧拉回路的求解 4.奇偶点图上作业法的改进求欧拉回路	6
		项目2：对点服务的多回路分送式配送路线决策	已知配送中心及各需求点的位置和相互之间的距离与需求量，求解运输总里程最短的配送运输方案	节省里程法的原理；求解步骤；扫描算法的求解步骤	利用节省里程法编制配送运输方案	6

续附表 2-3-5

模块	课题	项目	任务简述	知识点	技能点	学时
模块三：运输路线决策分析技术	课题四：最小费用最大流量运输路线决策	项目 1：最大流量运输路线决策	已知每条网络的容量，求解最大流量及其运输路线	可行流、可增路最大流的标号算法	利用标号算法求最大流的运输方案编制及多起迄点最大流的求解	6
		项目 2：最小费用最大流量运输路线决策	已知每条网络的容量及费用，求解最小费用最大流运输路线及流量	最小费用流的求解步骤	最小费用最大流的求解	2
模块四：货物调运及装配决策分析技术	课题一：多点间货物调运决策	项目 1：产销平衡的货物调运决策	已知多个供应点的供应量和多个需求点的需求量并且相等，以及有关各点之间的距离与运输费用，求成本最低的调运方案	产销平衡问题的图上作业法；产销平衡问题的表上作业法	1. 线路不成圈的图上作业法 2. 线路成圈的图上作业法 3. 产销平衡问题的表上作业法（编制初始方案和检验的方法）	4
		项目 2：供应量大于需求量货物调运决策	已知多个供应点的供应量大于多个需求点的需求量，以及有关各点之间的距离与运输费用，求成本最低的调运方案	产大于销不平衡问题的转化	供应大于需求的产销不平衡问题的求解	2
		项目 3：供应量小于需求量货物调运决策	已知多个供应点的供应量小于多个需求点的需求量，以及有关各点之间的距离与运输费用，求成本最低的调运方案	产小于销不平衡问题的转化	供应小于需求的产销不平衡问题的求解	2
	课题二：货物配装决策	项目 1：最大费用装货方案编制	已知车辆额定载重量、运送货物的单件重量、每种货物的收费，求总收费最多的装货方案	装货问题的求解步骤	利用动态规划解法编制最大费用装货方案	2
		项目 2：多品种混装最大费用装货方案编制	已知车辆额定载重量、货物类别，每类货物的每件重量，同类货物最多装入一件，编制装货方案	装货问题的求解步骤	利用动态规划解法编制最大费用装货方案	2

续附表 2-3-5

模块	课题	项目	任务简述	知识点	技能点	学时
模块五：物流设施选址决策分析技术		项目 1：单一设施连续点选址决策	已知单一设施及其可选址的坐标图，求解最佳选址地点	物流设施选址的意义、影响因素、选址方法（交叉中值法；精确重心选址法）	利用交叉中值和精确重心选址法确定最佳位置	2
		项目 2：多个设施连续点选址决策	已知市场区域、各市场的运输费率、设施固定费用、维持成本，求解需要建设的设施数量和位置	多重心法求解步骤	利用多重心法求解多个设施连续点选址	1
		项目 3：快递公司配送站选址决策	在有限个候选位置中选取最为合适的一个或者一组位置作为选址的最优方案	覆盖法、交叉中值法、运输规划模型、因素分析法	利用集合覆盖法、最大覆盖法、交叉中值法、运输规划模型、因素分析法求解最佳位置	2
模块六：物流项目管理决策分析技术	课题一：物流项目决策分析	项目 1：物流企业内部网络布线决策	已知物流企业网络节点之间的距离，求用线最少的布线方案	树、最小生成树及其求解方法	利用最小生成树求解网络布线方案	1
		项目 2：风险性决策方案的选择	已知每种方案的状态及其概率以及每种概率下的收益，求最佳方案	决策树	利用决策树选择方案	1
		项目 3：设备更新决策	已知设备的各期购置成本、每年的运营费用及残值，求一定周期内总成本最低的设备更新方案	设备更新的方法及步骤	设备更新的财务分析法；最短路算法求解设备更新；动态规划求解设备更新	1
		项目 4：项目资金分配	已知可分配资金总额，以及每个部门获得不同资金规模的利润，编制利润最大的资金分配方案	求解步骤	编制利润最大的资金分配方案	1
		项目 5：物流投资项目财务可行性决策分析	已知某物流项目的初始投资、运营成本及各期收益，评价该方案是否可行	资金的时间价值、现金流量、净现金流量、净现值、内部收益率	净现金流量、资金时间价值、净现值及内部收益率的计算与判断	4

续附表 2-3-5

模块	课题	项目	任务简述	知识点	技能点	学时
模块六：物流项目管理决策分析技术	课题二：物流项目任务指派决策	项目 1：目标值最小的任务指派	已知每个人去做每件事情的成本，每个人只能做一件事，求解费用最省的指派方案	匈牙利法的步骤	利用匈牙利法求解目标值最小的指派方案	1
		项目 2：目标值最大的任务指派	已知每个人做每件事情的效益，求解效用最大的指派方案	求解步骤	求解目标值最大的任务指派方案	1
		项目 3：非标准形式的任务指派	人数和任务数不相等的指派、一个人可做几件事的指派、某事一定不能由某个人做的指派	转化为标准形式的方法	人数和任务数不相等的指派、一个人可做几件事的指派、某事一定不能由某个人做的指派	1
		项目 4：班线时程安排决策	已知两个运输基地之间各班线搭配的停留时间，求解运输工具等候时间最小的班线搭配方案	班线时程搭配	会编制班线时程安排表	2
		项目 5：车辆负荷分配决策	已知公司车辆总数、超负荷和低负荷运输的利润及损坏率，编制每年在不同负荷状态下运输的车辆数	车辆负荷分配求解步骤	车辆负荷分配方案编制	2

八、资源开发与利用

(一)教材编写与使用

教材:《物流运筹学基础》,李念祖主编,中国物资出版社,2006。

参考书:《物筹学教程(第二版)》,胡运权主编,清华大学出版社,2003。

(二)数字化资源开发与利用

校企共同开发和利用网络教学平台及网络课程资源。课堂教学课件、操作培训视频、实训软件、考核标准、任务训练等教学资源利用现代学徒制在线学习平台,由学校和企业发布,学徒采取线上、线下学习相结合的方式,更灵活地完成课程的学习任务。导师也可以发布非课程任务的辅导材料，用于学徒碎片化学习阅读，拓展相关知识点。利用现代学徒制在线交流互动平台或微信、邮箱等工具，学徒和导师之间进行在线交流。

(三)企业岗位培养资源的开发与利用

本课程将利用物美集团配送中心的相关业务资料组织课程实训，并在实际岗位中采用课堂所学方法进行物资调运与配装、运输路线规划、配送方案编制等业务实训，同时还可以利用门店及配送中心的地址及分布、有关财务项目的数据等进行分析与评价。

九、教学建议

校企合作完成课程教学任务。教学采用集中授课、在岗培养、任务训练等形式。学校导师集中讲授项目理论知识，让学生知道操作原理。企业导师以任务训练、在岗培养等形式让学生进行项目操作技术技能训练及岗位实践，让学生学会操作并符合上岗要求，教学过程突出“做中学、学中做”。校内以课堂教学与课外训练相结合为主要训练手段，岗位实践以工学交替形式进行专业技术综合能力培养和职业素质培养。

另外，本课程在教学实施过程中还要注意以下问题：

(1)决策分析可以手工计算分析也可以利用计算机软件运算，但物流运筹学软件和物流决策分析软件更新换代快、成本高、灵活性较差，不适合中小企业的日常业务管理。因此，教学中应该以手工分析运算为主，教会学生如何收集数据资料，如何进行分析决策。

(2)教师要从物流岗位实际任务出发来讲解任务实施过程，而不是从数学推理入手来讲解，即不讲数学推理，而是分析物流实际任务，直接教会学生解决问题的方法步骤。

(3)授课教师重点是要熟悉物流管理决策内容，而不是数学。在教学中，教师应加强实践指导，针对不同学生操作的不同问题提出个性化的指导意见，帮助学生提高操作水平。

(4)在教学手段上,教师可以根据条件利用 Excel 或其他运筹学软件来组织实训和验证性实验。

十、课程实施条件

1.师资条件

课程教学需要具备专业水平及职业培训能力的“双导师”。导师必须具有高尚的人格和良好的职业道德,具有坚实的理论基础和丰富的实践操作能力,能够讲解相关技术和知识,并解决上课过程中存在的问题。任课导师还需要能够围绕现代服务管理专业群各专业培养方案规定的专业核心能力要求确定所需的管理基础知识,并能根据各自的专业特色确定需要的特殊管理知识。企业导师要了解管理中存在的实际问题,能在同类专业中具有引领作用,还要能把现代服务管理专业群建设成具有鲜明现代管理特色的示范专业,在人才培养模式、课程建设、实习实训基地建设等方面具有引领示范作用。每次上课都安排学院导师和企业导师两位共同进行,能够给学生进行具体指导,实现小班教学。

2.学校教学起始条件

本课程实践性很强。因此,为保证教学,本课程除了需要有一个常规教室之外,还需要能够上网的机房、能够绘图的实训教室及运筹学软件一套。

3.合作企业实训起始条件

企业实训基地是进行本课程教学必要的补充。本课程需要在合作企业的物流配送、人力资源、规划、财务等部门进行在岗实习。合作企业必须具有较高的管理水平,能够提供 40 人的实训。合作企业的部门相关技术人员专业素养高,能够为学生提供相关的业务背景资料和必要的数据资料。

十一、教学评价

本课程按照现代学徒制要求,由学校教师和企业师傅共同对学生进行考核。考核采用百分制。成绩考核=笔试(30%)+岗位培养(50%)+任务考核(20%)。

企业岗位评价将根据学生在实际岗位操作过程中完成任务成果的质量、在岗期间的工作态度、操作熟练程度等方面由企业导师和学院导师分别进行评价。

连锁经营与管理课程标准

一、课程基本信息

课程学时	54	课程类别	专业核心课
课程类型	专业技术技能课程	课程性质	必修课
修读学期	第9学期	适用专业	物流管理专业
合作开发企业	北京物美商业集团股份有限公司		
执笔人	温春娟	审核人	

二、适用专业及面向岗位

本课程标准适用于物流管理专业，面向连锁企业门店理货、收银、盘点、卖场布局、商品采购、商品陈列、商品促销及店长或经理等岗位。

三、课程性质

新零售业态下，零售企业门店充当了“前置仓”，具备储存、包装、流通加工、配送等更多物流功能，有效解决了城市配送“最后一公里”的难题。因此，连锁经营与管理成为物流管理专业的一门专业核心课，提供学生从事连锁经营与管理所需要的知识，并致力于培养学生的实践操作能力。通过本课程的学习，学生能够掌握连锁经营的历史进程、实质与特征、基本模式，了解零售商业发展规律及连锁经营与管理业态创新、主要管理系统业务流程、分店开发业务、商品开发业务、商品采购业务、商品配送业务、信息管理业务、营销策略以及连锁经营与管理企业业绩的考核评价等，培养学生连锁经营与管理的基本技能和专业素养，能够符合中国连锁经营企业对一般连锁企业管理人员的基本职业要求。学生不仅要具备扎实的连锁经营与管理的理论知识，更要有极强的实践动手能力，同时还要具备一个初级连锁企业管理人员基本的管理技能。

本课程综合性、实践性较强，一般要求学生在学习本课程之前需具备管理学、企业管理、市场营销、财务管理、连锁企业采购管理、连锁企业运输管理、物流信息系统管理、仓储管理等先修课程的相关知识。

四、课程设计

(一)设计思路

校企共同开发，基于岗位工作过程典型工作任务操作规范设计学习项目，突出学生连锁企业岗位操作技能培养，以连锁经营与管理业务流程、开发分店、商品开发、商品采购、商品配送、信息管理、营销策略等真实工作任务设计学习情境。课程内容及考核与企业岗位能力标准要求衔接，教学过程与连锁企业的业务流程衔接，以工学交替、任务训练为主要的教学形式，让学生在学校导师和企业导师的共同指导下熟练掌握企业的岗位技能要点。

(二)内容组织

课程将完成岗位典型工作任务所需的知识及能力与连锁企业岗位职业资格标准要求相融合，结合企业岗位技能考核要点，重点组织教学内容，以项目化教学为主要教学形式。课程主要内容包括商业发展和零售业的演变、连锁经营概述、连锁企业的组织结构设计、连锁企业的采购管理与定价、连锁企业的物流管理、连锁企业的信息系统管理、连锁企业的人力资源管理、连锁企业的财务管理、连锁企业的网点扩张与选址、连锁企业的商品管理、连锁企业的门店运营管理和连锁企业的客户服务等。

五、课程教学目标

(一)认知目标

(1)学习连锁企业的组织结构设计。

(2)学习连锁企业的采购管理与定价。

(3)学习连锁企业的信息系统管理。

(4)学习连锁企业的人力资源管理。

(5)学习连锁企业的财务管理。

(6)学习连锁企业的网点扩张与选址。

(7)学习连锁企业的商品管理。

(8)学习连锁企业的门店运营管理和客户服务。

(二)能力目标

学生连锁经营管理的能力目标主要包括以下四个方面：

1.了解连锁企业总部的职能和组织结构的设计

通过本课程的学习，学生能够充分了解连锁企业总部和门店之间的关系，能按照连锁总部的战略部署，完成连锁门店的战略任务，贯彻连锁总部的品牌战略、营销战略、人力资源战略、信息管理战略。学生理解总部组织机构设计的内涵，能制定连锁门店的岗位职责，适应连锁管理模式，满足连锁企业持续发展壮大的管理需要。

2.精通连锁企业商品管理的知识

学生通过学习连锁企业商品管理的全部知识，掌握连锁企业连锁门店商品管理的基本技能，主要包括商品规划、商品组合、商品分类、商品编码、主力商品管理、畅销品的培养、滞销品的淘汰、商品定价与毛利及管理方面的知识。

3.具备连锁企业连锁门店运营管理的能力

本课程致力于连锁企业初级管理人员的培养，树立以客户为中心的门店运作理念。通过本课程的学习，学生要学会连锁企业连锁门店营销团队建设和营销管理的方法，包括连锁企业店面的设计与布局、商品陈列、门店促销、顾客服务、营销团队管理的具体方法和技巧。

4.熟悉连锁企业的物流管理和信息技术管理

物流管理和信息技术管理都是连锁经营与管理企业的核心技术，是企业建立核心竞争力的关键。通过本课程的学习，学生要深刻理解物流管理和信息管理在连锁企业经营中的重要作用，学会连锁企业连锁物流管理的职能、流程以及连锁企业信息管理的作用和几种常用的信息技术，包括采购、收货、理货、分拣、出货、盘点、仓储、配送以及 POS、EOS、EDI、ECR、RFID 等核心技术。

(三)情感目标

(1)具有敬业爱岗、忠于职守，奉公守法、维护消费者权益，遵守操作规程、确保工作质量，勤于思考、善于观察，精益求精、不断创新，团结互助、积极协作的良好职业道德。

(2)具有学物流爱物流的专业思想及爱岗敬业的精神。

(3)具有吃苦耐劳、积极进取和踏实肯干的工作作风。

(4)具有良好的人际交往能力和团队合作的精神。

(5)具有正确的就业观和一定的创业能力。

(6)具有实事求是、勇于创新、开拓进取、勇于创业的意识和能力。

(四)方法能力和社会能力目标

通过本课程的操作和理论学习，学生能够从参考书、专业文献和专业网站等收集相关信息；学会技术报告和操作规程的写作，条理清楚，内容准确，符合技术报告的写作规范；具有自主学习能力，主动地拓展个人知识结构；学会和人协作共事，具有较好的沟通和组织能力，具有团队意识和服从意识；能够正确地评价自己和他人。

六、参考学时与学分

本课程参考学时 54 学时，其中，集中授课 24 学时，任务训练 12 学时，在岗学习 18 学时；参考学分 3 学分。

七、课程结构

(一)在校课程任务及标准(附表 2-3-6)

附表 2-3-6 连锁经营与管理课程教学任务及其标准

序号	工作任务	教学内容	教学标准		教学活动设计	重点和难点
			技能标准	知识标准		
1	连锁经营的认知	连锁经营的内涵、特征、经营模式	能判定连锁企业、区分连锁企业的经营模式及其经营特征	明确连锁经营的起源、发展，连锁经营不同经营模式的特征	任务训练 岗位培养	不同经营模式的特征
2	连锁企业连锁总部及其管理的认识	总部的主要职能管理（组织、财务、人事）	能熟练操作总部各部门的职能	明确总部各部门的职能有哪些，及如何协调彼此之间的关系	任务训练 岗位培养	协调各部门的关系，高效完成工作任务

续附表 2-3-6

序号	工作任务	教学内容	教学标准		教学活动设计	重点和难点
			技能标准	知识标准		
3	连锁企业的配送	连锁企业配送的主要功能、类型、配送模式和基本流程	在连锁企业中的配送协调能力、清楚连锁企业配送中的工作内容和流程	掌握连锁企业配送的主要功能、类型、配送模式，熟悉配送的基本流程	任务训练岗位培养	连锁企业配送的模式
4	连锁企业连锁门店开发与加盟	连锁企业连锁加盟知识的运作，商圈的调研和加盟店的选址开店	商圈的调研能力，对调研资料的分析研究能力，加盟知识的实际应用能力	连锁企业连锁加盟知识，商圈的调研分析，选址的流程	任务训练岗位培养	连锁加盟店的选址
5	连锁经营与管理信息管理	连锁经营与管理信息管理系统的构成、电子订货系统和销售时点管理系统的操作	能及时对连锁企业销售信息系统更新，能很熟练使用经销存系统	连锁经营与管理信息管理系统的构成，电子订货系统的功能	任务训练岗位培养	进销存系统
6	连锁企业连锁门店运营管理	连锁企业门店店长的任职要求，卖场布局、商品陈列，理货、收银及客户服务	明确店长的职责，掌握卖场布局方法，掌握理货、收银及客户服务的要领	连锁企业门店店长的任职要求内容，卖场布局理论、商品陈列规律，理货、收银方法，客户服务要领	任务训练岗位培养	卖场布局
7	连锁企业连锁门店促销	连锁企业连锁门店的促销方式、促销策略、促销方案	熟悉连锁企业连锁门店的促销方式、掌握连锁门店促销策略	连锁企业连锁门店促销方式、促销策略	任务训练	仓储成本计算，促销策略
8	连锁企业连锁门店的客户服务	连锁企业连锁门店客户服务的内容、方式和策略及客户投诉的处理	能灵活应用连锁企业连锁门店客户服务的方式和策略很好地为客户服务	连锁企业连锁门店客户服务的内容、方式和策略及客户投诉的处理方法	岗位培养	客户投诉处理

(二)课程内容及学时安排(附表 2-3-7)

本课程需要一个学期进行授课,参考学时 54 学时,其中,集中授课 24 学时,任务训练 12 学时,企业岗位训练 18 学时。学分 3。具体各项技能所需学时如下:

附表 2-3-7　课程内容及学时安排

<table>
<tr><th>项目编号</th><th>工作任务</th><th>开设学期</th><th>技能等级</th><th>教学活动设计</th><th>学时</th></tr>
<tr><td>1</td><td>连锁经营与管理的认知</td><td>9</td><td>一般</td><td rowspan="2">集中授课
任务训练</td><td rowspan="2">6</td></tr>
<tr><td>2</td><td>连锁总部及其管理的认识</td><td>9</td><td>一般</td></tr>
<tr><td>3</td><td>连锁企业的配送</td><td>9</td><td>重点</td><td rowspan="2">集中授课
任务训练
在岗学习</td><td rowspan="2">20</td></tr>
<tr><td>4</td><td>连锁企业连锁门店开发与加盟</td><td>9</td><td>重点</td></tr>
<tr><td>5</td><td>连锁经营与管理信息管理</td><td>9</td><td>重点</td><td rowspan="4">任务训练
在岗学习</td><td rowspan="4">28</td></tr>
<tr><td>6</td><td>连锁企业连锁门店运营管理</td><td>9</td><td>重点</td></tr>
<tr><td>7</td><td>连锁企业连锁门店促销</td><td>9</td><td>重点</td></tr>
<tr><td>8</td><td>连锁企业连锁门店的客户服务</td><td>9</td><td>重点</td></tr>
<tr><td colspan="5">总计</td><td>54</td></tr>
</table>

(三)企业实践课程

课程根据门店运营相关岗位任务,增加连锁企业配送、物美门店促销等专题内容。

八、资源开发与利用

(一)教材编写与使用

教材:《现代连锁经营与管理》,汤伟伟、姬敏主编,清华大学出版社,2010。

参考书:

(1)《连锁经营与管理(第二版)》,宋之苓主编,北京大学出版社,2015。

(2)《连锁经营与管理实务》,陈葆华主编,北京大学出版社,2014。

(二)数字化资源开发与利用

校企共同开发和利用网络教学平台及网络课程资源。课堂教学课件、操作培训视频、考核标准、任务训练等教学资源,利用现代学徒制在线学习平台,由学校和企业发布,学徒采取线上、线下学习相结合的方式,更灵活地完成课程的学习任务。

导师也可以发布非课程任务的辅导材料(包括但不限于视频、PDF、Word 的文件)用于学徒碎片化学习阅读,拓展相关知识点。利用现代学徒制在线交流互动平台,学徒和导师之间进行在线交流。

(三)企业岗位培训资源的开发与利用

根据连锁企业行业发展要求,企业可将一些新技术、高科技的应用方法,整理成微课堂教学案例,作为岗位培训的教学条件。以移动互联、云计算技术、物联网为支撑,企业可建立信息化平台,实现线上、线下教育相结合,改善教学条件,使教学内容与行业发展要求相适应。

九、教学建议

校企合作完成课程教学任务。教学采用集中授课、在岗培养、任务训练等形式。学校导师集中讲授项目理论知识,让学生知道操作原理。企业导师以任务训练、在岗培养等形式让学生进行项目操作技术技能训练及岗位实践,让学生学会操作并符合上岗要求,教学过程突出"做中学、学中做"。校内以课堂教学与课外训练相结合为主要训练手段,岗位实践以工学交替形式进行专业技术综合能力培养和职业素质培养。

现场教学、在岗学习是实现连锁企业流通与管理专业人才培养模式的主要教学方式。在教学过程中,教师根据工作任务来设计教学流程及流程中每个环节的教学内容和技能要点。教师为每一个工作流程准备相应的教学情境,同时发放工作任务单,让学生了解工作过程。

在教学过程中,教师通过在学校实训基地和企业实训基地的现场教学,培养学生本课程的专项技能。学生通过到北京一些连锁企业(如物美、家乐福超市、沃尔玛超市、7-11 便利店等)门店进行任务训练和在岗学习,培养各岗位的专项技能和综合技能。学习课堂变为操作现场,学生变成操作员工,拿着粉笔的教师变成拿着工具的师傅。学生的收获不仅是考试分数,更重要的是掌握了多种操作技能、磨炼了吃苦耐劳的意志品质、获得了人生的感悟,实现了环境转换、角色转换、学习成果转换。教学过程强调"做中学",注重对连锁经营与管理专业技能、综合技能的掌握与提高。教师要着重教给学生学习的方法,包括自学方法、实践方法、调查方法等,旨在全面提高学生的职业岗位综合素质。

十、课程实施条件

具备专业水平及职业培训能力的双导师、校企实训资源是本课程实施的基本条件。学校提供专业理论及基本技能教学的师资及实训条件。企业提供现场教学、岗位能力培养的师资及实训条件。承担课程教学任务的老师应熟悉岗位工作流程，了解连锁企业操作规范及服务流程，能独立完成所有项目流程及操作技能实施法。校内专业实训室建设应有仿真教学、任务训练、职业技能考证的相关设备条件，实现教学与实训合一，教学与培训合一，教学与考证合一，满足学生综合职业能力的培养要求。企业有进行本课程全部项目训练的设施和设备、场地及足够的学徒岗位，能满足学徒岗位培训需求。

十一、教学评价

本课程按照现代学徒制要求，由学校教师和企业师傅共同对学生进行考核。考核采用百分制。成绩考核＝笔试(30%)＋岗位培养(50%)＋任务考核(20%)。

企业岗位评价将根据学生在实际岗位操作过程中完成任务成果的质量、在岗期间的工作态度、操作熟练程度等方面由企业导师和学院导师分别进行评价。

物流成本管理课程标准

一、课程基本信息

课程学时	54	课程类别	专业核心课
课程类型	专业技术技能课程	课程性质	必修课
修读学期	第 9 学期	适用专业	物流管理专业
合作开发企业	北京物美商业集团股份有限公司		
执笔人	卢桂芬	审核人	

二、适用专业及面向岗位

本课程标准适用于高职物流管理专业，面向仓储主管、运输主管、采购主管、店长、商管、账管等具有成本预算、成本核算、成本控制职责的岗位。

三、课程性质

本课程是高职院校物流管理专业的一门专业核心课程，为学生未来从事物流管理工作培养核心技能。课程主要针对物流采购成本计算、运输成本计算、仓储成本计算、流通加工成本计算、包装成本计算、装卸搬运成本计算、配送成本计算等关键技能，将物流成本预算、日常财务核算、物流成本控制与分析、绩效评价等内容融为一体，从而提高物流服务工作的质量和效率，掌握物流管理的核心技能，提高就业竞争力。本课程同样也适合在职物流业务人员作为工作参考。

四、课程设计

（一）设计思路

物流成本计算与控制在物流企业实际运营中非常重要，多数物流企业都是按部门（仓储部、运输部、采购部等）进行成本核算与控制，因此，本课程的设计思路如下：

首先，本课程基于物流企业在采购、仓储、运输、配送、流通加工等环节的成本预算、计算与控制，在教学内容上设置了采购成本、运输成本、仓储成本、流通加工成本、装卸搬运成本、配送成本的计算与控制，物流成本预算，绩效评价等 11 个学习项目，每个项目再根据决策问题分别设置课题和子项目。

其次，每个子项目采用双主体、双场所、双重身份教学方式来组织内容和教学过程。具体来说，每个子项目首先提出项目要解决的问题，并详细分析该问题的条件和要解决的目标，然后给出解决该问题的方法及其步骤，接下来示范实例，最后学生到企业实际岗位进行实操。

（二）内容组织

本课程的主要任务是培养学生能够根据企业自身的特点，运用成本预算、计算和控制的方法，对物流企业各部门的成本进行严格控制，减少损耗，节约物流作业成本。本课程内容按照物流成本的核算、物流成本的预算、物流成本的计算与控制分析、绩效评价等实际物流管理岗位任务归属的部门来组织，具体包括物流成本的认知，采购成本、运输成本、仓储成本、流通加工成本、装卸搬运成本、配送成本的计算与控制，绩效评价等方面共 11 个学习项目。

五、课程教学目标

（一）总体目标

课程以培养物流企业成本计算与控制技能为目标，要求学生理解所授课程的物流成本知识与计算方法，主要培养学生将这些成本计算与控制方法应用到物流企业的采购、仓储、运输、流通加工、包装、装卸搬运、配送等环节的成本计算与控制中。

（二）具体目标

1. 认知目标

物流成本是一门应用型学科，实践性很强。学生首先要明确必备的基本技能的任务要求，在此基础上学习必需的理论知识，通过不断地实践，真正掌握管理的真谛，形成基层管理者必备的素质与技能。在教学中，学生应明确弹性预算、全面预算、物流成本核算方法、经济批量计算法、报表分析法、物流成本的计算与统计方法、标准成本法、ABC 分析等方法的适用条件及操作步骤。

2. 能力目标

首先，能根据物流企业实际岗位的具体典型工作任务收集整理物流成本分析所需的各种数据资料；其次，掌握常用的成本计算分析方法及其使用；最后，编制出既科学又经济的成本控制方案。

3. 情感目标

具有良好的职业道德品质，形成团结协作、分工合作的职业观念，具有对组织企业负责的情感和积极向上的工作态度。

六、参考学时与学分

本课程参考学时 54 学时，其中，集中授课 24 学时，任务训练 12 学时，在岗学习 18 学时；参考学分 3 学分。

七、课程结构

本课程安排了11个学习项目，学生通过11个学习项目中学习情境的工作任务，掌握物流成本的有关知识和方法，达到掌握这些方法在物流业务管理中应用的要求。学习子项目按照问题描述—相关知识—方法步骤—示范—实操的顺序执行，具体内容见附表2-3-8。

附表 2-3-8　物流成本管理课程教学任务及其标准

项目	课题	子项目	任务简述	校企双主体教学		学时
				知识点	技能点	
项目一物流成本管理认知		子项目1：国内外物流成本的比较分析，我国物流成本可降低的空间	通过案例让学生了解物流成本在企业的重要作用	物流成本的概念； 影响物流成本的因素及降低物流成本的途径； 相关的物流理论； 物流成本构成及分类	物流成本的概念及成本管理的意义； 影响物流成本的因素及降低物流成本的途径； 物流成本的管理方法； 相关的物流理论； 物流成本构成及分类	3
项目二物流成本核算	课题一成本核算	子项目2：如何对物流成本进行核算	凭证、账页、报表填制与分析方法	物流成本计算特点和原则； 物流成本计算程序； 物流成本核算制度与会计科目	常用物流凭证的填写； 仓储明细账登记； 简易报表编制； 结合企业进行报表分析	5
项目三物流成本预算	课题二成本预算	子项目3：如何对物流成本进行预算	结合企业的实际业务进行全面预算、弹性预算	全面预算的方法及在物流成本中的应用； 零基预算的方法； 弹性预算的方法	掌握采用全面预算、零基预算、弹性预算对物流成本预算及控制的能力，结合企业实际数字进行预算的能力	9

续附表 2-3-8

项目	课题	子项目	任务简述	校企双主体教学		学时
				知识点	技能点	
项目四采购成本计算	课题三成本计算与控制	子项目 4：如何计算和控制采购成本	结合企业的实际业务对采购成本按成本项目和支付形态计算	采购成本认知； 采购成本构成； 采购成本计算方法； 采购成本的控制与分析	结合企业实际数据计算采购成本的能力	7
项目五运输成本计算		子项目 5：如何计算和控制运输成本	结合企业的实际业务对运输成本按成本项目和支付形态计算	运输成本认知； 运输成本构成； 运输成本计算方法； 运输成本的控制与分析	结合企业实际数据计算运输成本的能力	5
项目六仓储成本计算		子项目 6：如何计算和控制仓储成本	结合企业的实际业务对仓储成本按成本项目和支付形态计算	仓储成本认知； 仓储成本构成； 仓储成本计算方法； 前置仓成本的计算； 仓储成本的控制与分析	结合企业实际数据计算仓储成本的能力	6
项目七流通加工成本计算		子项目 7：如何计算和控制流通加工成本	结合企业的实际业务对流通加工成本按成本项目和支付形态计算	流通加工成本认知； 流通加工成本构成； 流通加工成本计算方法； 流通加工成本的控制与分析	结合企业实际数据计算流通加工成本的能力	3
项目八包装成本计算		子项目 8：如何计算和控制包装成本	结合企业的实际业务对包装成本按成本项目和支付形态计算分析	包装成本认知； 包装成本构成； 包装成本计算方法； 包装成本的控制与分析	结合企业实际数据计算包装成本的能力	3
项目九装卸搬运成本计算		子项目 9：如何计算和控制装卸搬运成本	结合企业的实际业务对装卸搬运成本按成本项目和支付形态计算分析	装卸搬运成本认知； 装卸搬运成本构成； 装卸搬运成本计算方法； 装卸搬运成本的控制与分析	结合企业实际数据计算装卸搬运成本的能力	3
项目十配送成本计算		子项目 10：如何计算和控制配送成本	结合企业的实际业务对配送成本按成本项目和支付形态计算分析	配送中心建立； 成本认知； 配送成本构成； 配送成本计算方法； 配送成本的控制与分析	结合企业实际数据计算配送成本的能力	5
项目十一绩效评价	课题四绩效评价	子项目 11：如何进行绩效评价	以某物流企业为例进行绩效评价	绩效评价认知； 绩效评价分析方法	通过指标计算进行绩效评价分析	5

八、资源开发与利用

(一)教材编写与使用

教材:《物流成本管理实务》,卢桂芬主编,中国农业出版社,2015。

参考书:《物流成本管理》,王欣兰主编,清华大学出版社,2010。

(二)数字化资源开发与利用

校企共同开发和利用网络教学平台及网络课程资源。课堂教学课件、操作培训视频、实训软件、考核标准、任务训练等教学资源,利用现代学徒制在线学习平台,由学校和企业发布,学徒采取线上、线下学习相结合的方式,更灵活地完成课程的学习任务。导师也可以发布非课程任务的辅导材料,用于学徒碎片化学习阅读,拓展相关知识点。利用现代学徒制在线交流互动平台或微信、邮箱等工具,学徒和导师之间进行在线交流。

(三)企业岗位培养资源的开发与利用

本课程将利用物美集团配送中心的相关业务资料组织课程实训,并在实际岗位中采用课堂所学方法进行成本的预算、成本的核算、成本的计算、成本的控制与分析等业务实训,同时还可以利用门店前置仓的业务流程进行成本计算与分析。

九、教学建议

校企合作完成课程教学任务。教学采用集中授课、在岗培养、任务训练等形式。学校导师集中讲授项目理论知识,让学生知道操作原理。企业导师以任务训练、在岗培养等形式让学生进行项目操作技术技能训练及岗位实践,让学生学会操作并符合上岗要求,教学过程突出“做中学、学中做”。校内以课堂教学与课外训练相结合为主要训练手段,岗位实践以工学交替形式进行专业技术综合能力培养和职业素质培养。

另外,本课程在教学实施过程中还要注意以下问题:

(1)本课程增加一些财务知识,需要学生学会成本核算、成本计算、成本控制,教会学生从实际业务中如何收集数据资料,整理资料,核算资料,分析资料,提出解决建议。

(2)教师要从物流岗位实际任务出发来讲解任务实施过程,通过分析物流实际任务,直接教会学生解决问题的方法步骤,解决方案。

(3)授课教师重点是要学生熟悉物流管理流程、成本构成与计算方法、预算方法、核算方法。在教学中,教师应加强实践指导,针对不同学生操作的不同问题提出个性化的指导意见,帮助学生提高操作水平。

(4)在教学手段上,教师可以根据条件利用 Excel、统计方法组织实训和验证性实验。

十、课程实施条件

(一)师资条件

课程教学需要具备专业水平及职业培训能力的"双导师"。导师必须具有高尚的人格和良好的职业道德,具有坚实的理论基础和丰富的实践操作能力,能够讲解相关技术和知识,并解决上课过程中存在的问题。任课导师还需要能够围绕现代服务管理专业群各专业培养方案规定的专业核心能力要求确定所需的管理基础知识,并能根据各自的专业特色确定需要的特殊管理知识。企业导师要了解管理中存在的实际问题,能在同类专业中具有引领作用,还要能把现代服务管理专业群建设成具有鲜明现代管理特色的示范专业,在人才培养模式、课程建设、实践实训基地建设等方面具有引领示范作用。上课可安排学院导师和企业导师两位共同进行,能够给学生进行具体指导,实现小班教学。

(二)学校教学起始条件

本课程属于专业核心课,实践性很强。因此,为保证教学,本课程除了需要有一个常规教室之外,还需要能够上网的机房、绘图的实训教室以及运筹学软件一套。

(三)合作企业实训起始条件

企业实训基地是进行该课程教学必要的补充。本课程需要在合作企业的物流配送、人力资源、规划、财务等部门进行在岗学习。合作企业必须具有较高的管理水平,能够提供 40 人的在岗学习。合作企业的部门相关技术人员专业素养高,能够为学生提供相关的业务背景资料和必要的数据资料。

十一、教学评价

本课程按照现代学徒制要求，由学校教师和企业师傅共同对学生进行考核。考核采用百分制。成绩考核＝笔试(30％)＋岗位培养(50％)＋任务考核(20％)。

企业岗位评价将根据学生在实际岗位操作过程中完成任务成果的质量、在岗期间的工作态度、操作熟练程度等方面由企业导师和学院导师分别进行评价。

物流客户管理课程标准

一、课程基本信息

课程学时	108	课程类别	专业核心课
课程类型	学徒岗位能力课程	课程性质	必修课
修读学期	第8、9学期	适用专业	物流管理专业
合作开发企业	北京物美商业集团股份有限公司		
执笔人	石岩	审核人	

二、使用专业及面向岗位

本课程标准适用于高职物流管理专业，面向物流客户服务、物流客户经理等岗位。

三、课程性质

物流客户管理课程是物流管理专业的学徒岗位课程，其目标是让学生学习并掌握客户维系、客户选择、客户开发、客户评价等方面的基础理论和实践技能。它以管理学、沟通技巧、仓储和运输等课程为基础，相关配套课程还有仓储与配送管理、运输业务与管理、仓储与配送决策技术、物流信息技术等。本课程也可作为职业培训和在职员工培训的参考内容。

四、课程设计

(一)设计思路

本门课程设计基于物流管理岗位实际需求，主要采用任务驱动教学模式，设置学习项目,同时设计了能为学生提供体验实践和感悟问题的情境。学生在教师的帮助下,紧紧围绕一个共同的任务活动中心,在强烈的问题动机的驱动下,通过对学习资源的积极主动应用,进行自主探索和互动协作的学习。学生须在模拟情境或实际工作环境中,分组协作完成各项学习情境的规定工作,并在完成既定任务的同时,以任务的完成结果检验和总结学习过程,进而改变学习状态,主动建构探究、实践、思考、运用、解决、高智慧的学习体系。课程设计架构如附图 2-3-2 所示。

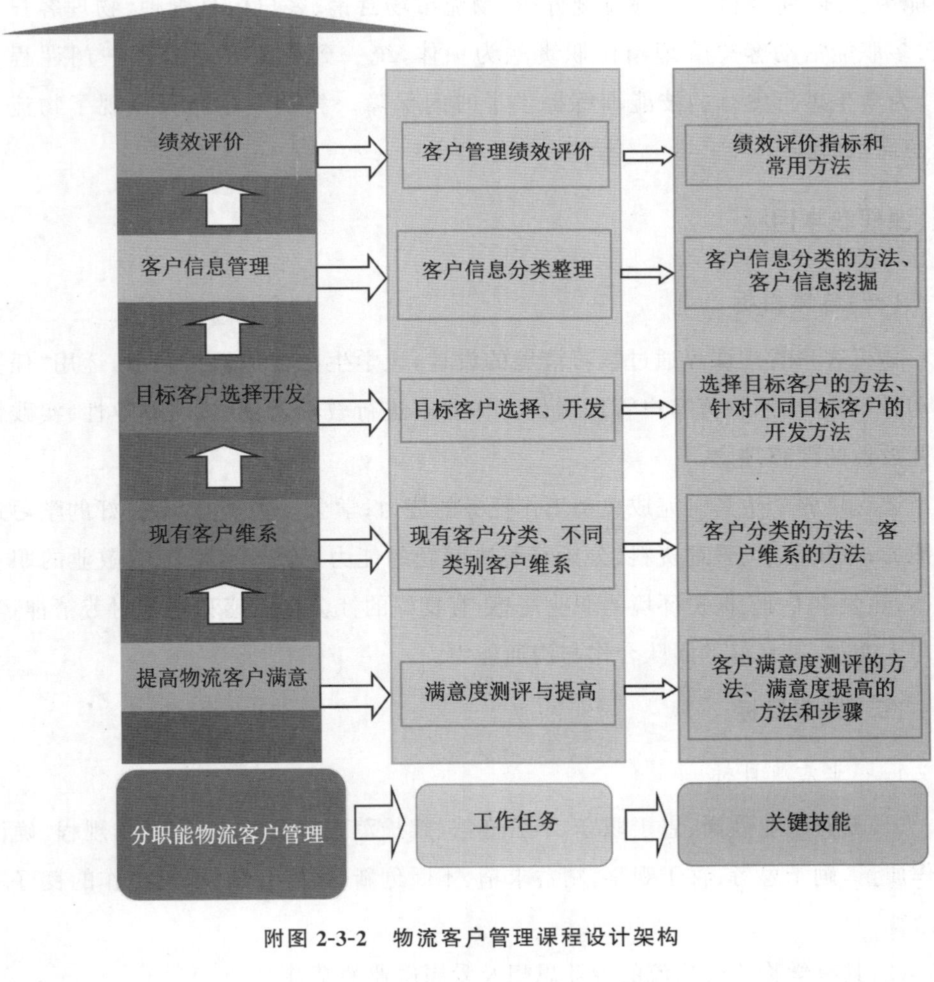

附图 2-3-2　物流客户管理课程设计架构

(二)内容组织

本课程根据物流管理专业相关行业的特点,围绕物流企业的职业岗位需求,以物流企业工作任务中的业务流程为主线,构建“工学结合”的课程体系,实现理论实践教学一体化和教学、生产的有机融合,强化学生综合素质与职业能力培养。教学形式以实训操作为主,尽可能把知识和技能融入实际操作中,同时辅以理论教学。教学内容以认识客户、开发客户、维系客户、客户评价、客户信息管理等关键技能为主线,将物流客户满意度分析、物流市场营销、客户信息管理、物理客户关系、多职能活动客户管理岗位职责融为一体,统一到物流客户管理一门课程中来,为学生进行熟练的技能训练提供了时间保障。教学内容充分体现了物流企业的需求特点。

五、课程教学目标

(一)总体目标

物流客户管理课程通过学习情境的设计,让学生在教师的指导下,运用“任务驱动教学法”按照物流客户管理岗位工作要求进行教学,充分体现职业性、实践性和开放性的课程理念。

课程培养学生具有完成典型工作任务的能力;学会自主学习,有良好的学习迁移能力;采集信息、整理资料、分析与解决问题的能力;甘于奉献、爱岗敬业的职业道德;热爱本专业、保护环境的职业情感;有良好的社会责任感和吃苦耐劳精神;学会与人交往,有良好的团队合作与沟通能力。

(二)具体目标

1.职业素质目标

(1)具有敬业爱岗、忠于职守,奉公守法、维护消费者权益,遵守操作规程、确保工作质量,勤于思考、善于观察,精益求精、不断创新,团结互助、积极协作的良好职业道德。

(2)具有学物流爱物流的专业思想及爱岗敬业的精神。

(3)具有吃苦耐劳、积极进取和踏实肯干的工作作风。

(4)具有良好的人际交往能力和团队合作的精神。

(5)具有正确的就业观和一定的创业能力。

(6)具有实事求是、勇于创新、开拓进取、勇于创业的意识和能力。

2.专业知识目标

(1)学习物流客户管理的相关职责,了解物流客户管理的业务规范操作。

(2)学习仓储客户开发与管理的基本要求。

(3)学习运输客户开发与管理的基本要求。

(4)学习综合型物流客户开发与管理的基本要求。

(5)学习客户绩效评价的基本方法和程序。

(6)学习物流客户的基本分类。

(7)学习目标物流客户的选择方法。

(8)学习物流客户信息管理的基本知识。

3.专业能力目标

(1)能够准确确定物流客户范围,并从中选取目标客户。

(2)能够为提高客户满意度做出相关努力。

(3)能够将客户要求与企业目标进行合理分析,并加以统一。

(4)能够做好物流客户维护。

(5)能够熟练应用相关软件系统对客户信息加以分析和整理。

(6)能够独立评价物流客户,做好绩效管理工作。

(7)能够依据仓储作业特点开发相应客户。

(8)能够依据运输作业特点开发相应客户。

(9)能够依据综合型物流客户特点开发相应客户。

4.方法能力和社会能力目标

通过课程学习,学生能够从参考书、专业文献和专业网站等收集相关信息;学会操作规程的写作,条理清楚,内容准确,符合技术报告的写作规范;具有自主学习的能力,主动地拓展个人知识结构;学会和人协作共事,具有较好的沟通和组织能力,具有团队意识和服从意识;能够正确地评价自己和他人。

六、参考学时与学分

本课程参考学时 108 学时，其中，集中授课 36 学时，任务训练 36 学时，在岗学习 36 学时；参考学分 6 学分。

七、课程结构

（一）在校课程任务及标准（附表 2-3-9）

本课程的工作任务单元都是由学习目标描述的主题学习单元，是按照物流管理专业职业任务和职业行动过程而设计的。每个单元都包括由能力描述的学习目标和任务陈述的学习内容，根据高职教育的要求，还适当增加了相关的理论知识，方便学生拓展知识。本课程根据物流客户管理实际业务流程，提炼出典型工作任务，确定完成工作任务所需要的核心能力，每一种核心能力都是基于工作过程系统化来完成的。课程内容将突出物流客户管理典型工作任务描述、技能要点、技术要求、相关理论知识、学习目标等方面。工作与学习内容主要包括物流客户管理工作对象、工作流程、工作方法、任务要求等，突出学生职业岗位能力的培养。此外，课程依据物流客户管理典型工作任务，进行学习领域转化，构建核心操作能力，设计与之相对应的学习情境，完成对学生职业岗位能力的培养。

附表 2-3-9　物流客户管理课程教学任务及其标准

序号	工作任务	教学内容	载体	教学标准		教学活动设计	重点和难点
				技能标准	知识标准		
1	认知物流客户管理	什么是物流客户管理；为何进行物流客户管理；如何开展物流客户管理	物流企业客户管理发展状况	对物流客户管理的感性认知及重要性认定	物流客户服务与客户管理的区别；物流客户管理战略	任务训练岗位培养	区分客户服务与客户管理
2	提高物流客户满意度	客户基本分类、物流客户主要诉求、提高客户满意度的方法	学生分角色扮演物流企业及其客户	客户满意度调研；客户诉求分析整理；提高满意度的方法	客户分类；提高满意度工作流程	任务训练岗位培养	客户诉求界定与满意度提高的二律背反

续附表 2-3-9

序号	工作任务	教学内容	载体	教学标准		教学活动设计	重点和难点
				技能标准	知识标准		
3	现有物流客户维系	现有物流客户归类；不同种类现有客户采取不同方法维系	学生分角色扮演物流企业及其客户	利用 ABC 等方法对现有客户的准确归类；不同种类客户的维系方法	ABC 等分类方法、维系客户的常用方法	任务训练岗位培养	准确界定客户
4	目标物流客户选择与开发	广义客户群、目标客户群选定、目标客户群开发	学生分角色扮演物流企业及其客户	目标客户选择和评价的方法，目标客户开发的方法和流程	广义客户群、目标客户	任务训练岗位培养	准确界定目标客户
5	物流客户信息管理	物流客户信息管理的含义与内容；调查信息、建立电子档案、维护客户信息数据库	实训室多媒体设备	调研物流客户信息；建立电子化客户信息档案；日常维护客户信息数据库	物流客户信息管理的含义与内容	任务训练岗位培养	客户信息电子化
6	物流客户管理绩效评价	物流客户价值衡量准则与方法；衡量标准和过程；测量和管理方法	实训室多媒体设备	可以对物流客户价值进行衡量和管理	物流客户价值；绩效评价方法	任务训练岗位培养	绩效评价方法
7	仓储客户开发与管理	仓储客户特点、仓储客户开发的关键与方法	学生分角色扮演物流企业及其客户	针对仓储客户特点，进行有效客户开发	仓储客户特点	任务训练岗位培养	仓储客户开发方法
8	运输客户开发与管理	运输客户特点、运输客户开发的关键与方法	学生分角色扮演物流企业及其客户	针对运输客户特点，进行有效客户开发	运输客户特点	任务训练岗位培养	运输客户开发方法
9	综合型物流客户开发与管理	综合型物流客户特点、综合型物流客户开发的关键与方法	学生分角色扮演物流企业及其客户	针对综合型物流客户特点，进行有效客户开发	综合型客户特点	任务训练岗位培养	综合型客户开发方法

(二)课程内容及学时安排(附表 2-3-10)

学习方式学时分配:集中授课 36 课时、任务训练 36 课时、岗位培养 36 课时。

附表 2-3-10　课程内容及学时安排

项目编号	工作任务	任务训练	集中授课	岗位培养
1	认识物流客户管理	2	2	2
2	提高物流客户满意度	4	4	4
3	现有物流客户维系	4	4	4
4	目标物流客户选定与开发	4	4	4
5	物流客户信息管理	4	4	4
6	物流客户管理绩效评价	4	4	4
7	仓储客户开发与管理	6	6	6
8	运输客户开发与管理	4	6	6
9	综合型物流客户开发与管理	4	2	2
总计		36	36	36

(三)企业实践课程

课程根据客服岗位任务,增加客户满意度调查、客户维系、仓储客户开发、运输客户开发等专题内容。

八、资源开发与利用

(一)教材编写与使用

教材:《物流客户管理》,杨永杰主编,中国劳动社会保障出版社,2006。

参考书:

(1)《现代物流客户关系管理实务(第 2 版)》,王淑娟、白佳、李大午主编,清华大学出版社,2016。

(2)《物流客户关系管理》,田雪主编,中国财富出版社,2013。

(二)数字化资源开发与利用

校企共同开发和利用网络教学平台及网络课程资源。课堂教学课件、操作培训视频、实训软件、考核标准、任务训练等教学资源，利用现代学徒制在线学习平台，由学校和企业发布，学徒采取线上、线下学习相结合的方式，更灵活地完成课程的学习任务。导师也可以发布非课程任务的辅导材料，用于学徒碎片化学习阅读，拓展相关知识点。利用现代学徒制在线交流互动平台或微信、邮箱等工具，学徒和导师之间进行在线交流。

（三）企业岗位培养资源的开发与利用

本课程将利用物美集团物流中心的相关业务资料组织课程实训，并在实际岗位中采用课堂所学方法进行物流客户满意度提升、绩效评价、开发新客户等业务实训。

九、教学建议

现场教学、在岗学习是实现物流管理专业人才培养模式的主要教学方式。本课程在教学过程中根据工作任务来设计教学流程，分为信息、计划、决策、实施、控制和评估六个步骤。教师为每一个工作流程准备相应的教学情境，同时发放工作任务单让学生了解工作过程。

在教学过程中，教师通过在学校实训基地和企业实训基地的现场教学，培养学生本课程的专项技能。学生通过在北京市物美集团等合作企业进行在岗学习，培养各岗位的专项技能和综合技能。学习课堂变为操作现场，学生变成操作工人，拿着粉笔的教师变成拿着工具的师傅。学生的收获不仅是考试分数，更重要的是掌握了多种操作技能、磨炼了吃苦耐劳的意志品质、获得了人生的感悟，实现了环境转换、角色转换、学习成果转换。教学过程强调"做中学"，注重对物流专业技能、综合技能的掌握与提高。教师要着重教给学生学习的方法，包括自学方法、实践方法、调查方法等，旨在全面提高学生的职业岗位综合素质。

十、课程实施条件

1. 师资条件

任课教师必须具有高尚的人格和良好的职业道德，还需要具有坚实的理论基础和丰富的实践操作能力，能够讲解相关技术和知识，并解决上课过程中存在的问题。任课教师需要能够围绕物流管理专业人才培养模式建设，通过与物美集团校企合作的方式，构建基于企业典型工作任务的课程体系。教师通过挂职服务、企业实践、产学研合作和校企互聘等方式，了解企业运营中存在的实际问题，能在同类专业中具有引领作用，在课程建设、企业实训等方面，在同类院校具有引领示范作用。完善企业导师选拔、培养、考核、激励制度等，为现代学徒制培养“德技双施”、具有绝技绝艺的技术技能型企业导师。

2.学校教学起始条件

为保证物流客户管理教学，本课程需要有一个校内实训室，学生能够分角色开展学习，并根据本课程教学内容能够提供大部分的实际教学情境。实训室提供网络、计算机软硬件等设备设施，供学生操作，基本满足上课要求。

3.合作企业真实实训环境起始条件

为保证专业教学，企业积极改善环境，为学徒制营造“生产环境的任务式培养模式”，学生能够在企业同时进行操作训练，并根据本课程教学内容能够提供大部分的实际教学情境，基本条件要满足课程实训要求。合作企业导师需要具有较高的思想品德，专业素养高，能够为学生讲解相关实际操作，建立“企业为主、学院参与、共建双赢”的管理运行机制，实现现代学徒制校企双方的深度结合。

十一、教学评价

本课程按照现代学徒制要求，由学校教师和企业师傅共同对学生进行考核。考核采用百分制。成绩考核＝笔试(30％)＋岗位培养(50％)＋任务考核(20％)。

企业岗位评价将根据学生在实际岗位操作过程中完成任务成果的质量、在岗期间的工作态度、操作熟练程度等方面由企业导师和学院导师分别进行评价。

工商企业管理专业核心课程标准

农业设备市场调查与分析课程标准

一、课程基本信息

课程学时	108	课程类别	专业核心课
课程类型	专业技术技能课程	课程性质	必修课
修读学期	第 4、5 学期	适用专业	工商企业管理专业
合作开发企业	农芯科技(北京)有限责任公司		
执笔人	王绍飞	审核人	

二、课程定位与设计思路

(一)课程定位

工商企业管理专业(现代学徒制)设置有市场推广模块,农业设备市场调查与分析在该模块中占重要地位。农业设备市场调查与分析定位于农业设备的市场推广调查分析和策略制定。在激烈的市场竞争中,企业进行农业设备的市场推广时必须要掌握农业设备的市场调查与分析的基本理论,为了在变幻莫测的市场中制定相应的推广策略,必须熟练掌握良好的调查与分析技能。

(二)设计思路

本课程根据工商企业管理专业(现代学徒制)的课程要求,结合农芯科技(北京)有限责任公司市场推广、产品销售相关岗位的工作内容、业务流程和工作规范,设置了分析市场调查资料、编写市场调查报告、组织实施市场调查、培训调查人员队伍、选择市场调查方法、制定市场调查方案等任务,从而使学生全面掌握农业设备市场调查与分析的核心技能。

三、课程教学目标

(一)知识目标

(1)掌握市场调查的内容、范围及确定对象的基本方法。

(2)掌握农业设备市场调查与分析的信息渠道及收集方法。

(3)掌握农业设备市场调查与分析的调查技术的使用和选择。

(4)掌握调查报告的编写规范和内容结构。

(二)能力目标

(1)使学生系统地了解市场调查与预测的知识体系与研究方法。

(2)使学生树立市场推广的基本理念。

(3)使学生具有能够根据具体任务和条件从事一般市场推广问题的市场调查能力。

(4)使学生能够初步完成有关案例的市场调查活动,解决市场调查工作中发生的实际问题。

(5)使学生具备良好的语言表达能力及处理人际关系的能力。

(三)素质目标

通过实践、实训为主导的教学与操作,学生能培养诚实守信的品质,提高团队合作的能力,形成坚忍不拔的毅力,具有时时创新的意识,成为综合素质较高的高等职业学院毕业生。

四、参考学时与学分

该课程参考学时为108学时,其中,集中授课36学时,岗位培养36学时,任务训练36学时;参考学分6学分。

五、课程结构(附表 2-3-11)

附表 2-3-11　教学内容安排一览表

序号	学习任务(单元、模块)	对接典型工作任务及职业能力要求	知识、技能、态度要求	教学活动设计	学时
1	农芯公司的产品认知	1. 农业设备的原理和相关知识 2. 植保机的原理、功能、特点	1. 能够初步介绍一般常用的农业设备 2. 对植保机进行介绍	岗位培养	16
2	制定市场调查方案	1. 市场推广的相关知识 2. 市场调查方案的内容和结构	1. 初步运用与决策者沟通的方法 2. 科学确定市场调查目标	集中授课 任务训练	16
3	选择市场调查方法	1. 市场调查的相关方法 2. 问卷的相关知识 3. 抽样理论知识	1. 学会资料收集的方法 2. 能设计简单试验调查方案 3. 能设计问卷 4. 能进行抽样调查的操作 5. 学会调查问卷的设计和编排	岗位培养 任务训练	16
4	培训调查人员队伍	调查项目知识	1. 培训市场调查人员的特点 2. 调查项目的内容和要点	集中授课 任务训练	16
5	组织实施市场调查	1. 调查项目的实施过程 2. 调查过程中的技术和技巧知识	1. 能运用观察记录技术简单进行观察 2. 能顺利进行街头拦截访问 3. 学会管理控制市场调查人员	岗位培养 任务训练	16
6	分析市场调查资料	1. 数据审核、整理、录入、制作图表 2. 数据分析原理和方法	1. 会进行问卷登记、审核与分组 2. 识记编码和录入数据的要点 3. 学会列示市场调查资料 4. 识记定性分析的操作要领 5. 会对数据进行简单描述分析	集中授课 任务训练	16
7	编写市场调查报告	调查报告的内容和结构	1. 体会调查报告的作用 2. 学会市场调查报告的编写	集中授课 任务训练	12

六、实施建议

(一)师资队伍

本课程的教学团队由专业教师、企业师傅共同组成,具体人员见附表 2-3-12。

附表 2-3-12　本课程教学团队

姓名	工作单位	职务/职称	教学职责	专业领域
王绍飞	北京农业职业学院	副教授	理论教学	市场调查
张云鹤	农芯科技(北京)有限责任公司	副研究员	技能指导	农业机械化工程

(二)教材及相关资源

(1)教材:高职高专教材,如《市场调查与分析》《市场调查实训》等。

(2)项目资料:由合作企业提供项目及相关资料。

(3)校内实训条件:工商管理实训室、市场营销实训室、图书馆。

(4)校外工作环境:合作企业、实际项目涉及的调查场所和对象。

(三)教学组织模式

教学组织由学校教师、企业师傅、学生(徒弟),以及农业设备的市场调查中涉及的市场对象来实施。

教学组织按照以下流程进行:

(1)根据企业要求下达调查项目;

(2)教师进行理论知识教学;

(3)师傅进行实际操作的指导;

(4)学生进行实际操作;

(5)学生对知识和技能进行总结;

(6)教师和师傅对学生进行评定。

(四)教学方法与手段

教学过程遵循现代学徒制的基本要求,教师和师傅相互配合,以学生为主体,面对企业的真实项目和工作环境进行教学。通过实际操作,教师和师傅在模拟的教学环境中,启发诱导学生的创造性。学生通过对学习资源的主动应用,在完成调查任务过程中掌握相关的知识、技能。

(五)教学考核与评价

本课程按照现代学徒制要求,由学校教师和企业师傅共同对学生进行考核。考核采用百分制。成绩考核=笔试(30%)+岗位培养(50%)+任务考核(20%)。

(六)其他说明

(1)标准在教学过程应根据实际情况进行修订。

(2)教材的选用应不断调整,选用最新、最优秀的教材。

(3)根据学生和合作企业情况,教师可以适当地调整教学内容及难度。

客户关系管理课程标准

一、课程基本信息

课程学时	108	课程类别	专业核心课
课程类型	专业技术技能课	课程性质	必修课
修读学期	第 4、5 学期	适用专业	工商企业管理专业
合作开发企业	农芯科技(北京)有限责任公司、北京必胜客比萨饼有限公司		
执笔人	汪海燕	审核人	

二、课程定位与设计思路

(一)课程定位

客户关系管理是工商企业管理专业开设的一门专业核心课程。本课程主要培养企业销售部、市场部需要的开发和维护客户的服务和管理人员。通过本课程的学习,学生能结合服务行业企业在顾客关系管理过程中运用到的策略和方法,利用自己学习到的本课程的相关知识,对客户进行开发和维护,提高企业在激烈竞争的市场环境中求生存、求发展的能力,具备解决实际问题的能力,自主学习和创新的能力,以及团队合作精神和创新精神。前修课程有公共关系实务、礼仪与沟通技巧、服务行业企业认知。

(二)设计思路

本课程通过职业分析,归纳出客户关系管理的多个典型工作任务,再通过教学分析,将典型工作任务转化为教学内容。教学内容以工作过程为载体构建项目,主要通过各岗位企业切身实践和师傅教授等训练手段,使学生在岗位实践中,在综合运用前期专业知识的基础上,掌握客户开发和维护的知识点和能力要求,为学生走上工作岗位打下知识基础和能力基础。

三、课程目标

本课程以职业岗位需求为依据确定知识目标、能力目标和素质目标。

(一)知识目标

(1)了解客户分类的方法。

(2)了解识别潜在客户、关键客户的方法。

(3)了解客户的需求心理和兴趣喜好。

(4)掌握与不同客户的沟通方式和沟通技巧。

(5)掌握处理与客户异议的步骤与技巧。

(6)熟悉客户维护的步骤和方法、技巧。

(7)掌握处理客人投诉的步骤和技巧。

(二)能力目标

(1)能够与客人进行良好的沟通。

(2)能够结合客户需求与实际情况,提供可行性建议。

(3)能够针对不同客户提供个性化的服务。

(4)能够为客人提供定制化的产品。

(5)具有察言观色和处理突发事件的能力。

(三)素质目标

(1)有良好的服务意识和良好的职业道德。

(2)具备团结协作和乐于奉献的精神。

(3)有爱岗敬业的职业精神。

四、参考学时与学分

该课程参考学时为108学时,其中,集中授课54学时,任务训练10学时,岗位学习44学时;参考学分为6学分。

五、课程结构(附表2-3-13)

附表 2-3-13　课程结构

序号	学习任务(单元、模块)	对接典型工作任务及职业能力要求	知识、技能、态度要求	教学活动设计	学时
1	了解服务行业客户分类的方法	工作任务： 1.进行客户的概况分析 2.进行客户的心理类型分析 3.进行客户的喜好分析 职业能力要求： 具有心理学的相关知识，具有市场营销的相关知识，具有一定的沟通能力和协调能力，具有一定的归纳总结的能力	1.了解客户的类型 2.掌握客户的心理 3.具备一定的语言沟通能力 4.懂得使用各种礼仪	集中授课 岗位培养	30
2	销售部/运营部/市场部一线岗位的客户管理知识	工作任务： 1.熟悉一般企业客户管理的工作流程 2.清楚农芯科技市场部和必胜客运营部一线工作的岗位工作任务和工作内容 职业能力要求： 能够适应复杂的工作情境，能够有较强的心理承受能力和处理突发事件的能力，具备客户管理的相关知识，具有一定的语言沟通技巧，具备较强的沟通能力和协调能力	1.了解农芯科技和必胜客对客服务岗位的相关知识 2.了解客户意图、需求、消费心理，并精准推介产品 3.掌握基本服务用语及接待服务流程 4.掌握基本的危机处理能力(突发事件处理、投诉等)	集中授课 岗位培养	30
3	客户关系的维护	工作任务： 1.制定客户满意度调查方案、计划，设计客户满意度调查问卷，进行客户满意度调查 2.在各个一线岗位对客人进行接待服务工作 3.在岗位做好对客户的售前、售中、售后的服务内容 4.处理客人的投诉 职业能力要求： 具备撰写报告的相关能力，具备良好的服务意识和服务心态，具备良好的语言沟通能力，具备较强的团结合作精神，具备一定的临场应变能力	1.掌握售前、售中、售后的服务技巧 2.掌握开发新客户的方法(老带新，深度挖掘客户资源等) 3.具备主动留档意识(客户信息、购买记录)，做好后期跟进维护 4.根据 VIP 接待标准准备 VIP 接待工作及安排 5.能主动跟进 VIP 服务(确保满意度) 6.能够自主设计完成客户满意度调查问卷 7.能够完成客人的接待服务任务 8.能处理客人的投诉	集中授课 岗位培养 任务训练	48
合计					108

六、实施建议

(一)师资队伍

本课程以“现代学徒制”的理念为指导,由学校导师与企业导师共同授课。

(1)学校导师:具有双师资格、熟悉高职教育规律、具备课程开发的能力和从事工作过程分析的能力、具有良好的职业和个人素养。

(2)企业导师:具有非常丰富的实践经验、教学效果好、具有很强的指导和解决学生在学习中出现问题的能力。

(二)教材及相关资源

教材:《客户关系管理》,强南囡主编,西南财经大学出版社,2013。该教材的编写按照理论联系实际,在理论和技能知识点的安排上遵循案例导入、知识点讲解、情景模拟和实训设计的思路,符合本门课程的教学目标,使学生通过案例、情景模拟等逐步提高职业能力,同时具有可操作性。

本课程充分利用相关教辅材料、多媒体课件、微课、数字图书馆、教育网站等信息资源,不断提高教学资源的种类及针对性。

(三)教学组织模式

本课程以市场部/销售部/运营部与客户服务相关的典型工作任务为驱动,以“现代学徒制”的培养模式为指导,由企业导师与学校导师共同合作教学。整个教学过程以学生为主体,采用集中授课、任务训练、岗位培养相结合的形式,突出培养学生的实践能力和职业岗位能力,是融教、学、做于一体的教学模式。

(四)教学方法与手段

为体现课程教学“教、学、做合一”“现代学徒制”的原则,本课程在不同教学阶段采用相应的任务驱动、合作企业实践、小组活动、信息化等多种教学方法,引导学生积极思考,在学习中工作,在工作中学习,培养学生良好的职业素养与较强的职业能力,提高教学效果。

体现本课程特色的 4 种主要的教学方法如下:

1.任务驱动教学法

首先,教师根据课程内容设计工作任务,进行目标陈述、知识点讲解,然后做出示范;其次,学生根据任务实际工作过程所需技能的操作方法和规范要求进行学习和训练;最后,师生交流总结。

该教学法充分体现了“教、学、做合一”的职业教育理念,有利于培养学生的知识应用能力和动手能力。

2.合作企业实践教学法

学生在校外合作企业进行真实职场环境下的正式角色化训练。学生按合作企业员工的岗位要求,由企业导师按照“师傅带徒弟”的模式进行岗位培养。实践中培养学生的专业操作技能,锻炼其竞争意识、抗压意识、专业素养。

3.小组活动教学法

教师设计实训项目,如必胜客/农芯科技客户群体分析、客户互动活动设计、客户满意度问卷设计等,由学生分组完成。首先,小组围绕任务上相关网站收集资料,结合企业实践进行具体项目操作,通过小组讨论发现问题并分析问题产生的原因,撰写研究报告并提出合理化建议;然后,各组选派代表上台主讲,回答教师和同学的发问;最后,学生和教师进行点评与总结。

在小组活动中,学生通过小组项目实践、项目演讲等活动共同完成任务。这有利于调动学生的学习积极性,发展学生个性,互相取长补短,培养学生的团队精神和创新精神。

4.信息化教学技术的应用

教师通过教学课件、微课、客户关系管理系统模拟操作及其他网络学习资料来介绍课程研究对象及内容,激发学生学习兴趣,提高课程的教学效果和效率。

(五)教学考核与评价

本课程创新考核体系,坚持考核内容综合化、考核标准职业化、考核方式多样化、考核时间全程化、评价主体多元化,充分调动学生学习探索的积极性与主动性。课程大力推广项目教学、合作企业现场教学,以真实任务驱动、实际项目主导,使教学互动贯穿于教学的每一环节，教学评价渗透在学习的每一单元。

本课程考核采用百分制。成绩考核＝笔试（30％）＋岗位培养（40％）＋任务考核（30％）。

（六）其他说明

（1）标准在教学过程应根据实际情况进行修订。

（2）教材的选用应不断调整，选用最新、最优秀的教材。

（3）根据学生和合作企业情况，教师可以适当地调整教学内容及难度。

商务管理实务课程标准

一、课程基本信息

课程学时	108	课程类别	专业核心课
课程类型	专业技术技能课程	课程性质	必修课
修读学期	第4、6学期	适用专业	工商企业管理专业
合作开发企业	农芯科技（北京）有限责任公司		
执笔人	车红莉	审核人	

二、课程定位与设计思路

（一）课程定位

商务管理实务是工商企业管理专业的一门专业核心课。该课程以社会需求为基础，以职业技能为核心，以就业岗位为目标，旨在提升工商企业管理专业学生的职业素质和商务管理岗位技能，增强毕业生就业竞争力，促进和扩大学生就业。

（二）设计思路

本课程以“现代学徒制的理念”为指导，与农芯科技（北京）有限责任公司基于企业的人才需求以及岗位素养与能力要求，共同进行工作任务、工作过程和职业能力分析,并以此为依据确定本课程的学习任务,开发设计教学和训练项目。

(1)以职业岗位需求为依据,确定课程目标。

(2)以职业能力为依据、以工作任务为线索确定课程内容。

(3)以典型任务为载体,围绕任务的解决设计教学活动。

(4)根据教学内容和学生特点,选择相应的教学手段和方法。

(5)根据本课程特点和职场岗位的要求,设计课程考核标准和考核方式。

三、课程目标

本课程以职业岗位需求为依据确定知识目标、能力目标和素质目标。

(一)知识目标

(1)掌握商务活动的组织。

(2)掌握招投标的流程。

(3)掌握商务文件、合同的管理。

(二)能力目标

(1)能参与投标活动。

(2)能做好文件、合同的管理工作。

(3)能进行商务活动的组织。

(三)素质目标

学生通过了解和学习职业岗位技能,培养其就业所需的职业素质,能够处理企业商务活动事务,规范商务流程,组织策划、执行管理企业常见的商务活动。

四、参考学时与学分

本课程参考学时为 108 学时,其中,集中授课 54 学时,岗位学习 54 学时;参考学分为 6 学分。

五、课程结构(附表 2-3-14)

附表 2-3-14　课程结构

序号	学习任务(单元、模块)	对接典型工作任务及职业能力要求	知识、技能、态度要求	教学活动设计	学时
1	商务活动的组织	工作任务： 1.制定商务活动方案 2.与其他部门的协调工作 3.活动的组织和实施 职业能力要求： 具有活动策划的相关知识,具有一定的沟通能力和协调能力,具有一定的计划、组织、指挥、协调、控制能力	1.了解商务活动的类型 2.掌握商务活动方案的撰写 3.具备一定的语言沟通能力 4.懂得使用各种礼仪	集中授课 岗位培养	30
2	文件、合同管理	工作任务： 1.清楚商务合同的分类和结构 2.审核合同内容 3.熟知《中华人民共和国合同法》相关内容 4.文件、合同归档 职业能力要求： 具备一定的法律基础知识,具有一定的文档归档技巧,能对商务合同进行审核和归档	1.具备一定的语言文字功底 2.具备一定的法律知识 3.掌握商务合同的撰写格式 4.协调各部门及时完成相关文件的流程审核和盖章	集中授课 岗位培养	30
3	投标文件制作	工作任务： 1.熟悉投标流程 2.购买标书 3.熟悉投标文件内容构成 4.撰写投标书 职业能力要求： 具备撰写投标书的相关能力,具备良好的服务意识和服务心态,具备良好的语言沟通能力,具备较强的团结合作精神,具备一定的临场应变能力	1.了解投标流程 2.能及时掌握客户招标信息 3.具备良好的口头与书面表达能力 4.能制作投标文件 5.具有自主学习的能力	集中授课 岗位培养	48
合计					108

六、实施建议

(一)师资队伍

本课程以“现代学徒制”的理念为指导,由学校导师与企业导师共同授课。

(1)学校导师:具有双师资格、熟悉高职教育规律、具备课程开发的能力和从事工作过程分析的能力、具有良好的职业和个人素养。

(2)企业导师:具有非常丰富的实践经验、教学效果好、具有很强的指导和解决学生在学习中出现问题的能力。

(二)教材及相关资源

教材:《商务管理职业岗位技能培训教程》,《商务管理职业岗位技能培训教程》编写组,中国商业出版社,2013。

(三)教学组织模式

本课程以企事业单位营销经理、市场经理、企划经理、项目经理、商务公关、招商主管、运营主管工作任务为驱动,以“现代学徒制”的培养模式为指导,由企业导师与学校导师共同合作教学。整个教学过程以学生为主体,由集中授课与岗位培养相结合,突出培养学生的实践能力和职业岗位能力,是融教、学、做于一体的教学模式。

(四)教学方法与手段

本课程采取线下讲授与远程线上培训相结合的方式,灵活运用讲授法、视频法、小组讨论法、情景模拟法、研讨法、辩论法、角色表演法等多种形式,采用技能知识讲授与实训实操相结合的方式,帮助学生快速掌握相关的职业知识和岗位技能,提升自身实操能力。

(五)教学考核与评价

本课程创新考核体系,坚持考核内容综合化、考核标准职业化、考核方式多样化、考核时间全程化、评价主体多元化,充分调动学生学习探索的积极性与主动性。课程大力推广项目教学、合作企业现场教学,以真实任务驱动、实际项目主导,使教学互动贯穿于教学的每一环节,教学评价渗透在学习的每一单元。

本课程考核采用百分制。成绩考核=笔试(40%)+岗位培养(60%)。

(六)其他说明

(1)标准在教学过程中应根据实际情况进行修订。

(2)教材的选用应不断调整,选用最新、最优秀的教材。

(3)根据学生和合作企业情况,教师可以适当地调整教学内容及难度。

人力资源管理课程标准

一、课程基本信息

课程学时	108	课程类别	专业核心课
课程类型	专业技术技能课程	课程性质	必修课
修读学期	第3、5学期	适用专业	工商企业管理专业
合作开发企业	北京必胜客比萨饼有限公司		
执笔人	关晓飞	审核人	

二、课程定位与设计思路

(一)课程定位

人力资源管理是管理学学科门类下工商企业管理专业的专业核心课，也可作为其他相关学科的公共课程。

(二)设计思路

本课程以“现代学徒制的理念”为指导，与北京必胜客比萨饼有限公司合作，共同进行工作任务、工作过程和职业能力分析，并以此为依据确定本课程的学习任务，开发设计教学和训练项目。

(1)以岗位需求为依据，确定课程目标。

(2)以工作任务及职业能力为依据，确定课程内容。

(3)以典型任务为载体，围绕任务的解决设计教学活动。

(4)根据教学内容和学生特点，选择相应的教学手段和方法。

(5)根据本课程特点和职场岗位的要求，设计课程考核标准和考核方式。

三、课程目标

本课程以岗位需求为依据确定知识目标、能力目标和素质目标。

(一)知识目标

了解人力资源管理及人力资源管理战略相关概念及内容，掌握工作分析、人力资源规划、招聘与配置、培训开发、薪酬管理、绩效管理、劳动关系管理几大模块的相关知识。

（二）能力目标

能够胜任人力资源管理岗相关工作，包括：工作分析专员、规划专员、招聘专员、培训专员、绩效管理专员、薪酬管理专员、劳动关系专员。

（三）素质目标

将学生培养成为一专多能、又红又专的技能型管理人才。学生不但能够胜任工作，还热爱祖国、关心他人，能够团结同事、乐于助人，并具有中华民族的传统美德。

四、参考学时与学分

本课程参考学时为 108 学时，其中，集中授课 36 学时，岗位培养 54 学时，任务训练 18 学时；参考学分为 6 学分。

五、课程结构（附表 2-3-15）

附表 2-3-15 课程结构

序号	学习任务（单元、模块）	对接典型工作任务及职业能力要求	知识、技能、态度要求	教学活动设计	学时
1	对必胜客门店岗位进行分析	工作任务： 1. 收集必胜客岗位信息 2. 选择合适的分析方法 3. 撰写工作说明书 职业能力要求： 掌握工作分析的不同方法； 撰写岗位说明书	1. 熟悉必胜客店面人员结构，了解不同岗位的工作性质 2. 掌握必胜客企业结构图，弄清其逻辑关系 3. 采用观察法、访谈法等有效方法对相关岗位进行分析 4. 整理分析资料，总结调研成果 5. 根据分析结果撰写工作说明书	集中授课 任务训练 岗位培养	18

续附表 2-3-15

序号	学习任务(单元、模块)	对接典型工作任务及职业能力要求	知识、技能、态度要求	教学活动设计	学时
2	协助必胜客门店店长进行人员需求、招聘、培训分析,并处理相应人事关系	工作任务: 1. 对门店人员需求供给进行分析 2. 协助店长招聘培训新员工 3. 协助店长处理人事劳动关系 职业能力要求: 掌握人员需求供给预测方法; 掌握新员工招聘培训方法; 掌握劳动人事关系处理相关法律法规及处理程序	1. 预测必胜客门店总体人员需求及供给情况 2. 对供给及需求差额进行比对,制订合理的员工调配、升降、招聘、解聘计划 3. 依据相关法律处理不同员工关系变动需求	集中授课 任务训练 岗位培养	58
3	协助必胜客店长进行员工的薪酬管理和绩效管理	工作任务: 1. 薪酬管理 2. 绩效管理 职业能力要求: 掌握薪酬设计的不同方法; 掌握绩效管理的不同方法	1. 为门店不同岗位设计合理的薪酬结构 2. 根据不同的岗位设计不同的绩效考评方法 3. 根据工作实际反馈结果对薪酬结构和考评体系进行调整 4. 设计员工满意的福利体系	集中授课 任务训练 岗位培养	32
合计					108

六、实施建议

(一)师资队伍

本课程以“现代学徒制”的理念为指导,由学校导师与企业导师共同授课。

(1)学校导师:具有双师资格、熟悉高职教育规律、具备课程开发的能力和从事工作过程分析的能力、具有良好的职业和个人素养。

(2)企业导师:具有非常丰富的实践经验、教学效果好、具有很强的指导和解决学生在学习中出现问题的能力。

工商企业管理专业有副教授 3 名、讲师 4 名,校外讲师若干,合作企业若干。

(二)教材及相关资源

教材:《人力资源管理》,李兴军、徐文胜主编,中国人民大学出版社,2017。另外，随着时间的推移，我们所用教材都为近 3 年出版的高职教育教材。校图书馆及其电子阅览室拥有丰富的藏书，还引进了“百度云”等多家电子图书及电子资源，供大家免费查阅及下载学习。

(三)教学组织模式

课程以“现代学徒制”的培养模式为指导，“专任教师＋校外名师＋企业导师”的教学组织模式，真正做到了理实一体化，工学相结合。专任教师由校内老师担任；校外名师方面，请知名专家学者结合教学及行业实际情况，入校讲解新兴行业知识及相关领域发展状况；企业导师方面，结合北京必胜客比萨饼有限公司，请企业导师及人力资源管理专员为学生进行实际工作中人力资源相关工作的指导。

(四)教学方法与手段

本课程采用课堂知识传授、案例分析教学、软件模拟人力资源管理对抗实践教学、工作实践培养与企业导师引导相结合的教学方法，结合多媒体教学、信息化教学、职教云教学等高科技手段，提高教学效果。在知识型内容教学中，校内教师结合学生动手能力，让位于学生，让学生主导课堂，教师只负责设计、引导、点评，使学生所学知识更加深刻牢固。在与企业导师共同培养学生环节，校内教师加强与企业相关导师的联系，实时分析学生学习效果，改进并提升教学及实践效果。

(五)教学考核与评价

本课程以职业教育现代学徒制培养模式为指导，进行考核与评价方式的创新。课程实行学校考核评价与企业考核评价相结合的多主体考核评价方式，并突出企业考核评价的特点，以任务为导向，以结果为准绳，对学生的实际工作能力和解决问题的能力进行综合评价。

考核采用百分制。成绩考核＝笔试(20％)＋岗位培养(50％)＋任务考核(30％)。

1.笔试(20％)

期末综合能力闭卷考试，旨在要求学生掌握必备的理论知识和模拟分析解决企业中实际存在的问题的能力。

2. 岗位培养(50%)

企业导师根据学生在合作企业实习的态度、出勤情况、技能的掌握情况、任务的完成情况进行考核。满分为100分,其中实习的态度和考勤所占比重为20%,技能的掌握情况、任务完成的质量(能力)所占比重为60%,学生自我总结与评价表述(知识)所占比重为20%。

3. 任务考核(30%)

考核学生考勤及课堂表现和训练任务完成情况。平时课堂表现和训练任务完成情况以案例讨论、实际训练任务完成能力为主,旨在培养学生学以致用的能力。

(六)其他说明

(1)标准在实际教学过程中由于客观条件的差异,可进行微调。

(2)教材的选用应根据不同工作任务要求,本着选用最新、最优秀教材的标准,可以进行调整。

(3)根据学生和合作企业情况,教师可以适当地调整教学内容及难度。

市场营销课程标准

一、课程基本信息

课程学时	90	课程类别	专业核心课
课程类型	专业技术技能课程	课程性质	必修课
修读学期	第2、4学期	适用专业	工商企业管理专业
合作开发企业	北京必胜客比萨饼有限公司		
执笔人	汪海燕	审核人	

二、课程定位与设计思路

(一)课程定位

市场营销是工商企业管理专业的专业核心课,是一门实践性和理论性相结合的应用性学科。该课程旨在培养学生进行市场细分与目标市场定位、制定营销策略、撰写策划书等，从而使学生具备从事市场营销及企业管理的基本职业能力，形成良好的职业素养。

(二)设计思路

本课程以“现代学徒制的理念”为指导，与北京必胜客比萨饼有限公司基于企业的人才需求以及岗位素养与能力要求，共同进行工作任务、工作过程和职业能力分析，并以此为依据确定本课程的学习任务，开发设计教学和训练项目。

(1)以职业岗位需求为依据，确定课程目标。

(2)以职业能力为依据、以工作任务为线索确定课程内容。

(3)以典型任务为载体，围绕任务的解决设计教学活动。

(4)根据教学内容和学生特点，选择相应的教学手段和方法。

(5)根据本课程特点和职场岗位的要求，设计课程考核标准和考核方式。

三、课程目标

本课程以职业岗位需求为依据确定知识目标、能力目标和素质目标。

(一)知识目标

(1)掌握市场与消费者的相关概念及特点；熟悉营销环境；了解营销宏观环境、营销微观环境。

(2)掌握调查方案设计要素；掌握调查问卷设计要求；熟悉组织调查实施要求。

(3)掌握细分市场要点；掌握目标市场选择；熟悉市场定位步骤。

(4)掌握产品开发依据、途径；了解产品组合优化方法；掌握产品定价方法。

(5)了解品牌创建要点；掌握品牌创建手段；了解包装创意。

(6)掌握营销渠道选择路径；了解营销渠道模式。

(7)掌握各促销手段的基本特点、选择依据；了解促销策略、促销手段分类。

(8)了解网络营销特点；掌握简单的网络营销方法。

(二)能力目标

(1)能根据实际任务，了解营销的基本要素和基本过程、企业的经营理念。

(2)能根据市场营销环境分析及营销战略的有关理论和市场信息的有关知识

组织商情调查，实施顾客调查，撰写调研报告。

(3)能从事市场细分、目标市场选择及市场定位工作。

(4)能运用一定的营销组合策略知识设计市场推广计划。

(5)能运用一定的推销技巧实施产品和服务的实战营销。

(三)素质目标

(1)具有良好的职业道德修养，遵守职业道德规范。

(2)具有物流管理的专业思想及爱岗敬业的精神。

(3)具有吃苦耐劳、积极进取和踏实肯干的工作作风。

(4)具有良好的人际交往能力和团队合作的精神。

(5)具有正确的就业观和一定的创业能力。

(6)具有实事求是、勇于创新、开拓进取、勇于创业的意识和能力。

四、参考学时与学分

该课程参考学时为 90 学时，其中，集中授课 36 学时，岗位培养 36 学时，任务训练 18 学时；参考学分为 5 学分。

五、课程结构(附表 2-3-16)

附表 2-3-16　课程结构

序号	学习任务(单元、模块)	对接典型工作任务及职业能力要求	知识、技能、态度要求	教学活动设计	学时
1	市场细分与目标市场定位	工作任务： 1.细分市场 2.寻找目标市场 职业能力要求： 具有市场分析的相关知识，具有基本的管理学、经济学的相关知识，具有一定的分析问题、解决问题的能力，具有一定的归纳总结和文字写作的能力	1.掌握市场细分的依据及方法 2.理解目标市场营销策略 3.掌握市场定位的方法 4.掌握常用的市场分析方法，对现有市场进行 SWOT 分析	集中授课 任务训练 岗位培养	24

续附表 2-3-16

序号	学习任务（单元、模块）	对接典型工作任务及职业能力要求	知识、技能、态度要求	教学活动设计	学时
2	制定营销策略	工作任务： 1. 推荐最优产品组合 2. 新产品定价 3. 营销渠道开发 职业能力要求： 具备相关行业定价的基本知识点，具有价格敏感度，具备良好的服务意识和服务心态，具备良好的语言沟通能力，具备较强的团结合作精神，具备一定的临场应变能力	1. 能用定价的原理，对企业现有的产品价格进行调整，对新产品进行定价 2. 掌握企业定价的基本方法和策略 3. 能用产品整体原理，分析评价企业现有产品组合，设计新产品组合 4. 理解所在行业的分销渠道的概念和结构 5. 能用渠道原理，为企业选择合适的中间商	集中授课 任务训练 岗位培养	36
3	撰写策划书	工作任务： 1. 促销策划书的撰写和实施 2. 熟悉企业的市场营销计划 3. 提供营销策划书模板 4. 撰写营销策划书 职业能力要求： 具备商务文件写作的相关知识，具备计划、组织、指挥、协调、控制等管理学的基本理论和知识，具备发现问题、分析原因、制定解决方案的能力	1. 能用促销组合原理，提供出简单的、具有可操作性的促销策划 2. 掌握所在行业的市场营销计划的主要内容 3. 熟悉企业的营销策划书模板与相关规定 4. 能编制营销策划书	集中授课 任务训练 岗位培养	30
合计					90

六、实施建议

（一）师资队伍

本课程以“现代学徒制”的理念为指导，由学校导师与企业导师共同授课。

（1）学校导师：具有双师资格、熟悉高职教育规律、具备课程开发的能力和从事工作过程分析的能力、具有良好的职业和个人素养。

(2)企业导师:具有非常丰富的实践经验、教学效果好、具有很强的指导和解决学生在学习中出现问题的能力。

(二)教材及相关资源

(1)《市场营销基础与案例分析》(高等职业教育"十三五"规划教材),孙建、胡海婧主编,中国轻工业出版社,2016。

(2)《市场营销学》,张云起主编,高等教育出版社,2018。

(3)《市场营销:原理与实践(第16版)》,菲利普·科特勒主编,中国人民大学出版社,2015。

本课程充分利用相关教辅材料、多媒体课件、微课、数字图书馆、教育网站等信息资源,不断提高教学资源的种类及针对性。

(三)教学组织模式

本课程以必胜客销售岗位工作任务为驱动,以"现代学徒制"的培养模式为指导,由企业导师与学校导师共同合作教学。整个教学过程以学生为主体,由学校学习和合作企业实习相结合,突出培养学生的实践能力和职业岗位能力,是融教、学、做于一体的教学模式。

(四)教学方法与手段

为体现课程教学"教、学、做合一""现代学徒制"的原则,本课程在不同教学阶段采用相应的任务驱动、合作企业实践、小组活动、信息化等多种教学方法,引导学生积极思考,在学习中工作,在工作中学习,培养学生良好的职业素养与较强的职业能力,提高教学效果。

体现本课程特色的4种主要的教学方法如下:

1.任务驱动教学法

首先,教师根据课程内容设计工作任务,进行目标陈述、知识点讲解,然后做出示范;其次,学生根据任务实际工作过程所需技能的操作方法和规范要求进行学习和训练;最后,师生交流总结。

该教学法充分体现了"教、学、做合一"的职业教育理念,有利于培养学生的知识应用能力和动手能力。

2.合作企业实践教学法

学生在校外合作企业进行真实职场环境下的正式角色化训练。学生按合作企业员工的岗位要求，由企业导师按照“师傅带徒弟”的模式，依据完成的营业额、岗位工作能力等指标以及实训报告进行实训考核。实践中培养学生的营销技能，锻炼其竞争意识、抗压意识、专业素养。

3.小组活动教学法

教师提出教学任务，如餐厅促销活动策划等，由学生分组完成。首先，小组围绕任务上相关网站收集资料，结合餐厅实践进行具体项目操作，通过小组讨论发现问题并分析问题产生的原因，撰写研究报告并提出合理化建议；然后，各组选派代表上台主讲，回答教师和同学的发问；最后，学生和教师进行点评与总结。

在小组活动中，学生通过小组项目实践、项目演讲等活动共同完成任务。这有利于调动学生的学习积极性，发展学生个性，互相取长补短，培养学生的团队精神和创新精神。

4.信息化教学技术的应用

本课程通过教学课件及其他网络学习资料来介绍课程研究对象及内容，激发学生学习兴趣，提高课程的教学效果和效率。

(五)教学考核与评价

本课程创新考核体系，坚持考核内容综合化、考核标准职业化、考核方式多样化、考核时间全程化、评价主体多元化，充分调动学生学习探索的积极性与主动性。课程大力推广项目教学、合作企业现场教学，以真实任务驱动、实际项目主导，使教学互动贯穿于教学的每一环节，教学评价渗透在学习的每一单元。

本课程考核采用百分制。成绩考核＝笔试(30％)＋岗位培养(50％)＋任务考核(20％)。

(六)其他说明

(1)标准在教学过程应根据实际情况进行修订。

(2)教材的选用应不断地调整，选用最新、最优秀的教材。

(3)根据学生和合作企业情况，本课程可以适当地调整教学内容及难度。

门店管理与经营课程标准

一、课程基本信息

课程学时	144	课程类别	专业核心课
课程类型	专业技术技能课程	课程性质	必修课
修读学期	第3、4学期	适用专业	工商企业管理专业
合作开发企业	北京必胜客比萨饼有限公司		
执笔人	车红莉	审核人	

二、课程定位与设计思路

（一）课程定位

门店管理与经营是工商企业管理专业的专业核心课，是一门实践性和理论性相结合的应用性学科。该课程旨在培养学生在连锁企业基层门店的现场作业、组织、协调及管理能力，培养学生发现问题、分析问题和解决问题的能力，为后续课程的学习和成为一名“连锁门店基层管理者”奠定良好的知识和技能基础，使学生形成良好的职业素养。

（二）设计思路

本课程以“现代学徒制的理念”为指导，与北京必胜客比萨饼有限公司基于企业的人才需求以及岗位素养与能力要求，共同进行工作任务、工作过程和职业能力分析，并以此为依据确定本课程的学习任务，开发设计教学和训练项目。

(1)以职业岗位需求为依据，确定课程目标。

(2)以职业能力为依据、以工作任务为线索确定课程内容。

(3)以典型任务为载体，围绕任务的解决设计教学活动。

(4)根据教学内容和学生特点，选择相应的教学手段和方法。

(5)根据本课程特点和职场岗位的要求，设计课程考核标准和考核方式。

三、课程目标

本课程以职业岗位需求为依据确定知识目标、能力目标和素质目标。

(一)知识目标

(1)学会连锁门店经营管理的基本知识。

(2)学会连锁门店日常管理、财务管理等的基本理论。

(3)学会连锁店面人员管理的基本理论。

(4)学会连锁顾客开发、维护的基本理论。

(5)学会门店销售技巧。

(6)学会连锁门店信息管理技术,包括连锁企业门店管理软件的使用。

(二)能力目标

(1)能进行连锁门店的日常管理工作。

(2)能进行人员的管理。

(3)能进行顾客的开发和维护管理。

(4)能进行连锁门店的成本核算。

(5)能完成连锁门店的销售业绩和提升。

(6)能进行连锁门店管理软件的操作。

(三)素质目标

(1)具有较强的团队建设能力和团队协作精神。

(2)具有较强的协调沟通能力。

(3)具有对新知识、新技能和新方式的学习能力和创新精神。

(4)具有较强的服务意识。

(5)具有较强的安全、质量和效率意识。

四、参考学时与学分

该课程参考学时为 144 学时,其中,集中授课 72 学时,岗位培养 36 学时,任务训练 36 学时;参考学分 8 学分。

五、课程结构(附表 2-3-17)

附表 2-3-17 课程结构

序号	学习任务(单元、模块)	对接典型工作任务及职业能力要求	知识、技能、态度要求	教学活动设计	学时
1	辅助必胜客店长工作	工作任务： 1.协助员工管理 2.协助员工培训 3.协助店面管理 职业能力要求： 具有人力资源管理的相关知,具有店面管理的相关知识,具有一定的沟通能力和协调能力,具有一定的归纳总结的能力	1.熟悉必胜客店面管理制度,并督导执行 2.协助店长收集了解员工的性格、爱好、员工基本情况等 3.协助处理员工矛盾,提高团队氛围 4.做好员工销售督导,执行监督员工日常管理,并及时请示汇报给店长 5.协助店长制订员工培训计划,并完成培训 6.督导员工完成各项工作任务,处理店面日常报销凭据、单据的填写与管理,辅助店长做好客户档案的记录,并督导员工定期维护客户,处理简单的客户投诉及客户服务	集中授课 任务训练 岗位培养	48
2	必胜客外围关系处理	工作任务： 关系处理 职业能力要求： 能够处理各种工作关系,具备较强的沟通能力和协调能力	1.掌握工商、消防、卫生防疫、食品、社区等工作的基本技巧 2.对于特殊情况上报请示,并对相关部门做出反馈	集中授课 任务训练 岗位培养	32

续附表 2-3-17

序号	学习任务(单元、模块)	对接典型工作任务及职业能力要求	知识、技能、态度要求	教学活动设计	学时
3	必胜客店面管理	工作任务: 1.员工管理 2.财务管理 3.销售规划与分解 4.门店盈利分析 职业能力要求: 具备销售管理、财务管理的相关知识,具备良好的服务意识和服务心态,具备良好的语言沟通能力,具备较强的团结合作精神,具备一定的临场应变能力	1.能够培训员工(业务指导、销售案例、晋升培训、接受考核) 2.能够了解员工心理变化并及时疏导 3.能够对员工进行日常管理(排班、考勤、纪律) 4.能够审核必胜客店面账目,进行发票管理,熟知对账流程 5.根据往年销售情况进行月份分解,根据员工能力等级分解销售任务 6.销售过程管控及趋势分析(心理引导、业务指导) 7.具备成本管控意识,能够定期统计数据、做好销售分析,制订下一步销售计划	集中授课 任务训练 岗位培养	64
合计					144

六、实施建议

(一)师资队伍

本课程以“现代学徒制”的理念为指导,由学校导师与企业导师共同授课。

(1)学校导师:具有双师资格、熟悉高职教育规律、具备课程开发的能力和从事工作过程分析的能力、具有良好的职业和个人素养。

(2)企业导师:具有非常丰富的实践经验、教学效果好、具有很强的指导和解决学生在学习中出现问题的能力。

(二)教材及相关资源

(1)《现代超市　连锁店　特许店国际标准化运营通用管理与成功案例典范》,胡钢主编,新华出版社,2003。

(2)《连锁门店运营管理》,郑昕、盛梅主编,机械工业出版社,2008。

(3)《连锁企业门店运营与管理》,曹泽洲主编,清华大学出版社,2008。

(4)《连锁超市经营管理》,窦志铭主编,中国财政经济出版社,2001。

(5)《连锁门店实训》,徐印州编著,北京大学出版社,2008。

(6)《连锁门店营运与管理实务》,陆影主编,东北财经大学出版社,2009。

(7)《连锁企业门店开发与设计》,王吉方主编,科学出版社,2008。

(8)《连锁企业门店营运与管理》,郑彦、卫海英主编,西安电子科技大学出版社,2015。

(9)《连锁经营管理与实践(第二版)》,郑彦、霍霞主编,西安电子科技大学出版社,2015。

(10)《培训游戏大全》,朵妮·泰百玲、莎丽·蔚丝著,企业管理出版社,2006。

(11)《商场现代化》杂志。

(12)《中国商贸》杂志。

(13)联商网:http://www.linkshop.com.cn/.

(14)中国连锁经营协会:http://www.ccfa.org.cn/index.jsp.

(15)超商网:http://www.ccsm.com.cn/.

(三)教学组织模式

本课程以必胜客门店营运岗位工作任务为驱动,以"现代学徒制"的培养模式为指导,由企业导师与学校导师共同合作教学。整个教学过程以学生为主体,由学校学习和合作企业实习相结合,突出培养学生的实践能力和职业岗位能力,是融教、学、做于一体的教学模式。

(四)教学方法与手段

为体现课程教学"教、学、做合一""现代学徒制"的原则,本课程在不同教学阶段采用相应的任务驱动、合作企业实践、小组活动、信息化等多种教学方法,引导学生积极思考,在学习中工作,在工作中学习,培养学生良好的职业素养与较强的职业能力,提高教学效果。

体现本课程特色的4种主要的教学方法如下:

1.任务驱动教学法

首先,教师根据课程内容设计工作任务,进行目标陈述、知识点讲解,然后做出示范;其次,学生根据任务实际工作过程所需技能的操作方法和规范要求进行学习和训练;最后,师生交流总结。

该教学法充分体现了"教、学、做合一"的职业教育理念,有利于培养学生的知识应用能力和动手能力。

2.合作企业实践教学法

学生在校外合作企业进行真实职场环境下的正式角色化训练。学生按合作企业员工的岗位要求，由企业导师按照“师傅带徒弟”的模式进行餐厅服务员、训练员、学习组长、餐厅助理等角色的练习，按完成的营业额、岗位工作能力等指标以及实训报告进行实训考核。实践中培养学生的门店操作技能，锻炼其竞争意识、抗压意识、专业素养。

3.小组活动教学法

教师提出教学任务，如餐厅产品配置表、餐厅顾客服务改善建议、餐厅促销活动策划等，由学生分组完成。首先，小组围绕任务上相关网站收集资料，结合餐厅实践进行具体项目操作，通过小组讨论发现问题并分析问题产生的原因，撰写研究报告并提出合理化建议；然后，各组选派代表上台主讲，回答教师和同学的发问；最后，学生和教师进行点评与总结。

在小组活动中，学生通过小组项目实践、项目演讲等活动共同完成任务，有利于调动学生的学习积极性，发展学生个性，互相取长补短，培养学生的团队精神和创新精神。

4.信息化教学技术的应用

本课程通过教学课件、连锁门店图片、店面陈列图、店面效果图，配合文字说明及其他网络学习资料来介绍课程研究对象及内容，激发学生学习兴趣，提高课程的教学效果和效率。

(五)教学考核与评价

本课程创新考核体系，坚持考核内容综合化、考核标准职业化、考核方式多样化、考核时间全程化、评价主体多元化，充分调动学生学习探索的积极性与主动性。课程大力推广项目教学、合作企业现场教学，以真实任务驱动、实际项目主导，使教学互动贯穿于教学的每一环节，教学评价渗透在学习的每一单元。

本课程考核采用百分制。成绩考核＝笔试(30％)＋岗位培养(50％)＋任务考核(20％)。

(六)其他说明

(1)标准在教学过程应根据实际情况进行修订。

(2)教材的选用应不断调整，选用最新、最优秀的教材。

(3)根据学生和合作企业情况，教师可以适当地调整教学内容及难度。

后 记

总结过试点工作后，我眼前总会浮现项目推进过程中的一幕幕场景，也总会感慨我国职业教育改革走过的历程，虽然自己的认识还很浅薄，但总觉得有些感受不吐不快，有些收获不能独享。

自1979年起，我国一直致力于发展、完善中国特色的职业教育。1979年9月，国务院发布《关于举办职工、农民高等院校审批程序的暂行规定》，各地纷纷成立职工大学和业余大学；1980年，国家教委批准建立13所职业大学，开启了我国职业大学的办学历程；1999年1月，教育部、国家计委印发《试行按新的管理模式和运行机制举办高等职业技术教育的实施意见》，要求普通高等专科学校试办高等职业教育；1999年6月，《中共中央国务院关于深化教育改革，全面推进素质教育的决定》提出“支持本科高等学校举办或与企业合作举办职业技术学院（或职业学院）”；1999年以后，一批职业大学正式改制为高等职业学院，部分重点中专探索转为高等职业学院；2006年，教育部开始实施“国家示范性高等职业院校建设计划”；2019年，《国家职业教育改革实施方案》出台实施。

自1997年开始从事职业教育工作以来，我目睹了我国职业教育的发展，从转型到规范发展、创新深化，再到新时代中国特色职业教育探索，深感国家对职业教育的重视，也感受到作为一名职教人应有的使命感。2017年8月，北京农业职业学院作为教育部第二批现代学徒制试点单位正式立项，一路走来，可谓“故事”多多。

项目伊始，学院就面临合作企业变更。因“北京菜篮子集团有限公司”内部改组，无法继续与学院合作，学院不得不重新遴选合作企业。所幸两个试点专业均有良好的校企合作基础，所幸学院人才培养质量一直以来得到行业认可，所幸学院领导对现代学徒制试点项目高度重视，问题很快得到解决，试点专业分别与北京物美商业集团股份有限公司、农芯科技（北京）有限责任公司签订了现代学徒制联合培养协议。

项目实施过程中，我们体验了对现代学徒制“抽丝剥茧”认识不断提升的喜悦，感受了46名学生（学徒）成长过程带来的激动。我们从最初只是对“双主体”“双场所”“工学交替”“岗位培养”等有字面意义的认识，到逐步真正理解实施现代学徒制的内涵，在此过程中没少“交学费”。11次现代学徒制工作培训、4次不同层面的工作汇报、多次线上与线下专家的咨询和指导、职业能力分析过程中企业师傅的严谨、人才培养方案研讨会上激烈的辩论、学生（学徒）岗位学习的心得体会、校企共同组织教学过程中不断的反思总结，以及偶然产生的新的合作火花等，无数个让我们感到或低落、或难眠、或兴奋、或肃穆的时间碎片，历历在目。正是因为这些时刻，我们对现代学徒制的认识不断深入，坚持推进学院现代学徒制人才培养模式的决心越来越坚定。

项目验收，我们深知“问渠哪得清如许，为有源头活水来”。学院现代学徒制试点项目实施至今，我们实现了招生招工一体化，形成了18份现代学徒制相关制度文件，锻造了一支业务能力强、理论水平高的双导师队伍，人才培养制度和标准更加完善，人才培养质量明显提升，应该说圆满完成了既定任务。然而，随着试点工作的不断深入推进，我们越来越期待能够在前期工作基础之上，逐步扩大现代学徒制人才培养模式改革，让更多的学生（学徒）、教师、学校、企业受益，以点带面，为社会培养更多、更优秀的职业人才，促进职教强国落到实处。

在撰写本书的过程中，编者时间仓促、文笔有限，肯定有不完善之处，还请专家、同行给予批评指正。

张 红

2020年5月